注水开发油田基础理论与技术

李占东　张海翔　刘淑芬　李　阳　孙正心　编著

科学出版社
北　京

内 容 简 介

本书系统地介绍了注水开发油田的基础理论与技术，包括注水开发的方式、流程、井网密度的选择以及注采系统的优化调整；油田开发动态分析的概述及方法、单井动态分析、井组动态分析、油田开发动态分析；高含水期的分层注水技术、注水井堵塞原理及技术和微压裂增注工艺；调剖/调驱技术等内容。全书深入浅出、结构系统完整，在详述油田注水开发基本理论的同时用实例着重突出在油田实际工作过程中应用的注水开发技术和方法。

本书可作为高等院校油气田开发工程和石油工程专业的教材，也可供海洋油气工程等相关专业的师生以及从事油气田开发工作的生产和科研人员参考。

图书在版编目(CIP)数据

注水开发油田基础理论与技术 / 李占东等编著 . —北京：科学出版社，2019. 11

ISBN 978-7-03-063282-1

Ⅰ. ①注… Ⅱ. ①李… Ⅲ. ①油田注水-油田开发-研究
Ⅳ. ①TE357. 6

中国版本图书馆 CIP 数据核字（2019）第 248151 号

责任编辑：王 运 柴良木 / 责任校对：杨聪敏
责任印制：吴兆东 / 封面设计：铭轩堂

科 学 出 版 社 出版
北京东黄城根北街 16 号
邮政编码：100717
http://www.sciencep.com
北京中石油彩色印刷有限责任公司印刷
科学出版社发行 各地新华书店经销
*
2019 年 11 月第 一 版 开本：787×1092 1/16
2025 年 8 月第四次印刷 印张：12
字数：300 000

定价：98. 00 元

（如有印装质量问题，我社负责调换）

前　言

油田在投入开发后，随着开采时间的增长，油层本身的能量将不断地被消耗，致使油层压力不断地下降，地下原油大量脱气，黏度增加，油井产量大大减少，甚至会停喷停产，造成地下残留大量死油开采不出来。这时仅仅依靠原始条件进行开采已经不能满足产量要求，注水开发就成了目前油田开发的主要方式。

《注水开发油田基础理论与技术》是根据油田开发现状，应油田稳产要求所编撰的教材，旨在介绍油田注水开发的相关知识和技术方法。本书本着专业严谨、覆盖面广的原则，结合油田注水开发要求，针对目前油田开发现状，系统地介绍了油田注水开发的各个环节，并以注水流程为重点，帮助读者对油田注水开发建立起较为全面的认知及理解。

本书注重基本概念、基本方法的介绍，以及所述技术方法与实际应用的关系。本书介绍了油气田在开发中的基本思想和基本流程，使读者对油气藏的开发过程有一个基础的认识；阐述了油气藏注水开发中具体的技术方法（分层注水技术、注水井堵塞技术、微压裂增注技术）；结合油田开发注水的应用实例，更加形象生动、深入浅出、简单易懂地对注水开发技术进行了讲解。

本书由东北石油大学李占东项目组编写，具体编写分工如下：第一章由李占东编写；第二章、第三章由张海翔编写；第四章由刘淑芬编写；第五章由李阳编写；全书由李占东统稿。在本书出版过程中，东北石油大学研究生庞鸿、顾亚萍、王雨萱、冯加志负责了资料搜集和图件绘制等工作，李金宝、王志勇、干毕成、田鑫、刘建辉、赵家彬协助了初稿的录入，孙正心、白阿楠、何沁毅、郝子明、鞠昌昊、卢帆、王以铎、熊雪、周文鹏、李海晨协助了公式、表格录入以及部分图件的绘制工作，在此表示衷心感谢。

在本书编写过程中，虽参考了大量文献及资料，并经有关专家多次审查和修改，但由于笔者水平有限，不足之处望广大读者批评指正。笔者将不断地修改、充实、完善本书，使之更好地满足油气田生产的需要。在此对提供资料和参与审查书稿及对本书出版给予关心、支持的各级领导、专家以及其他有关人员致以衷心的感谢。

目　　录

第一章　注水开发基础理论

第一节　注水开发概述

一、进行注水开发的意义

利用注水设备把质量合乎要求的水从注水井注入油层，以保持油层压力，这个过程称为油田注水。油田注水是油田开发过程中向地层补充能量、提高油田采收率的重要手段之一。注水井管理技术水平的高低决定着油田开发效果的好坏，同时也决定着油田开发寿命的长短（刘玉娟，2005）。油田投入开发后，随着开采时间的增长，油层本身的能量将不断地被消耗，致使油层压力不断地下降，地下原油大量脱气，黏度增加，油井产量大大减少，甚至会停喷停产，造成地下残留大量死油采不出来。为了弥补原油采出后所造成的地下亏空，保持或提高油层压力，实现油田高产稳产，并获得较高的采收率，必须对油田进行注水（图 1-1）（靳彦欣等，2015）。

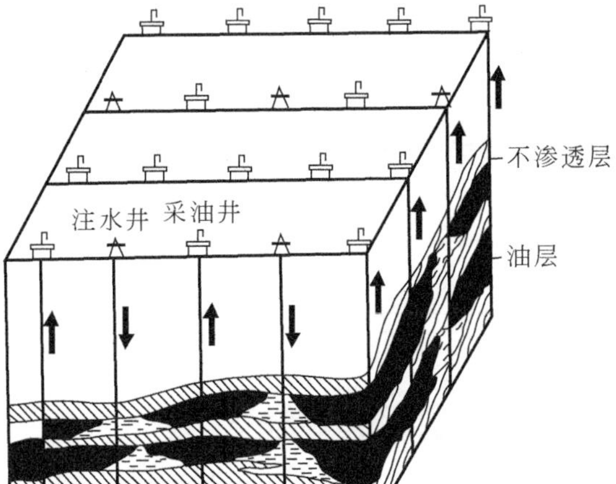

图 1-1　注水驱油示意图

不注水的油田，在油井投入开发的初期，原油能够流动和喷出井口，主要是靠一种油层和原油的弹性能量（郭文海，2018）。油层弹性能量的储存和释放过程与弹簧的压缩和恢复相似。油层深埋在地下几百米到几千米的地方（刘德华和刘志森，2004），在未开发前油层均匀地承受着几十个标准大气压到几百个标准大气压的压力，积蓄了一定的弹性能量。当钻开油层并进行采油时，油井周围一定范围内的油层压力就逐渐降低，油层的均匀受压状态遭到破坏。孔隙中液体和岩石颗粒因压力降低而膨胀，使一部分石油膨胀出来，推向井底。同时，随着石油不断被采出，油层中压力降低的范围不断扩大，压力降低的幅度不断增加，剩余的弹性能量也就越来越少。

一般的砂岩油层，如果只靠含油区本身这种弹性能量驱油，即使地层压力降低几十个标准大气压，也只能采出总油量的1%左右，并且在弹性驱油时，产量和地层压力都很快地递减和下降，当地层压力低于饱和压力（天然气开始从油中分离出时的压力）时，油田就要转变为溶解气驱油方式。多数不注水的油田，主要靠溶解气能量。当油层被钻开后，油层压力降低到饱和压力以下时，高压下溶解在原油中的天然气就分离了出来，呈游离的气泡存在。气泡在向井底流动过程中，由于压力越来越低，体积不断膨胀，就会将石油不断地推到井底（张戈，2014）。

溶解气驱油能量的大小同原油中溶解的天然气量多少、天然气的压缩性能有关。

溶解气驱油的油田开发特点是在开发过程中，随着石油和天然气不断被采出，地层压力和产量逐渐下降。

在溶解气驱动过程中，气体比原油容易流动，所以往往是未被驱出来的油中的气体先跑了出来，在留下的这部分原油中，溶解的天然气量大幅度减少，使原油变稠，流动性越来越差，当油层中溶解气能量消耗完以后，还会遗留下大量的原油。一般以溶解气驱油作为独立油田开发方式时，油田采收率最多只有百分之十几（郝英芝等，2017）。

有些油田在油层顶部有气顶存在（图1-2）。当油田投入开发后，由于采油的影响，含油区压力低于气顶压力，引起气顶膨胀，气体就侵入原来石油储藏的孔隙，推着石油向油井流动。

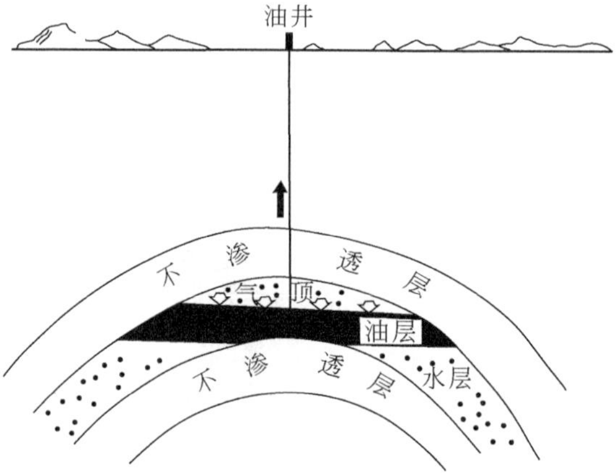

图1-2　气顶驱动

气顶驱油的能量大小与气顶体积和气体的压缩性有关。气顶体积和气体的压缩性越大，气顶能力就越充足。

单靠气顶膨胀的能量驱油时，地层压力和产量都将不断下降。由于天然气的黏度低得多，就很容易出现气顶沿油层的高渗透部分向油井突进，发生气窜。气窜时，油井的产油量明显下降，产气量急剧增高，甚至只出气，不出油。因此，开发效果也比较差。

还有一些条件特殊的油田，具有天然水压驱油能量。天然水压驱动可分为两种：一种是边水驱动（图 1-3），另一种是底水驱动（图 1-4）。不管是哪种水压驱动，油层都必须与地面水源沟通，得到外来水的补充。

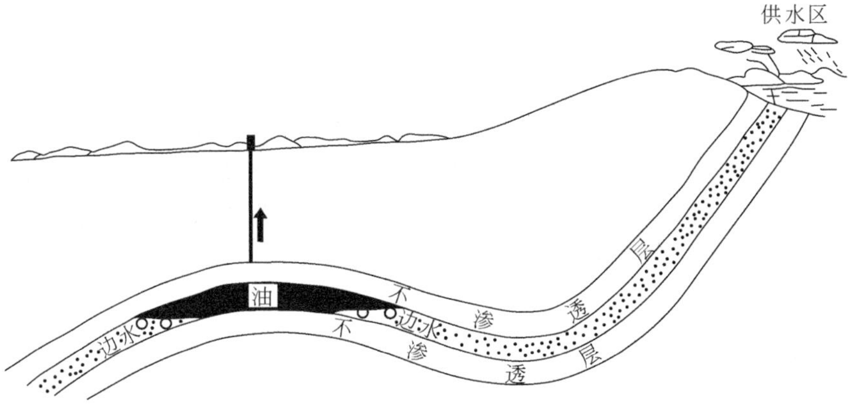

图 1-3 边水驱动

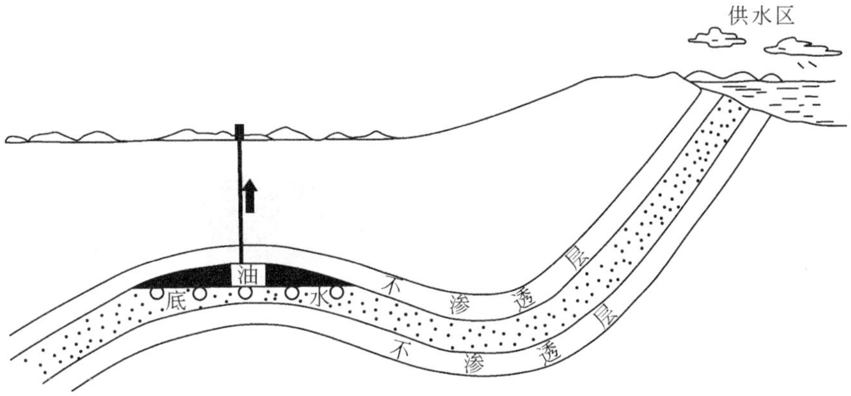

图 1-4 底水驱动

这种天然水压驱动能量的大小与地面水源的远近、供给能力是否充足、油层与地面水源的高差大小、含油区与含水区连通的程度好坏有关。较好的天然水压驱动的地质条件是地面水源近、供水充足、油层与地面水源的高差大、含油区与含水区连通程度好等（张戈等，2015）。

如果油田面积小，水压驱动条件好，水的补给量能与采出量平衡，则油田开采过程中，产油量、地层压力和油气比都可以在很长时间内保持稳定，这种开采方式是很理想的。

实际上绝大多数天然水压驱动的油田都不能达到这种理想的程度。例如，油田面积大，天然水压驱动条件差，而采油速度又比较高时，水的补充速度就不能与采油速度相适应（王端平，2014），油层内会出现不平衡，油层压力下降。这样持续开采下去，油田的驱动方式就会由天然水压驱油转化为弹性能量驱油和溶解气驱油。

由上述情况可以看出，开发油田时不采取任何补充能量的措施，只依靠天然具备的驱油能量来开采石油，油井的产量会迅速下降，只能采出很少的一部分原油储量，采收率很低。尽管开发油田的能量多种多样，但都普遍存在着压力和阻力之间的互相矛盾。要把原油采出来，靠的是油层内的压力，油层压力就是驱油的动力。在驱油的过程中要克服各种阻力，除了要克服油层中细小孔道的阻力外，还要克服井筒里液柱的重力和管壁摩擦等阻力。只有当油层压力克服了所有阻力，原油才能喷出，并正常生产。油井产量的高低基本上取决于压力和阻力之间的相互关系，压力大大超过阻力就能高产，压力克服不了阻力，就不能自喷，甚至不能出油。既然依靠天然能量驱油不能保持油层压力，达不到高产稳产和提高采收率的目的，那么就需要创造出更有效的油田开发方式。注水开发就是人们为达到这个目的，从实践中总结出来的有效措施。

二、水驱油机理

1. 水驱油的不均匀性

油田注水开发过程中，水驱油并不是像活塞一样将油驱走（图1-5），油水接触面不规则。油井见水以前，油层内存在三个流动区，即纯水流动区、纯油流动区，以及石油和水同时流动的混合流动区；油井见水以后，只剩下纯水流动区和混合流动区；当水驱油过程结束时，油层中就只剩下纯水流动区了。这种现象称为非活塞式流动（图1-6）。

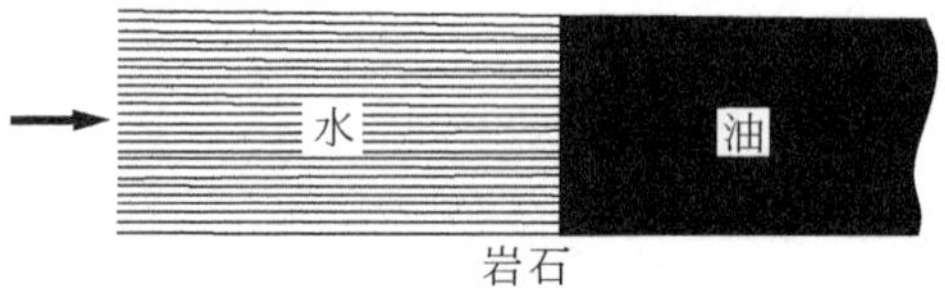

图1-5　理想的活塞式水驱油示意图

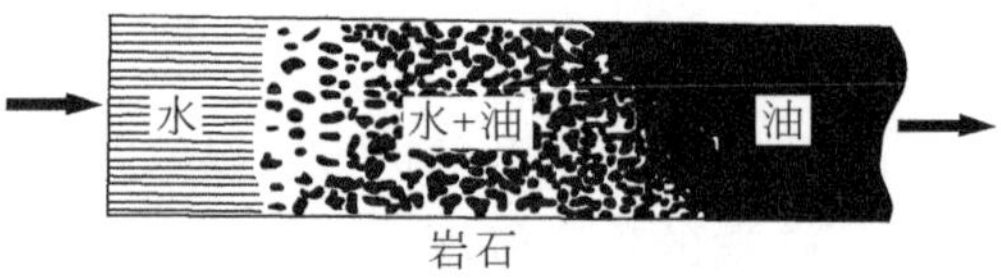

图1-6　非活塞式水驱油示意图

引起水驱油不均匀的因素包括以下几点。

1）油层结构的非均质性

水和油都是在油层岩石颗粒之间的细小孔道（或称孔隙、裂缝）内运动的。这些孔道的直径都很小，只有0.0002～0.5mm，一般在显微镜下才能观察到，所以即使是在一块很小的油层中也包含成千上万条孔道。孔道大小不一，纵横交错，变化万千，我们把这种特点称为油层结构的非均质性。水驱动石油在这些孔道中流动时，孔道大小不同，所遇到的阻力也不一样（杨勇等，2015），结果使得水在不同的孔道中驱油时流动速度不同。有的孔道中油水推进很快，有的推进得慢，有的孔道水进不去，油也出不来，在水所到达的前缘，水和油之间的界面也就不会像活塞那样很整齐。

2）油水黏度差

油和水的黏度是不一样的，在油层温度和压力下，油的黏度一般比注入水的黏度要高几倍到几十倍，在水驱油过程中，由于油水黏度的差别，在同一孔道内流动时，对油的阻力就大，对水的阻力就小，水就会超越到油的前缘，产生窜流。在一些大孔道内水的流动速度将越来越大。油水黏度差越大，大孔道内水的窜流越严重。这就加剧了油层非均质性所造成的水驱油的不均匀状况。

3）岩石的润湿性

液体在固体表面上不同的流散现象称作固体的润湿性。具有被水润湿特性的岩石，称它是亲水的、憎油的；相反，则称为亲油的、憎水的。储层岩石成分、流体成分、矿物表面粗糙度以及孔隙结构的非均质性等因素都会影响储层的润湿性。油层润湿性与石油采收率密切相关。

岩石润湿性可用在油介质中测量水滴滴在岩石表面时的润湿接触角 θ 的办法定量表示。当 θ 角大于 90°时，岩石为亲油；θ 角小于 90°时，岩石为亲水。根据 θ 角的大小，岩石可分为完全水湿、亲水、中间润湿、亲油、完全油湿 5 种润湿性（图 1-7）。岩石润湿接触角越小，石油在岩石表面附着力越弱，油越容易从岩石表面剥离，驱油效率就越高。由于实际油层岩石矿物组分不同，润湿性也不一样。在水驱油过程中孔道的不同部位，油膜被剥落的程度也不同，这些都造成水驱油过程中的不均匀性。

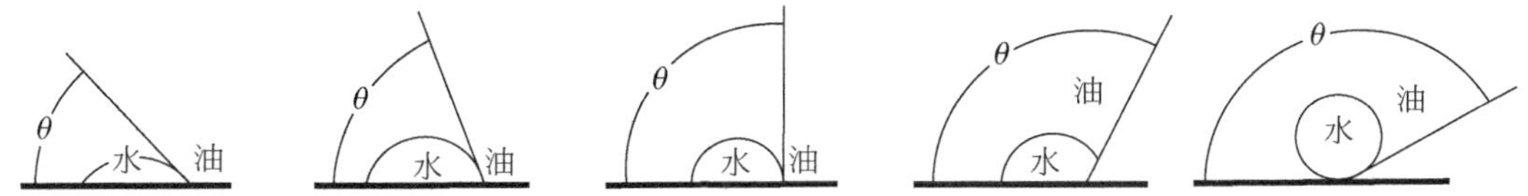

(a) 完全水湿　(b) 亲水　(c) 中间润湿　(d) 亲油　(e) 完全油湿

图 1-7　按 θ 角大小判断岩石润湿性

4）毛细管力

把一根细玻璃管插入水中，可以看到管内水面的上升（图 1-8）；而把细玻璃管插入水银中，由于玻璃不是亲水银的，则管内的水银面下降（图 1-9）。这都是毛细管力造成的。

在油层中，石油流动的孔道也具有毛细管力的性质，它影响着孔道中油水的流动。当岩石表面具有亲水性质时就会由于毛细管力的作用，水自发地推动石油在微细孔道中前进；当岩石表面具有亲油憎水性质时，毛细管力就阻止水进入孔道，使石油不易被水驱走。由于岩石中孔道大小和表面性质不均匀，水驱油过程中各孔道进水和水洗油的程度不同，残余油的多少也不一样。只有随着水的不断冲洗，才能使孔道中残余油滴和油膜不断

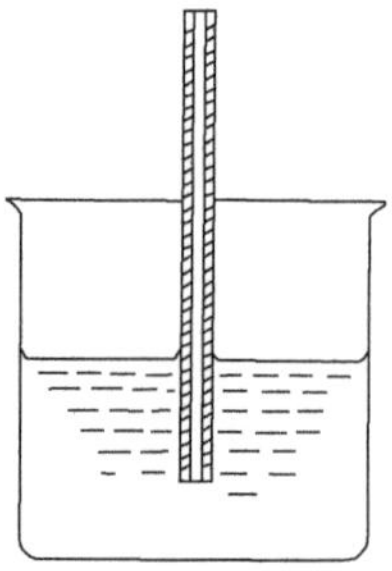

图 1-8　水在细玻璃管中上升

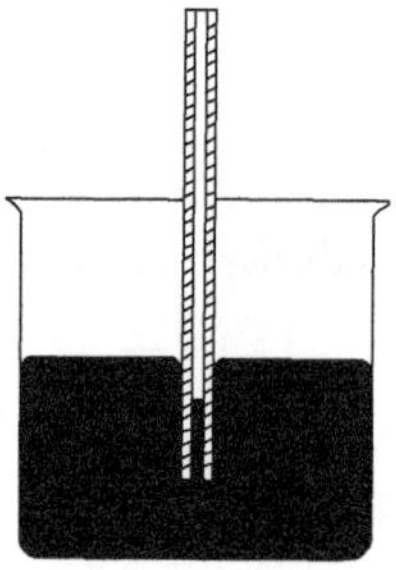

图 1-9　水银在细玻璃管中下降

地变小和减薄。但是，在一块亲油岩石的极微小的孔道中，由于毛细管力很大，完全可以阻止水的进入，这些孔道内的石油就被遗留下来。

油层的不均匀性造成注水开发油田中，油层内部、上下不同油层、同一油层在平面上的不同部位都存在着油水运动上的差异，油田上一般称为三大矛盾，即层内矛盾、层间矛盾和平面矛盾。注水开发油田的效果好不好，在很大程度上要看能不能把三大矛盾解决好，注水开发油田的开发设计，如井网形状、井距大小，主要是以调整好三大矛盾为基础。

2. 油和水的相对渗透率

相对渗透率是衡量水驱油过程中油水流动能力的一个指标，它综合反映了水驱油过程中的不均匀性。当岩石孔隙中只是充满某一种流体时，这种流体通过的能力被称为岩石的绝对渗透率；当岩石孔隙中存在着两种或两种以上流体时，其中某一流体通过的能力被称为有效渗透率。相对渗透率就是有效渗透率和绝对渗透率的比值。当油层中油水两种流体同时存在，油和水有各自的相对渗透率：

$$\text{油的相对渗透率} = \frac{\text{油在岩石中的有效渗透率}}{\text{岩石的绝对渗透率}}$$

$$\text{水的相对渗透率} = \frac{\text{水在岩石中的有效渗透率}}{\text{岩石的绝对渗透率}}$$

在水驱油的过程中，油水相对渗透率的变化与油水饱和度（即油或水的体积占岩石孔隙体积的百分比）的变化有关。一般孔隙当中经常是被油和水充满的。如果其中油的体积占60%，水的体积占40%，含油饱和度就是60%，含水饱和度就是40%。油层在注水以前，孔隙中总是含有一部分水，它不能流动，叫束缚水。注水后，随着水驱油的不断进行，孔隙中含水饱和度不断提高，水逐渐从不连续状态变化为连续状态，占据孔道的中间位置，使油的相对渗透率不断下降，水的相对渗透率不断提高。经过水的大量冲洗，当含水饱和度增加到一定程度时，孔道中原油再不能被水冲走了，只留下一层油膜，这部分油叫作残余油，它的饱和度叫作残余油饱和度。此时，油的相对渗透率为零，水的相对渗透率达到最大。

如图 1-10 所示，当油层中含水饱和度为18%时，水的相对渗透率为0，而油的相对渗透率则高达53%。如果油层的绝对渗透率为1000mD①，此时油的有效渗透率为1000 × 53% = 530mD，随着注水时间延长，油层中含水饱和度就越来越高，当达到40%时，油的相对渗透率则降低到20%，有效渗透率为200mD。当含水饱和度达到75%时，油的相对渗透率降到零，也就是不能流动了，这时水的相对渗透率达到最大。

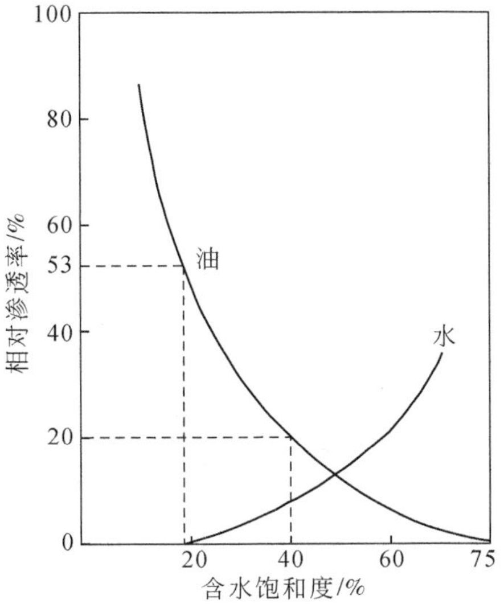

图1-10　油水相对渗透率与含水饱和度关系曲线

由图1-10可以看出，随着油层中含水饱和度的增加，油的流动能力将越来越低，而水的流动能力却越来越高。这个特点决定了油井见水后含水比将不断上升，产油量不断下降。

油层中水驱油过程的不均匀性，对注水开发油田有很大影响。多层开采时，当其中的某一小层水淹后，水的相对渗透率迅速增加，流动阻力顿时极剧减小，出水层和未见水层之间的差别明显扩大，对未见水的中低渗透层干扰加剧，降低了这些油层的生产能力，而见水层却大量出水。注水开发过程中的各种矛盾，也就起因于此。

第二节　注水方式

注水方式是指注水井在油藏中所处的部位和注水井与生产井之间的排列关系（克雷格，1977）。针对不同的油田地质条件选择不同的注水方式，特别是油层性质和构造条件，是确定注水方式的主要地质因素（金拴联等，2008）。目前国内外油田应用的注水方式归纳起来主要有四种：边缘注水、切割注水、面积注水和点状注水（吴宏俊，2019）。

① $1D = 0.986923 \times 10^{-12} m^2$。

一、边缘注水

1. 边缘注水定义

边缘注水是指注水井按一定的规则分布在油水边界附近进行注水的一种布井形式（程世铭和张福仁，1997）。

边缘注水要求注水井排和生产井排与含油边缘平行，以利于油水边缘均匀推进，达到较高的采收率。根据注水井在油水界面的相对位置，边缘注水又分为：

（1）缘外注水——将注水井布置在油水边界外缘纯水区的注水方式（图1-11）；

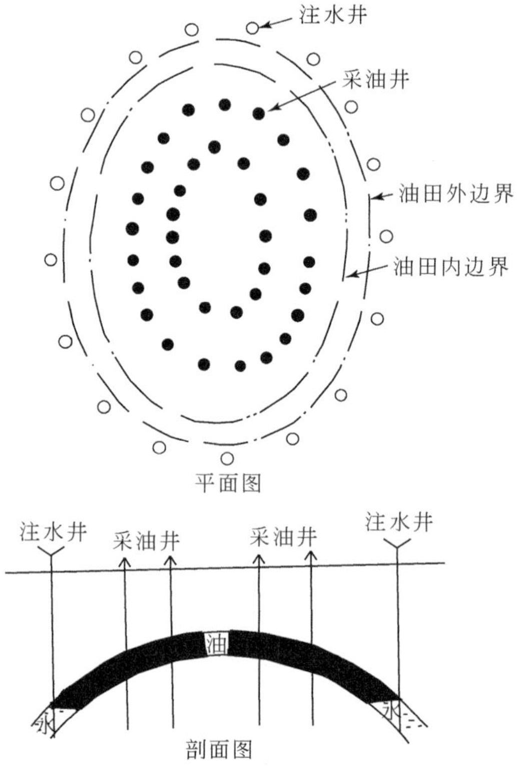

图1-11　缘外注水示意图

（2）缘上注水——将注水井布置在含水油外缘上或油水过渡带上的注水方式（图1-12）；

（3）缘内注水——将注水井直接布置在油藏内缘的注水方式（图1-13）。

2. 适用条件

边缘注水适用于油藏构造比较完整，油层分布稳定，边部和内部连通性好，油层流动系数较高，边水比较活跃的中小油田（童宪章，1981）。特别是边缘地区吸水能力要好，以保证压力有效传播，使油田内部取得良好的注水效果。

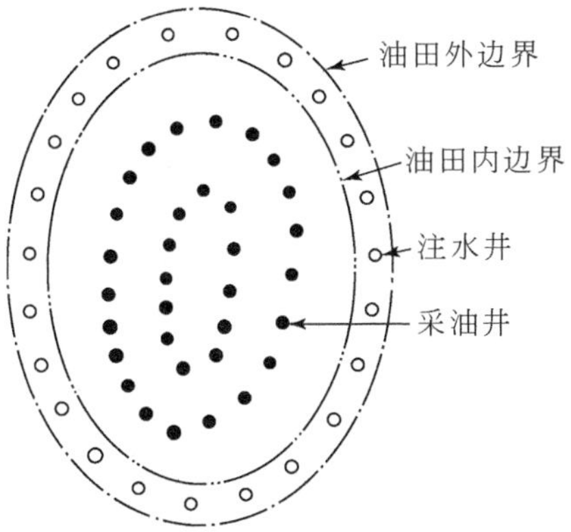

图 1-12　缘上注水示意图

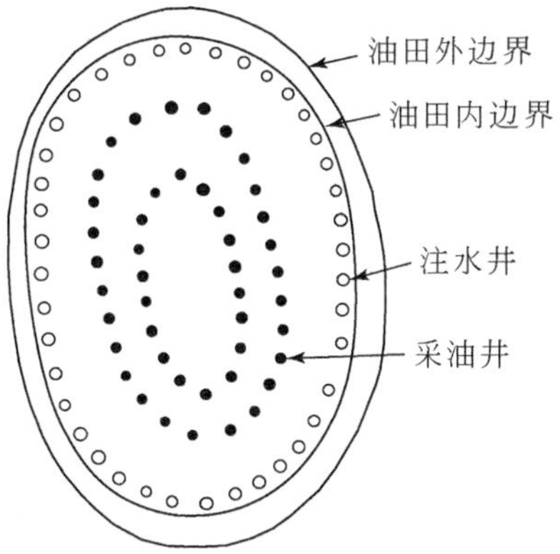

图 1-13　缘内注水示意图

3. 边缘注水优缺点

边缘注水的优点是油水井分布集中，便于管理，水淹区连续，有利于调整。但是，这些注水方式根本的缺点是能够取得注水效果的采油井太少，只有靠近注水井排的第一、第二排采油井可以有效地保持住油层压力，而远离注水井排的采油井见不到注水效果，压力和产量过低，开采效果很差。因此，这些注水方式都只适用于小油田（宽度在 2～3km 范围以内）。具体优缺点如下。

1）优点

油水界面比较完整，能够逐步向油藏内部推进，易于控制（李传亮，2005），无水采收率和低含水采收率比较高，最终采收率也比较高。

2）缺点

位于油藏构造顶部的生产井往往得不到注入水能量的补充，在顶部易形成低压区（张家烨和于兴河，2018），使油藏的驱动方式由水驱方式转变为弹性驱或溶解气驱等消耗开发方式（Kaiser，2010）。

二、切割注水

1. 切割注水定义

切割注水是把一个油田用注水井切割成若干小的开发区的一种注井形式（陈磊，2009）。每个小开发区内，平行于注水井排成行成列地布置采油井。切割注水方式又有纵切割注水（图 1-14）、横切割注水（图 1-15）和环状切割注水（图 1-16）。

这些注水方式的注水井呈排状或链状分布，两排注水井之间夹 3～5 排采油井。两排注水井之间的面积作为一个开发区，油田被注水井排分为数块，分块进行独立开发。

2. 适用条件

切割注水适用于油层大面积分布，并具有一定的延伸长度，在注水井排上可以形成比

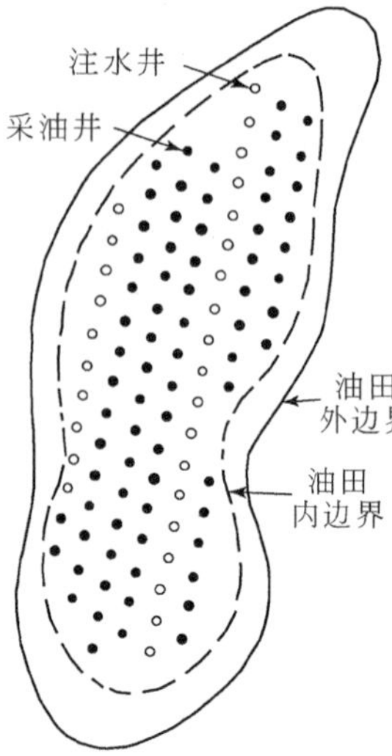

图 1-14　纵切割注水

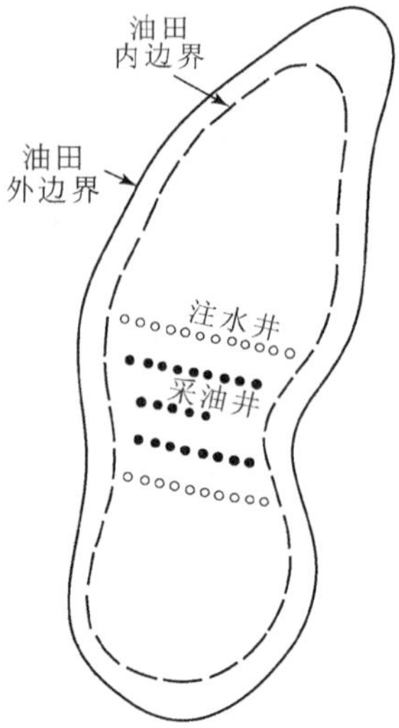

图 1-15　横切割注水

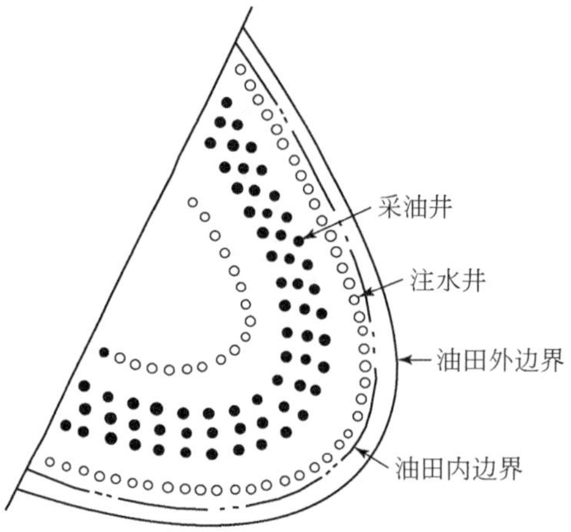

图 1-16　环状切割注水

较完整的切割线；保证在一个切割区内部署的生产井与注水井之间都有较好的连通性（李彦彬，2008）；油层具有一定的流动系数，保证在一定的切割区和一定的井排内生产井能见到较好的注水效果。

3. 切割注水优缺点

1）优点

一个大油田可以分块分批地投入开发，管理上比较方便。对于那些渗透率高、大片分布的好油层，用这种方式开发可以保持一定的采油速度。可根据油田的地质特征来选择切割井排的最佳方向及切割距；可优先开发储量最丰富、油井产量高的区块，使油田很快具有一定的生产能力。

2）缺点

不能很好地适应非均质油，但大部分油层在平面上渗透性差异很大，油层内部结构性质的变化就更大，注进去的水主要还是受油层性质影响，哪里容易流动就先向哪里突进。注水井排两边地质条件不同时，容易出现区间不平衡现象，注水井间干扰大。

三、面积注水

1. 面积注水定义

面积注水是把油田按照规则的几何图形划分为许多单元，在每个单元内同时布置注水井和采油井的一种注水形式。由于注水井均匀分布和油、水井直接靠近，这种注水方式缩短了油井的见效时间，使油层能长期保持压力。

2. 面积注水类型

1）四点法注水

它是一种等边三角形注水系统（图 1-17），三个顶点布置注水井，中心布置采油井。

每口注水井可向六口采油井供水，每口采油井由三口注水井供水。采油井与注水井井数比为2∶1。

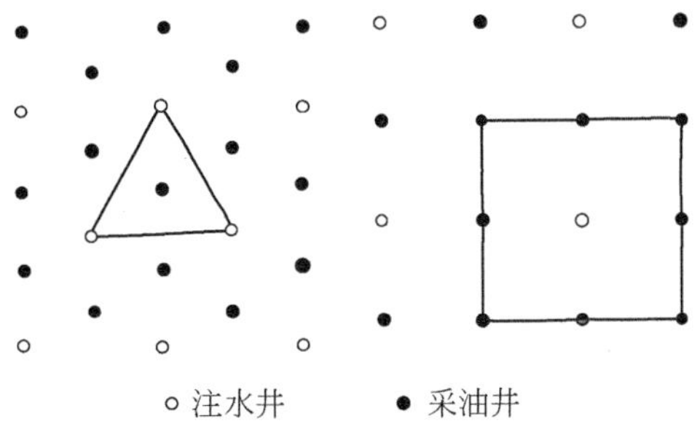

图1-17　四点法注水示意图

2）反九点法注水

这种注水方式针对九点法命名，一口注水井布置在由九口井组成的正方形井网的中心，采油井布置在正方形四边，采油井与注水井之比为3∶1。

此外，面积注水还有三点法注水、五点法注水、七点法注水和九点法注水等（图1-18）。

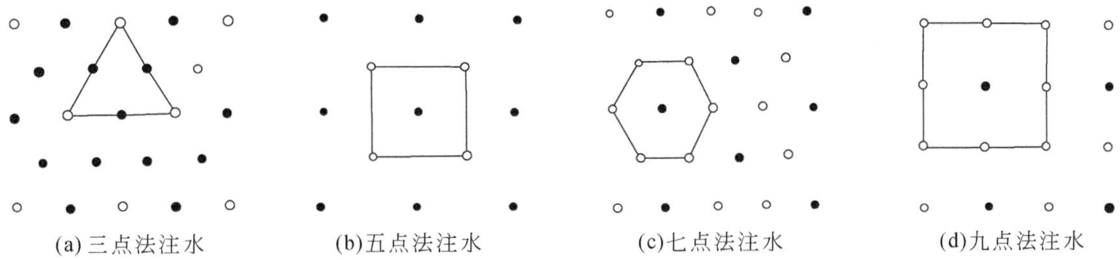

图1-18　面积法注水示意图

与行列切割注水相比，面积注水的优点是采油井都处于注水第一线，可以直接见到注水效果，采油速度高。正因为如此，它的应用范围正在不断地扩大，一些初期采用行列切割注水方式开发的油田，也逐步地补充或演化为面积注水方式。

四、点状注水

点状注水是指注水井零星分布在开发区内，常作为其他注水方式的一种补充形式。

从石油注水开发项目的实践来看，切割注水适宜于分布稳定、油砂体几何形状比较规则的油层，而面积注水则适合于分布不够稳定、油砂体形状不够规则的油层。故认为面积注水方式对油层分布适应性要广些，采油速度高些，但切割注水方式调整的灵活性要大些。总之，应该结合具体油田的各种地质条件、流动性特征以及开发的要求来选择最佳的注水方式。

第三节　井 网 密 度

一、井网密度的发展

井网密度是指单位面积内的井数或一口井控制的开发面积的大小。为了完成产量任务，必须有足够的井数。但井数过多又会造成人力、物力的浪费。因此，井网密度必须从辩证分析中综合确定（胡衡和朱园园，2013）。在石油工业发展的初期，没有科学的井网设计，为了多采油，只是无规则地在油田上乱打井、打密井，井距甚至小到20～40m，企图通过增加井数来增加产量（雷茹等，2007）。但是后来发现这种做法并不是灵丹妙药，井数增加到一定密度后，继续增大井网密度，总产量并没有明显增加，反而造成了许多井的浪费（邹存友等，2010）。20世纪20年代后，虽然对这个问题开始有所认识，但为了获得高额利润，很多地方仍然坚持密井网采油。这时的井距一般小于100m（王香增等，2018）。

后来，注水方式的采用，使井网密度趋于变稀。20世纪60年代后，由于强注强采、改造油层等工艺技术的发展，井网的部署更趋向于稀井高产的方向（陈元千等，2017）。确定井网密度，必须要适应油层的实际情况。用一定密度的井网来开发油层，就像用渔网捞鱼一样。渔网太稀，容易把鱼漏掉，太密也没有必要。井打得稀了，也会漏掉油层，密了又会造成浪费（李忠平等，2001）。经过实践的检验后，技术人员总结出了按油砂体进行布井的理论和方法。原来地下油层并不是人们想象的那样很规则地成单层分布，而是由很多大小不同、形状不同的单个油层堆在一起的（苏鹏等，2014），它们各自成为一个独立的单元，叫油砂体。油砂体特性不同，对井网的要求也不一样。例如，大面积分布的油砂体，往往又具有厚度大、渗透率高、内部连通性好等特点，采油井与注水井距离较远时，也可以保持住地层压力，达到较高的采油速度（饶良玉等，2012），因此，可以采用较稀的井网开发。而小面积分布的油砂体，一般很薄，形态不规则，渗透率很低，内部连通性也很差，如果采油井离注水井较远时，就不容易保持住地层压力和达到较高的采油速度，因此，就要采用较密的井网开发。一些长条形油砂体顺着延伸方向井距可以大一点，垂直方向井距要小一些（黄金山，2013），等等。这就是不同的油砂体采用不同的井网来区别对待。

二、部署合理井网密度的意义

根据油藏性质确定注水方式后，应该考虑井网部署，确定井网密度。对于切割注水主要是确定井网密度，给出合理的切割距与排距；面积注水井网主要是选择合理的井网密度，确定合理的注采井数比。油田所处的开发阶段不同，其井网密度也会发生变化（侯建锋等，2018），影响井网密度的因素有地层物性及非均质性、原油黏度、开采方式与注水方式、油层埋藏深度，以及其他地质因素，如油层的裂缝和裂缝方向、油层的破裂压力、层理、所要求达到的石油产量等。

生产井的井网密度大小和部署是否合理，对整个石油开发过程的主动性和灵活性影响很大。一个石油开发项目井钻得越多，井网越密，则井网对油层的控制程度越高，越有利于实现高产、稳产，且有利于提高采收率。井网密度增加，使采收率不同程度地增加，而且流动系数越小，井网密度的影响越大，因为注水井距越小，各小层连续性越好，水淹系数越高，采收率越高（刘斌和郭福军，1999）。但井网密度增加到一定程度后，再加密井网，则对油层的控制不会有明显增加，且会发生井间干扰，以致单井产量降低，经济效益变差，油水井管理工作与修井工作大幅度增加。

合理的井网密度规划在新老油田的开发中都有其重要的作用。在新油田的开发中，确定合理的井网密度，有利于油田的长远发展，使油田保持长期稳定的开发状态，是实现方案指标、增产创效的必要保证；在老油田的开发中，研究合理的井网密度可以更好地对老油田进行调整和综合治理，从而提高油田的采收率。

三、部署井网密度的确定因素

井网密度指在布井范围内，每平方千米上的井数，单位为口/km^2，也有用每口井控制的面积来表示，单位为km^2/口。国际上一般采用km^2/口为单位，而国内的油田则习惯用口/ km^2作为井网密度的表达单位。

对于注水开发的油田，油井与油井之间，注水井与注水井之间，注水井与油井之间存在着强烈的相互影响（图1-19），因此在注水开发油田上，不能就一口井研究另一口井，而必须把油田上相互连通的全部油水井作为相互联系又相互制约的一个开采系统来考虑（张金亮，1998）。这样，注水开发的油田就必须有一套合理的注采系统，使油田在此系统的控制下长期生产。因此，井网的确定是油田开发设计中的关键问题。其中，如何确定合理的井网密度一直是油田开发中的一个重要问题，特别是注水开发的井网系统。确定合理的注采井网密度要满足以下几点：一是有较高的水驱储量控制程度（谷庆杰，2011）；二

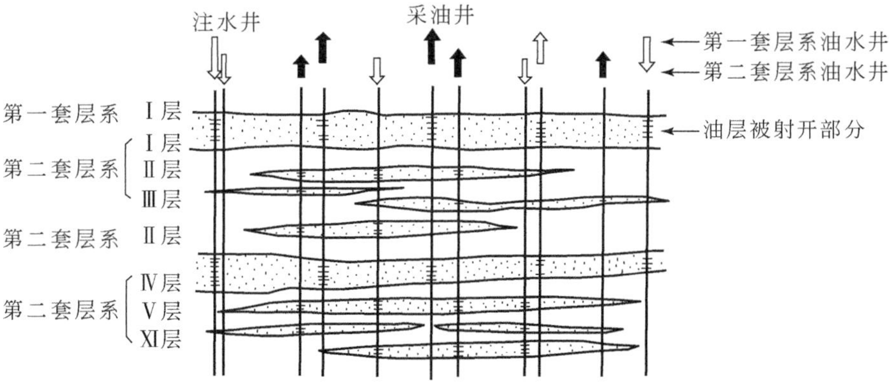

图1-19 油砂体布井示意图

是能取得较高的最终采收率；三是适应差油层的渗流特点，达到一定的采油速度；四是保证有一定的单井控制储量；五是有较高的经济效益。

井网密度的设定是有限制的：一方面，井网越密，即单井控制的面积越小，越有利于提高油层的动用程度，提高采收率；另一方面，加密井网的话就需要钻更多的井、投入较多的建设投资。但井钻多了，投资大了，经济效益又会受到影响，而且会严重加剧井间及层间干扰。对于这个矛盾问题，过去人们往往采取无可奈何的折中办法，也就是既不依照油层特点的客观需要，也不一定追求最佳经济效益指标，而是人为地选择一个井网密度方案。所以经常可以看到这样的情况，同一个油藏，油藏地质条件较好的中部地区，井网密度较大，而油藏地质条件较差的边部地区，井网密度较小。这种办法在开发效果和经济效益上都很不理想。因此，找到油田合理的井网密度十分关键，这直接影响着油田的经济效益和长远发展。

四、确定井网密度的方法

目前现场确定注水开发油田井网密度的方法大致分为两类，一类是不考虑经济因素，在当前技术条件下确定的采油速度较高、水驱采收率较高、开发效果好的井网密度及技术井网密度计算方法；另一类是在一定的油价和财税政策条件下预计累积利润最大时的井网密度及经济井网密度计算方法。

五、井网密度的调整原则

井网密度的选择必须根据断块的流动条件、含油面积大小以及形态来确定，以保证足够的水驱储量控制程度为原则。

（1）对含油面积在 $1.5km^2$ 以上的断块，主要按流度的大小和要求的稳产期采出程度来考虑井网密度。

（2）对于含油面积小于 $1.5km^2$ 的断块，其井网密度除了考虑按原油流度和要求的稳产期内的采出程度来确定外，还要根据含油面积的大小适当加密井网，或增加注水井数（提高注采井数比），来保证较高的水驱储量控制程度。

井网密度的调整需要以完善注采系统，提高水驱储量控制程度为目的，即提高最终采收率为目的使主力油层水驱储量控制程度达 80% 以上，非主力油层水驱储量控制程度达 70% 以上。

第四节　油田注水开发流程

一、注水开发阶段

注水开发油田的每一口油井，按含水率上升和采油量变化（兰立凤等，2002），大体可以划分为无水采油阶段、低含水采油阶段、中含水采油阶段、高含水采油阶段 4 个阶段（图 1-20）。

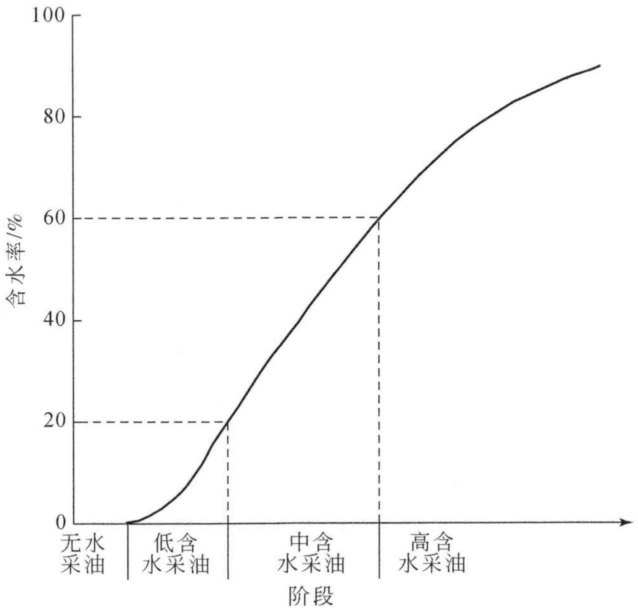

图 1-20　油田开采阶段的划分

1）无水采油阶段

这是从油井投产开始到油井见到注入水之前的阶段。在这一个阶段，注水见效后，油层压力稳定或上升，油井只出油不出水。这个阶段的油井产量，除取决于地下天然因素（如油层厚度、油层渗透率及原油黏度等）以外，在生产管理上，主要取决于油井生产压差的大小。生产压差是指油层压力与油井正常生产时井底压力（又称流动压力，简称流压）的差值。即

生产压差=油层压力–井底压力

生产压差越大，产油量越高。改变生产压差的措施除保证注水，使油层中的能量及时补充，油层压力稳定保持在原始压力附近外，主要是掌握油嘴的大小（席红利等，2018），改变井底压力。油嘴是原油喷出地面后进入输油管线的最后一个关口，井筒中的原油最后通过油嘴进入管线。油嘴一般直径都很小，为数毫米或 1～2cm，只有油井产量特高时，才用更大的油嘴。油嘴越大，原油喷出得越多，这时流动压力越低，当油层压力不变时，生产压差就越大了。所以油嘴越大，生产压差越大，产油量也越多。但是，这并不意味着油嘴越大越好，如果大得超过油井生产能力，达到一定限度，放大油嘴也不会增产，反而会引起井底出砂或其他一系列问题。

2）低含水采油阶段

这是指从油井见水开始，到含水率为 20% 的阶段。这个阶段中，主要是个别高渗透油层先见水。油井见水以后，含水率逐渐上升，井筒内既出油又出水，液柱密度不断增加，

引起流动压力升高，生产压差减小，如果不采取调整油嘴的措施以增大生产压差，油井产量将随含水率上升而下降。

3）中含水采油阶段

这是指油井含水率为20% ~60%的阶段。这个阶段中，油井见水层和来水方向都逐渐增多，层间和平面上的油水分布出现错综复杂的情况，层间矛盾和平面矛盾日益加剧，随着含水率上升，产油能力有所下降，要积极采取调整挖潜措施，发挥那些未见水层或低含水层的作用，保持油井的稳产。

4）高含水采油阶段

这是指油井含水率大于60%的阶段，这个阶段的生产能力普遍下降，由于含水率升高，井筒内液柱比重越来越大，自喷能力更差，稳产困难，采油速度逐渐降低。

既要注水，就要见水，见水后含水量又要不断上升，这是注水开发油田的必然趋势（赵燕和陈向军，2018）。含水采油阶段的共同特点是井筒阻力不断增加，生产压差缩小，采油能力下降。这些都影响油井稳产。一口油井见水以后，如果不调整油嘴，仍然保持见水以前的产液量（产油量与产水量之和），则随着含水量上升，产油量将逐渐下降，要保持稳产，必须随含水量上升，不断放大油嘴，增大生产压差，提高产液量。

二、油田注水开发问题

1. 具体问题

由于各个油层性质有差异，每个油层平面上和层内纵向各部分的性质也有差异，注入水在层间、平面、层内总是不均匀地推进的。总是渗透率高的好油层和中好油层的部分先进水、先见效、先高产、先见水、先水淹，然后才是好油层变差的部分和渗透率低的产油层进水、见效、发挥作用。这是油层非均质性的沉积特征决定了的油水运动规律（李俊健等，2008）。随着注入水的扩展，油井见效的次序、见水的次序也都是依次发展的。在平面上，高渗透部分水淹后，水淹区阻力减小，压力传导性能变好，中、低渗透部分的注水效果就增加，产能也会提高。先见水的部分，先采出较多的原油，然后变为高含水，产量下降，继而其他油层的油又补充上来。如此依次发展，逐步接替产量，使全区稳产。

由于上述原因，油田注水开发遇到的问题可总结为三大矛盾：层内矛盾、层间矛盾、平面矛盾。

1）层内矛盾

在一个油层的内部，上下部位有差异，渗透率大小不均匀，高渗透层中有低渗透条带，低渗透层中有高渗透条带，注入水沿阻力小的高渗透条带突进。地下水、油的黏度、表面张力、岩石表面性质的差异等形成了层内矛盾。用层内水驱油效率表示层内矛盾的大小。层内矛盾导致层内突进，层内突进是指较厚油层内部垂直方向上各部位岩性、物性的差异，引起注入水先沿高渗透条带突进，形成不均匀推进前线的现象。在油层开发时，高渗透条带易发生层内突进，从而影响油层总体开发效果。

2）层间矛盾

层间矛盾是指非均质多油层油田笼统注水后，由于高、中、低渗透率油层的差异，各层在吸水能力、水线推进速度、地层压力、采油速度、水淹状况等方面产生的差异。非均质多油层油田是由几个甚至几十个油层所组成，其中有的油层渗透率高，有的低。这样在注水采油时，高渗透率油层与中、低渗透率油层在吸水能力、水线推进速度、地层压力、采油速度、水淹状况等方面各不相同，存在着差异，这就是层间矛盾。层间矛盾是影响油田开发效果的主要矛盾。

单层突进系数是层间矛盾的表达方式。单层突进系数是井内渗透率最高油层的渗透率与全井厚度权衡平均渗透率的比值，它反映层间非均质性的程度。单层突进系数越大，层间矛盾就越大。

从注水方面看，注水井的层间干扰主要表现在吸水能力较好的层（地层压力较高）干扰其他层的吸水。在一定注水压力条件下，本来可以吸水的层，与吸水能力相对较高的层合注时就不吸水或吸水量降低。具体表现如下。

（1）干扰严重时，较差的油层不吸水。

（2）高渗透率层干扰较差油层吸水。

（3）提高注水压力，层间干扰增大，吸水能力好的层注水量增加，其他层注水量减少。调整配水嘴的健况有些相似。配水嘴放大的层段，注水量增加，其他层注水量减少；调整层段配水嘴缩小，注水量减少，其他层注水量增加。

（4）距好油层近的层受干扰比远的层大。

3）平面矛盾

一个油层在平面上渗透率、连通性不一，使井网对油层控制情况不同，注入水在不同方向上推进快慢不一样，构成同一层各井间压力、含水量、产量的差异。用扫油面积系数表示平面矛盾的大小（扫油面积系数=单层井组水淹面积/单层井组控制面积）。该值越大，平面矛盾越小。

平面矛盾使高渗透区形成舌进，油井过早水淹，无水采收率和最终采收率降低。而中低渗透区，长期见不到注水效果，造成压力下降，产量递减。

2. 措施及建议

层内矛盾在油田开发中自始至终存在着，层间矛盾和平面矛盾在一定意义上均是层内矛盾的宏观表现。层间矛盾、平面矛盾的解决在一定程度上有助于减缓层内矛盾。只是到了油田开发后期全部水洗油阶段或三次采油阶段层间矛盾和平面矛盾作为主要矛盾加以解决。

从开发整个过程中，三大矛盾贯穿始终，互相联系，互相制约。除一般规律外，不同开发阶段，哪个是主要矛盾必须视油田实际情况而定。针对存在的问题，在相应的油水井上采取一系列措施调整，提高油井产能，或使油井在一段时间内保持稳产。

油田调整大体分两类：工艺措施调整和开发部署调整。层间矛盾、平面矛盾、层内矛盾三大矛盾的调整也主要依托这两类油田调整方法。

1）层间矛盾的调整

该矛盾的本质是各层受效程度不同，是由主产液层干扰差油层的生产引起的。解决时就得从增大差油层的生产压差入手，有效办法是分层注水。

（1）分层注水，分层采油；

（2）对低渗层，注水井加强注水，油井加强采油；

（3）有必要时可对生产能力较低的油层进行酸化、压裂改造（周杨等，2018），以提高产能；

（4）若条件允许，可采用双管采油；

（5）若调整生产压差和工艺措施改造不能完全解决问题，就要考虑对开发层系、井网、注水方式的调整。

2）平面矛盾的调整

该矛盾就是由各地区受效程度不一引起的。解决时就应使受效差地区充分受效，提高驱油能量，降低阻力，达到提高波及面积的目的。

（1）加强非主要来水方向的注水，控制主要来水方向的注水；

（2）通过分采分注，配合堵水、压裂等措施（崔传智和吴忠维，2018）；

（3）改变注水方式或补钻新井、缩短井距等办法，加强受效差地区注水。

3）层内矛盾的调整

该矛盾就是由单层内注入水非柱塞式推进引起的。解决时就要调整吸水剖面，扩大注入水波及厚度；同时调整出油剖面，使其多出油少出水。

（1）在油水井上进行选择性堵水；

（2）有稳定夹层的厚层，用封隔器进行细分；

（3）选择性措施改造，对高含水厚层可先堵后压；

（4）三次采油新技术（活性剂、聚合物等）。

综上所述，注水开发过程中的分层调整，用于解决不同开发阶段的主要矛盾。

油井在中低含水期，以开发和调整好主力油层为主。该阶段主要是单层、单向见水，调整难度不大，通过水井分层注水及各层水量调整即可满足开发的要求。

油井高含水以后，多层多向见水，该阶段需在分层注水的基础上，对油井中的高含水层进行封堵，才能取得较好的分层调整效果。

随着多层多向高含水的日益严重，堵掉高含水层能减少层间干扰，使低含水层发挥作用。但堵层过多，产能损失大，此时应考虑分层注水、分层堵水基础之上的分层改造措施。

第二章 注采系统优化调整

第一节 注采结构调整评价方法及技术现状

对油田注采结构开发效果的评价始终贯穿于油田开发的全过程。由于油田地质发育特点不同，开采条件不同，在不同的开发阶段开发指标也有较大的差别，为此，当油田进入中、高含水期以后，为了减缓产油量的递减速度，增加可采地质储量，需要及时开展关于“监测、描述和挖潜”的研究。而各种研究的实用效果如何，则需要一套完整而科学的评价指标体系和评价方法来对其进行论证。因此进行科学系统的注水开发效果评价研究能够及时有效地对油田注水开发效果和挖潜措施效果做出客观、科学的综合评价，并在此基础上指出进一步挖潜措施的方向，达到高效合理开发油田的目的。

美国在 20 世纪 40 ~ 50 年代开始考虑注水开发的合理性，1955 年 Guthrie 和 Greenberger 对 73 个完全水驱或部分水驱砂岩油田的基础数据处理，利用多元回归分析法得到预测注水油田水驱可采储量的经验公式（张小龙和杨志兴，2018）。1956 ~ 1967 年美国石油协会（American Petroleum Institute，API）采收率委员会对北美洲和中东地区的 72 个水驱砂岩油田的采收率进行广泛研究，1967 年 API 提出预测注水油田水驱可采储量的经验公式。1958 年 Wright 根据油田的实际开发数据，首先建立了水油比与累积采油量的半对数统计直线关系。1959 年 Matthews 也建立了水油比与累积采油量的半对数统计直线关系。后来这两种水驱特征曲线作为预测注水油田的水驱可采储量的基本方法得到广泛的应用（夏竹君等，2005）。90 年代后，学者从存水率和耗水率的定义出发，引入油、水两相相对渗透率的相关经验公式，推导出了绘制累计存水率、阶段耗水率和累计耗水率理论曲线的经验公式。将实际生产数据标注到利用这些经验公式绘制出的理论曲线图版上，即可对注水油田（或区块）的注水利用率和水驱开发效果进行准确评价。

20 世纪 40 ~ 50 年代，苏联也开始考虑注水开发的合理性，对注水开发指标作了深入研究，并与美国油田开发的主要指标进行了对比，提出了适应本国油田注水开发的指标变化范围。与此同时，苏联还针对油田注水开发效果的影响因素，根据多因素相关分析理论，得出了不少经验性结论。1959 年苏联的 Makcr 和 Mob 建立了累积产水量和累积产油量的半对数统计直线关系，已在苏联得到广泛的应用。1959 年马克西莫夫首次提出了一种水驱特征曲线，从而建立了水驱特征曲线法。当时，苏联全苏石油天然气科学研究所根据乌拉尔-伏尔加地区的约 50 个油田的实际开发数据，利用多元回归分析法获得预测注水油田的水驱可采储量的经验公式。而 1972 年 Koakh 的经验公式和 1972 年 Rommkob 的经验公式，以及马克西莫夫-童宪章水驱曲线在我国得到了极为广泛的应用，它的历史作用被充分肯定。但遗憾的是，后来通过研究发现，这种水驱曲线存在严重的不足，特别是对高含水期油田，它已无法满足油田开发工作的需要（张戈，2014），它的计算结果有可能带来不正确的认识和决策，这是广大油田开发工作者应该注意的。苏联（俄罗斯）的学者和专家对水驱曲线研究的贡献是巨大的，他们也对水驱曲线的适用性和筛选做了大量的工作，但迄今为止一直没有得出一个统一的意见和推荐公式。

我国在20世纪50年代着手对注水开发油田进行研究，取得了不少指导性结论，并提出了许多经验公式来预测注水油田的水驱可采储量。在70年代中期到80年代初期又提出利用多种驱替特征曲线来预测注水油田的水驱可采储量，其中应用最广泛的是甲型曲线。预测注水油田的水驱可采储量的多种驱替特征曲线中，以甲型曲线和新丙型曲线精度较高。从80年代中期开始，人们发现使用驱替特征曲线来预测注水油田的水驱可采储量，仅考虑了采出量（油、水）之间的关系，这样会使评价油田注水开发效果受到一定限制。同时，油田进入中、高含水期以后，随着注水量的不断增加，注水成本也将不断增加，注水指标作为衡量开发效果的一个方面，其重要性越来越被人们所认识，为此人们提出了许多新的预测开发指标方法。针对目前在国内用得比较多的4种水驱特征曲线所存在的问题，王怒涛、黄炳光等提出了一种既简单又综合了甲乙两种类型关系的f_w-R^*水驱特征曲线。将丙型与丁型水驱特征曲线结合，从而提出一种新的水驱特征曲线，且这种新的水驱特征曲线与经典的水驱特征曲线完全等效。该曲线表达式同时又能反映含水率与采出程度关系的多条曲线，同时王怒涛等又对它的形状和性质做了一些研究，指出今后水驱特征曲线的研究方向是找出更简单、准确、实用的广义水驱特征曲线。

根据QHD32-6油田的地质油藏特征及开发现状对类似油田注采结构优化调整方法进行了大量调研，总结了注采结构优化调整的主要方法：合理划分开发层系、井网调整、井网加密、水平井研究（水平段长度研究、采油井距研究、采油井水平段纵向位置研究、采油井合理工作制度研究）等。为目标区注采结构优化调整提供了参考依据。

通过对国内外文献以及行业标准的大量调研，总结了基于井网完善状况、注水状况、含水变化状况、开采程度、产油量变化状况、产液量变化状况、储采状况7个方面20多个开发指标的效果评价方法，并对不同评价方法的适用条件进行了调研，使油田能够及时有效地对油田注水开发效果和挖潜措施效果做出客观、科学的综合评价，并在此基础上指出注采结构进一步调整的方向，达到高效合理开发油田的目的。

第二节　注采系统完善程度评价方法

油田开发效果评价是油田开发调整、开发后期综合治理过程中必须进行的一项研究工作。其目的是研究砂岩油藏内油水运动规律，揭示油藏注水开发的主要矛盾和潜力，分析认识油田的开发历史和现状，总结开发成功的经验，包括开发策略、增产措施、提高采收率技术等方面，明确目前油田开发过程中存在的问题，为编制油藏年度开发规划、长远开发规划和综合调整方案制定科学合理的技术方法和技术措施，确保砂岩油藏获得最高的、经济合理的水驱采收率，具有极为重要的意义。

一、陆地油田注水开发效果评价方法体系研究

调研和分析我国主要水驱油田（大庆、胜利、大港等油田）在注水开发效果评价中的主要做法和评价程序，总结出陆地油田水驱油藏进行注水开发效果评价的主要内容，以及采用的基本评价方法（单项指标参数的分析计算）及其适应性。

（一）注水开发效果评价基本程序

油田开发效果评价是油田开发调整、开发后期综合治理过程中必须进行的一项研究工作，其目的是研究砂岩油藏内油水运动规律，揭示油藏注水开发的主要矛盾和潜力，分析认识油田的开发历史和现状，总结开发成功的经验，包括开发策略、增产措施、提高采收率技术等方面，明确目前油田开发过程中存在的问题，为编制油藏年度开发规划和综合调整方案制定科学合理的技术方法，确保砂岩油藏获得最经济合理的水驱采收率。对我国主要水驱油田（大庆、胜利、大港等油田）的注水开发效果评价的主要做法和评价程序基本类似，具体如图 2-1 所示。

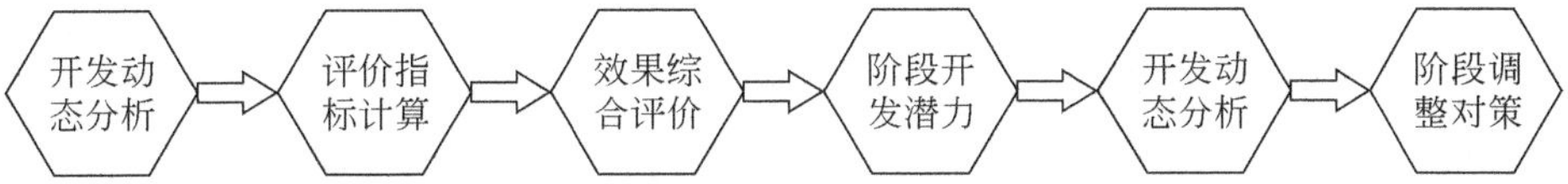

图 2-1　注水开发效果评价基本程序

油田注水开发效果评价在动态分析的基础上循序渐进开展，根据阶段开发指标变化，具体分为月度生产状况分析、年度油藏动态分析以及阶段开发效果分析。

（二）油田注水开发效果评价指标集的选择

1. 注水开发效果评价指标分类

整理油田注水开发效果评价的常用指标，分析其计算方法和评价内容的实际含义，将油田注水开发效果评价指标分为三类：开发技术指标、生产管理指标和经济效益指标（徐海霞等，2017）。

1）开发技术指标

所谓开发技术指标就是描述油田开发过程中一些动态参数变化的变量，如压力指标（地层压力、井底压力、地面压力）、产量指标（产液量、产油量、产水量）、含水指标（含水率、含水上升率）、采出状况指标（采出程度、可采储量采出程度）、最终采收率及开发年限等指标。

油田开发技术指标计算方法可分为解析法、数值模拟方法和经验法三大类。

开发技术指标主要用于评价管理单元的开发动态状况，包括井网完善状况、注水状

况、含水变化状况、产油量变化状况、产液量变化状况、储采状况和开采程度等 7 个方面的指标（郑小敏等，2017）。

2）生产管理指标

生产管理指标主要用于评价措施的效果和工作量完成情况、油水井及地面设备的使用状况与动态监测状况，包括工作量效果及管理状况两方面的内容。

3）经济效益指标

经济效益指标主要用于评价管理单元的经济效益，包括操作成本、老井经济极限含水量（老井经济极限产油量）、新井经济极限初产、低效产量比例等。

2. 注水开发效果评价指标关系及作用

油田开发作为一个有机整体，各方面指标有着密切的联系，因此，对油田开发各方面指标的关系及其重要程度进行了分析，得出了下面的认识。

开发技术指标又可以分为状态指标和趋势指标。所谓状态指标是描述油田开发管理现状的指标，是对油田投产以来所有开采条件和开采过程的综合反映，趋势指标是反映油田开发管理状况变化趋势的指标，若以年为时间单位，趋势指标则是一年工作状况的反映。

开发技术指标、生产管理指标和经济效益指标这三类指标中，开发技术指标是油田开发状况的反映，因此它在三类指标中占主要地位；生产管理指标是实现开发技术指标的基础；经济效益指标是油田效益好坏的表现。开发技术指标和生产管理指标都为实现经济效益指标而服务，因此这三类指标相互制约，相互依赖，每一类都不应该缺少。

在开发技术指标的状态指标中，自然递减率、水驱储量控制程度、水驱状况较为重要，其他稍微次之；在趋势指标中，剩余可采储量采油速度、含水上升率相对重要一些，其他次之。

在生产管理指标中，措施有效率和分层注水合格率相对重要一些，其他指标大致相同。措施效果与措施工作量完成情况相比，措施效果要重要一些。措施工作量评价，以产量完成措施工作量少为原则。

经济效益指标中，吨油操作成本是各油田都看重的指标，因而要重点研究。

总体来说，当产量达到计划要求时，以增产措施越少，经济效益越好为佳。相反，若任务没有完成，措施工作量又少，则说明管理水平差。

基于以上对三类指标的分析，有必要对上述指标进行筛选，挑出具有代表性的、最为重要的指标来进行注水开发油藏的评价。

3. 注水开发效果评价指标筛选

油田注水开发效果评价主要对开发技术指标、生产管理指标和经济效益指标三大类 40 多个指标开展筛选研究，筛选出适合水驱油田的评价指标。

1）筛选原则

油田注水开发效果评价指标筛选遵循如下几点原则。

（1）全面性：技术、管理、经济效益等各个方面都应该涉及。

（2）动态性：能够反映油田的开发状况和开发趋势。

（3）相对独立性：各项指标之间相对独立。

（4）可操作性：方便统计分析。

（5）可对比性：便于对比不同油田、开发单元的开发效果。

根据上述筛选原则，对指标进行分析和初步筛选，剔除部分明显不符合筛选原则的指标。

2）筛选方法

注水开发效果评价指标确定方法主要包括逻辑分析法、灰色关联分析法、矿场统计分析方法、文献资料分析优选法、专家评价法等。

a. 逻辑分析法

首先分析指标的物理意义，从指标的计算方法入手找到影响该项指标的主要因素以及与该项指标之间的关系；其次研究指标与开发效果之间的关系，以及在整个影响过程中，又涉及哪些指标，从而确定指标间的逻辑关系。各类指标之间的逻辑关系可分为等价关系、因果关系及过程评价关系等。

在分析不同指标对最终开发效果的影响时，某一过程指标对最终开发效果的影响就已经包含导致该结果的原因指标了，如果此时把原因指标再作为单独的一个影响因素，则要注意处在同一因果关系链上的指标对开发效果的影响可能存在某种程度的重复。

等价关系即有些指标并不在同一因果关系链中，而是一种完全等价的关系，也可以理解为同一类的指标。

以井网密度和单井控制地质储量的关系为例。

俞启泰等在谢卡加乔夫公式的基础上，考虑将“面积”概念的井网密度 f 改为“体积”概念的单井控制地质储量 N/n，并提出新公式。

谢卡加乔夫公式：

$$E_{R} = E_{D}e^{-af} \tag{2-1}$$

式中，E_R 为采收率,%；E_D 为驱油效率,%；a 为井网指数，由回归确定；f 为井网密度，口/km^2。

俞启泰等的公式：

$$E_{R\,min} = E_{D1.0}e^{-BN/n} \tag{2-2}$$

式中，$E_{R\,min}$ 为最小采收率,%；B 为与采收率有关的常数。

从上面的公式可以看出井网密度是采收率的重要影响因素，在适当条件下，单井控制地质储量可以替换井网密度，说明两者是等价的、并列关系，两者可以选其一。

通过等价关系分析，可以剔除掉单井控制地质储量、经济极限单井控制地质储量、经济极限措施增油量、老井经济极限含水量等 4 项指标。

因果关系指某种指标是引起另一种指标的原因。主要从相互作用的机理以及发生的时间顺序方面判断因果关系。以井网密度和水驱储量控制程度的关系为例可得出以下结果。

分油砂体法估算水驱储量控制程度的表达式为

$$M_i = 1 - 0.470698 D_a L_i^{0.5} / A_i^{0.75} \tag{2-3}$$

$$M = \sum_{i=1}^{n} (M_i N_i) / \sum_{i=1}^{n} N_i \tag{2-4}$$

若为正方形井网，则

$$D_a = \sqrt{\frac{1}{SPC}} \tag{2-5}$$

若为三角形井网，则

$$D_a = 1.1547 \times \sqrt{\frac{1}{SPC}} \tag{2-6}$$

式中，SPC 为井网密度，口/km^2；L_i 为各油砂体周长，km；A_i为各油砂体面积，km^2；N_i 为各油砂体地质储量，t；D_a 为井距，km；M 为开发单元水驱储量控制程度；M_i为各油砂体水驱储量控制程度。

从分油砂体法估算水驱储量控制程度的表达式来看，水驱储量控制程度主要受井网密度的影响，因此水驱储量控制程度是井网密度的结果指标，两者为因果关系，井网密度为因，水驱储量控制程度为果，因此井网密度不予保留。

通过因果关系分析，可以剔除掉井网密度、经济极限井网密度等两项指标。

过程评价关系指有一些指标处于因果链中的中间位置，它对结果的影响完全可以用最初的原因指标来替代。

以耗水比、耗水量和水驱指数的关系为例可得出以下结果。

水驱指数是油藏某一阶段的注水量与产水量之差除以该阶段产油量的地下体积之比。

$$D = \frac{Q_{w注} - Q_{w产}}{Q_0} = R + \frac{R - 1}{B_{ro}(1 - f_w)} f_w \tag{2-7}$$

式中，D 为水驱指数；$Q_{w注}$为注水量，t；$Q_{w产}$为产水量，t；B_{ro}为体积系数；Q_0为产油量，t；R 为产出程度,%；f_w为含水率,%。

耗水比是油藏某一阶段的注水量与该阶段产油量的地下体积之比。

$$D = \frac{Q_{w注}}{B_{ro} Q_0} = R\left(B_{ro} + \frac{f_w}{1 - f_w}\right) \tag{2-8}$$

耗水量指注水开发的油田在含水采油期每采出 1t 原油所附带产出的水量。

$$耗水量 = \frac{Q_{w产}}{Q_0} = \frac{f_w}{1 - f_w} \tag{2-9}$$

由耗水比与耗水量的定义可以看出，二者之差即水驱指数，因此两个指标可以用水驱指数来代替，即耗水比是过程指标。

b. 灰色关联分析法

在矿场统计的基础上，利用灰色关联分析法分析各项指标对采收率或采油速度的影响程度，选择影响程度较大的指标作为评价指标。灰色关联分析法也称多因素分析法。

利用实际统计方法，定性分析开发指标对采收率或采油速度的影响程度。通过对样本单元的统计分析，可以看出水驱储量控制程度、水驱储量动用程度、剩余速度、自然递减等指标对采收率或采油速度都有较大影响。

灰色关联分析法的原理是通过寻求系统中各因素之间的主要关系，找出显著影响目标值的重要因素。利用数学方法分析各评价指标与结果指标之间关联性的大小，即关联度。关联度越大，说明对结果指标影响程度也越大。

关联系数计算：母序列为 $\{x_0(t)\}$，子序列为 $\{x_i(t)\}$，则在时刻 $t=k$ 时，$\{x_0(t)\}$ 与 $\{x_i(t)\}$ 的关联系数 $\{x_j(t)\}$ 用下式计算。

$$\xi_{0i}(k)=\frac{\Delta_{\min}+\rho\Delta_{\max}}{\Delta_{0i}(k)+\rho\Delta_{\max}} \tag{2-10}$$

式中，$\xi_{0i}(k)$ 为 k 时刻两个序列的绝对差，即 $\Delta_{0i}(k)=|x_0(k)-x_i(k)|$；$\Delta_{\min}$，$\Delta_{\max}$分别为各个时刻的绝对差中的最大值和最小值；$\rho$ 为分辨系数，$\rho\in(0,1)$，一般情况下取 0.1～0.5。

关联度用两序列各个时刻的关联系数的平均值计算：

$$r_{0i}=\frac{1}{N}\sum_{k=1}^{N}\xi_{0i}(k) \tag{2-11}$$

式中，r_{0i}为子序列 $\{x_i(t)\}$ 与母序列 $\{x_0(t)\}$ 的关联度；N 为序列的长度即数据个数。

c. 矿场统计分析方法

该方法也称单因素分析法。通过矿场实际资料，统计分析单向开发指标的变化。例如，井网密度、水驱储量动用程度、含水上升率与采收率的关系，存水率、储采比、自然递减率与采油速度等的关系。最终归纳出最适合油田开发技术评价的指标。

d. 文献资料分析优选法

该法即全面查阅有关文献资料，分析各指标的优缺点并加以取舍。

国内外关于油田开发评价指标的文章及标准至今已经发表了不少，可以搜集一些文献资料用来参考。

例如，中国石油天然气集团有限公司的《油田开发管理纲要》、中华人民共和国石油天然气行业标准、各油田技术人员及高校科研单位的专家学者发表的相关文章都很有参考价值。同时也要结合油田的实际情况有区别地采纳。

e. 专家评价法

一些有经验的专家对油田开发技术指标非常敏感，他们深刻地理解某些指标的含义，因而能较准确地定位这些指标的重要程度，从而给最终指标的确定提供极其重要的指导。

此外，还可用假设检验的方法、多元回归的方法、指标聚类法等方法进行指标筛选。

4. 相关标准与规定

中华人民共和国石油天然气行业标准《油田开发水平分级》（SY/T 6219—1996）规定了陆上主要油藏开发水平分级的指标体系，不仅包括跟油藏动态分析“密切”的参数，如水驱储量控制程度、水驱储量动用程度、油藏能量保持水平和利用程度、剩余可采储量采油速度、年产油量递减率、水驱状况、含水率及含水上升率、原油采收率，还包括跟油藏动态分析“间接”的参数，如老井措施有效率、注水井分注率、配注合格率、油水井综合生产时率、注水水质达标状况、动态监测计划完成率、操作费控制状况。

注水开发油田年度调控指标具体包括含水上升率、自然递减率和综合递减率、剩余可采储量采油速度、油藏压力系统、注采比。

（1）含水上升率：根据有代表性的相对渗透率曲线或水驱曲线来确定，各开发阶段含水上升率不超过理论值。

（2）自然递减率和综合递减率：根据油藏类型和所处的开发阶段确定递减率控制指标。

（3）剩余可采储量采油速度：一般控制在8%～11%，低渗透油藏控制在6%左右。

（4）油藏压力系统：水驱油田高饱和油藏地层压力应保持在饱和压力以上；低渗、低压油藏压力一般保持在原始地层压力以上；注水压力不超过油层破裂压力。

（5）注采比：水驱开发油田原则上保持注采平衡；中、高渗透油藏注采比要达到1.0左右；低渗透油藏年注采比要控制在1.0～1.5。

注水开发油田阶段调控指标具体包括水驱储量控制程度、水驱储量动用程度、可采储量采出程度、水驱采收率。

（1）水驱储量控制程度：根据《油田开发管理纲要》和《油藏工程管理规定》，中、高渗透油藏一般要达到80%，特高含水期达到90%以上；低渗透油藏一般要达到70%以上；断块油藏一般要达到60%以上。

（2）水驱储量动用程度：根据《油田开发管理纲要》和《油藏工程管理规定》，中、高渗透油藏一般要达到70%，特高含水期达到80%以上；低渗透油藏一般要达到60%以上；断块油藏一般要达到50%以上。

（3）可采储量采出程度：根据《油田开发管理纲要》和《油藏工程管理规定》，中、高渗透油藏低含水期末达到15%～20%；中含水期末达到30%～40%；高含水期末达到70%左右；特高含水期再采出可采储量30%左右。低渗透油藏低含水期末达到20%～30%；中含水期末达到50%～60%；高含水期末达到80%以上。

（4）水驱采收率：根据《油田开发管理纲要》和《油藏工程管理规定》，中、高渗透注水油藏不低于35%；低渗透油藏不低于25%，特低渗透油藏不低于20%；断块油藏则不低于25%。

5. 注水开发效果评价指标的确定方法

依据陆地注水开发效果评价流程，将评价指标集大致分为开发技术指标以及生产管理指标两大类。其中，开发技术指标类分为储量和井网、能量、产量、水驱状况、效果五个方面，生产管理指标类分为生产效率、有效注水两个方面。

1）储量和井网

水驱储量控制程度方法如下。

a. 分油砂体法

分油砂体法是一种经验统计方法，所需要的参数容易获得，估算结果也比较准确。该方法主要用于分析不同井网密度对水驱储量控制程度的影响。分油砂体法估算水驱储量控制程度的表达式为

$$M_i = 1 - 0.470698 \times D_a \times L_i^{0.5} / A_i^{0.75}$$

$$M = \sum_{i=1}^{n} (M_i N_i) / \sum_{i=1}^{n} N_i$$

若为正方形井网，则计算公式同式（2-5）。

若为三角形井网，则计算公式同式（2-6）。

式中，各符号注释同前。

分油砂体法是一种经验统计方法，所需要的参数容易获得，估算结果也比较准确。该方法主要用于分析不同井网密度对水驱储量控制程度的影响，在江苏油田、华北油田得到广泛运用。

b. 概算法

概算法是一种概率估算方法，所需要的参数也较容易获得，估算结果也比较准确。该方法主要用于分析不同井网密度和注采比以及布井方式对水驱储量控制程度的影响。概算法估算各油砂体水驱储量控制程度的表达式为

$$M_i = 1 - \varepsilon^{1/2} \exp\left(-\frac{0.635 A_i}{\phi D_a^2}\right) \tag{2-12}$$

式中，ε 为注采井数比；ϕ 为单井系统单井控制面积与井距平方间的换算关系（四点井网为0.866，五点与九点井网为1）；其他符号注释同前。

采用概算法计算的水驱储量控制程度与注水方式、井网密度及油砂体的面积有关，考虑得较为全面，能够反映油田实际情况，且计算较为方便，此方法在大庆油田得到了广泛运用。

为了简便计算，大庆油田依据大量实际生产数据统计得到水驱储量控制程度与井网密度间相互关系的经验公式：

$$M_1 = 0.98 \exp\left(-\frac{3.02}{s}\right) \tag{2-13}$$

式中，s 为井网密度，口/km^2。

水驱储量动用程度：

$$M_2 = 0.956 \exp\left(-\frac{2.49}{s}\right) \tag{2-14}$$

在估算水驱储量动用程度的众多方法中，通常采用丙型水驱特征曲线预测法来确定油藏的水驱储量动用程度。实践表明，丙型水驱特征曲线预测法不仅计算过程简单易行，而且计算结果相对客观准确。

丙型水驱特征曲线的数学表达式为

$$L_p / N_p = A + B L_p \tag{2-15}$$

$$N_{om} = 1/B \tag{2-16}$$

$$R_{pm} = \frac{N_{om}}{NR_{gm}} \tag{2-17}$$

式中，L_p为累积产液量，10^4t；N_p为累积产油量，10^4t；N_{om}为水驱控制储量（可动油储量），10^4t；N为地质储量，10^4t；R_{gm}为油藏最终采出程度；R_{pm}为水驱储量动用程度。

注采对应率是指现有井网条件下与注水井连通的采油井射开有效厚度与井组内采油井射开总有效厚度之比。

油井多向受效率是指在给定井网条件下，油井受到两向及多向水驱作用的井数与油井总数的比值。其中受益方向是根据油井受益方向的多少来划分的，若受益井大部分生产层为多向受益，就确定该井为多向受益井。

2）能量

注采比/累积注采比：地层条件下（累积）注水量与（累积）产液量之比。它是研究注采平衡状况和调整注采关系的重要依据，是衡量某一时间段（月度、季度、年度）内人工补充能量的程度或地下亏空程度的指标，是油田配产配注的一项重要指标。注水开发油田原则上保持注采平衡；中、高渗透油藏年注采比达到1.0左右，低渗透油藏年注采比要控制在1～1.5。

能量保持水平和利用状况。根据地层压力保持程度，能量保持水平分为下列三类。

（1）地层压力/原始地层压力≥0.9，且高于油藏饱和压力，地层能量保持水平能避免地层原油大量脱气，能充分满足不断提高排液量的需求。

（2）地层压力/原始地层压力处于0.6～0.9之间，且高于油藏饱和压力，地层能量保持水平能基本满足油井排液量的需求。

（3）地层压力/原始地层压力<0.6，部分油藏地层大量脱气生产，地层能量保持水平不足以满足油井排液量的需求。

3）产量

a. 年产油量综合递减率

油田当年核实总产油量扣除当年新井投产年增油量后，与油田上一年总产油量之差，除以油田上一年总产油量得到的比值即年产油量综合递减率，其具体数学表达式为

$$a = -\frac{q_{o1} - (q_{o2} - q_{o3})}{q_{o1}} \times 100\% \tag{2-18}$$

式中，a为年产油量综合递减率；q_{o1}为上一年总产油量，10^4t；q_{o2}为当年核实总产油量，10^4t；q_{o3}为当年新井投产年增油量，10^4t。

b. 年产油量自然递减率

年产油量自然递减率是指扣除各种增产措施增加的产量后，老井单位时间内油气产量的自然变化率或自然下降率，比百分比计。自然递减率不考虑新井投产及老井各种增产措施所增加的产量，只考虑老井产量的自然下降。

c. 剩余可采储量采油速度

剩余可采储量采油速度是指油田当年核实年产油量除以油田上年末统计出的剩余可采

储量的值。剩余可采储量采油速度是反映油田开发快慢及油田综合经济效益的一个重要参数，其具体计算公式如下所示：

$$V_R = \frac{q_{o2}}{N_{R1}}，N_{R1} = N_R - N_{P1} \tag{2-19}$$

式中，V_R为剩余可采储量采油速度,%；q_{o2}为当年核实总产油量，10^4t；N_{R1}为上一年末统计出的剩余可采储量，10^4t；N_R为油田可采储量，10^4t；N_{P1}为上一年末核算的油田累积产油量。

4）水驱状况

水驱状况主要包括四部分：含水上升率、存水率、耗水率、水驱指数。

5）效果——水驱极限采收率

油藏的采收率和可采储量是用于评价油田地下资源利用程度的标志性评价指标，两者的评价结果既可以作为油田开发决策调整的重要依据，同时还可以用来评价油田开发程度及开发水平的高低。

用于预测采收率与可采储量的常用方法主要有以下几种。

a. 经验公式预测法

将国内外常用的可预测注水开发油田采收率及可采储量的经验公式总结如下。

美国 Guthrie 和 Greenberger 的相关经验公式（1955 年）：

$$E_R = 0.11403 + 0.2719\lg K - 0.1335\lg\mu_o + 0.25569S_{wi} - 1.538\varphi - 0.00115h \tag{2-20}$$

公式适用条件：油层物性较好，原油性质较好。

1962 年万吉业的相关经验公式：

$$E_R = 0.135 + 0.165\lg\frac{K}{\mu_r} \tag{2-21}$$

1967 年 API 的相关经验公式：

$$E_R = 0.3225\left[\frac{\varphi(1-S_{wi})}{B_{oi}}\right]^{0.0422} \times \left[\frac{K}{\mu_r}\right] \times S_{wi}^{-0.1903} \times \left[\frac{P_i}{P_a}\right]^{-0.2159} \tag{2-22}$$

公式适用条件：油层物性较好，原油性质较好，不适合用于稠油低渗油藏。

1972 年俄罗斯 Кожакин 的公式：

$$E_R = 0.507 - 0.167\lg\mu_r + 0.0275\lg K - 0.000855S^* + 0.171S_K - 0.05V_K + 0.0018h \tag{2-23}$$

公式适用条件：$\mu_r = 0.5 \sim 34.3$mPa·s，$K = (109 \sim 3200) \times 10^{-3}\ \mu m^2$，$S^* = 7.1 \sim 74$hm²/口，$S_K = 0.32 \sim 0.96$，$V_K = 0.33 \sim 2.24$，$h = 2.6 \sim 26.9$m。

1977 年俄罗斯 Гомзиков 的相关经验公式：

$$E_R = 0.219 + 0.0821\lg K - 0.0078\lg\mu_r - 0.00086S^* + 0.180S_K - 0.054Z - 0.27S_{wi} + 0.00146T_{re} + 0.0039h \tag{2-24}$$

公式适用条件：$K = (130 \sim 2580) \times 10^{-3}\ \mu m^2$，$\mu_r = 0.5 \sim 34.3$mPa·s，$S^* = 10 \sim 100$hm²/口，$Z = 0.06 \sim 1.0$，$S_{wi} = 0.7 \sim 0.95$，$T = 22 \sim 73$℃，$h = 3.4 \sim 25$m。

1989 年俞启泰的相关经验公式：

$$E_R = 0.274 - 0.1116\lg\mu_r + 0.09746\lg K - 0.0001802hS^* - 0.06741V_K + 0.001675T_{re} \quad (2\text{-}25)$$

陈元千等于 1990 年提出的相关经验公式：

$$E_R = 0.2143\left[\frac{K}{\mu_o}\right]^{0.1316} \quad (2\text{-}26)$$

陈元千等于 1994 年提出的相关经验公式：

$$E_R = 0.05842 + 0.08461\lg\frac{K}{\mu_o} + 0.3464\varphi + 0.0003871S \quad (2\text{-}27)$$

公式适用条件：中等黏度，储层物性较好，相对均质。

井网密度经验公式：

$$E_R = \left[0.698 + 0.16625\lg\frac{K^*}{\mu_o}\right]e^{-\frac{0.792}{n}\left[\frac{K^*}{\mu_o}\right]^{-0.253}} \quad (2\text{-}28)$$

可采储量经验公式：

$$E_R = -1.106 - 0.01\mu_r + 0.306S_K + 0.0019h + 1.998\varphi + 0.144\lg K + 0.71B_o \quad (2\text{-}29)$$

以上各式中，E_R为采收率；μ_o为地层原油黏度；φ 为平均有效孔隙度；V_K为渗透率变异系数；n 为井网密度，口/km^2；T_{re}为地层温度，℃；P_i为原始地层压力，MPa；S^* 为井网密度，口/km^2；S_{wi}为地层束缚水饱和度；μ_r为地层油水黏度比；S_K为砂岩系数；K 为平均空气渗透率，$10^{-3}\mu m^2$；B_{oi}为原始原油体积系数；h 为有效厚度，m；Z 为过渡带的储量系数；P_a 为废弃压力，MPa；S 为井网密度，hm^2/口；K^* 为有效渗透率，μm^2；B_o 为原油体积系数。

符号中，n、S、S^* 均为原公式中所用井网密度符号和单位。

经验公式测算采收率的准确性主要取决于参数选值的精度，而与实际生产资料无关，在实际的采收率测算过程中，可以将其作为一项对比指标对由动态资料预测的采收率进行修正。

b. 水驱特征曲线预测法

中国石油天然气集团有限公司针对目前流行的 20 余种水驱特征曲线的描述方程，经过大量的筛选和应用对比，将最实用且最具有典型代表性的四种水驱特征曲线分别命名为甲型、乙型、丙型及丁型水驱特征曲线。

甲型水驱特征曲线表达式为

$$\lg W_p = a_1 + b_1N_p \quad (2\text{-}30)$$

式中，W_p为累积产水量，10^4m^3；N_p为累积产油量，10^4t；a_1、b_1为与水驱特征曲线有关的常数值。

甲型水驱特征曲线表明当油田注水开发到一定阶段以后，油田的累积产水量与累积产油量在半对数坐标中呈直线关系，直线的斜率值为 b_1，其截距为 a_1。

甲型水驱特征曲线对应的油田可采储量及地质储量的计算公式如下所示：

$$N_R = \frac{1}{b_1}(1.6902 - c_1) \quad (2\text{-}31)$$

$$N \approx 7.5422 b_1^{-0.969} \tag{2-32}$$

式中，N_R为油田可采储量，10^4t；N为油田地质储量；$c_1 = a_1 + \lg(2.303 b_1)$。

乙型水驱特征曲线的表达式为

$$\lg L_p = a_2 + b_2 N_p \tag{2-33}$$

式中，L_p为油田累积产液量，10^4t；N_p为累积产油量，10^4t；a_2、b_2为乙型水驱曲线直线段的截距与斜率。

乙型水驱特征曲线表明，当油田开发到一定阶段以后，累积产液量与累积产油量在半对数坐标中呈直线关系。

乙型水驱特征曲线对应的油田可采储量的计算公式如下所示：

$$N_R = \frac{1.69897 - c_2}{b_2} \tag{2-34}$$

式中，N_R为油田可采储量，10^4t；$c_2 = a_2 + \lg(2.303 b_2)$。

丙型水驱特征曲线形式为

$$\frac{L_p}{N_p} = a_3 + b_3 L_p \tag{2-35}$$

式中，L_p为油田累积产液量，10^4t；N_p为累积产油量，10^4t；a_3、b_3为丙型水驱曲线直线段的截距与斜率。

丙型水驱特征曲线表明，当油田开发到一定阶段以后，累积产液量与累积产油量之比与累积产液量在直角坐标中呈直线关系。

丙型水驱特征曲线对应的油田可采储量的计算公式如下所示：

$$N_R = \frac{1}{b_3}[1 - \sqrt{0.02 a_3}] \tag{2-36}$$

式中，N_R为油田可采储量。

丁型水驱特征曲线表达式为

$$\frac{L_p}{N_p} = a_4 + b_4 W_p \tag{2-37}$$

式中，L_p为油田累积产液量，10^4t；N_p为累积产油量，10^4t；W_p为累积产水量，10^4t；a_4、b_4为丁型水驱曲线直线段的截距与斜率。

丁型水驱特征曲线表明，当油田开发到一定阶段以后，累积产液量与累积产油量之比与累积产水量在直角坐标中呈直线关系。

丁型水驱特征曲线对应的油田可采储量的计算公式如下所示：

$$N_R = \frac{1}{b_4}[1 - \sqrt{(a_4 - 1) \times 0.020408}] \tag{2-38}$$

c. 童氏图版预测法

童宪章教授所推导的含水率与采出程度之间的关系表达式为

$$\lg[f_w/(1 - f_w)] = 7.5(R - E_R) + \lg[f_{wm}/(1 - f_{wm})] \tag{2-39}$$

式中，f_w为综合含水率；R为地质储量采出程度；E_R为采收率；f_{wm}为经济极限含水率。

当式（2-39）中综合含水率达到油田经济极限含水率时，其对应的地质储量采出程度即油田的最终采收率。根据不同油田的开发特点，在实际计算过程中可选取不同的经济极限含水率：

取 $f_{wm}=0.98$，式（2-39）可以简化为

$$\lg[f_w/(1-f_w)] = 7.5(R - E_R) + 1.69 \tag{2-40}$$

取 $f_{wm}=0.95$，式（2-39）可以简化为

$$\lg[f_w/(1-f_w)] = 7.5(R - E_R) + 1.28 \tag{2-41}$$

根据简化后的关系表达式，选取不同的油田经济极限含水率值，可建立不同的油田综合含水率与采出程度之间的关系图版，将油藏的实际生产数据代入对应的关系表达式中，即可推导出该油藏的采收率值。

6. 注水工程评价指标计算方法

生产管理指标类分为生产效率、有效注水两个方面，以下为这两个方面评价参数的计算方法。

1）生产效率

a. 油水井综合生产时率

油水井综合生产时率是指油水井利用率与油水井生产时率的乘积。

b. 油水井增产增注措施有效率

油水井增产增注措施有效率是指在统计阶段内油水井增产增注措施作业有效井次与油水井增产增注措施实施总井次的比率。油水井增产增注措施有效是指油水井增产增注的措施达到预期目的。

油水井增产增注措施有效率=(有效井次/实施总井次)×100%

c. 油水井免修期

油水井免修期是指油水井不进行动管柱的维修，连续生产的天数。

2）有效注水

a. 注水井开井率

注水井开井率是指在册水井当月开井数（水井当月生产时间超过100小时）占水井总在册井数的比例。

b. 注水井分注率/合格率

注水井分注率指分注井开井数与注水井开井数和注水井注单层开井数之差的比率。

注水井分注率=分注井开井数/(注水井开井数-注水井注单层开井数)×100%

分注合格率是指检查分注井合格注水总层数与检查分注井注水总层数的比率。

分注合格率=检查分注井合格注水总层数/检查分注井注水总层数×100%。

合格的说明：分注井每季度均要求进行测配，若该井的层位在日历生产天数的2/3的时间合格（或生产期间合格天数≥60天）为该井该层位合格，某井所有层位在本季度期间合格则该井全井段合格；若该井最近一次测配不合格井为分注不合格井，则将未测配井视为不合格分注井。

c. 注水井配注合格率

注水井配注合格率是指所有分层配注井测试合格层段数与分注井总配注层段数之比。

d. 注入水质达标状况

注入水质达标状况是指井口注入水质按《碎屑岩油藏注水水质指标及分析方法》(SY/T 5329—2012)规定指标检查的符合程度。

(三) 陆地油田注水开发效果评价体系分析

这些体系有《油田开发水平分级》(SY/T 6219—1996),中国石油天然气集团有限公司"高效开发评价体系"规定,胜利油田中高渗整装砂岩油藏经营管理水平考核标准,大庆、河南、中原、大港、辽河等油田注水开发效果评价体系。

1. 不同体系评价指标分级范围

注水开发效果评价指标分级标准确定的步骤大致为:

(1) 根据矿场资料统计分析评价指标的实际分布范围;

(2) 根据指标的理论计算公式,计算理论极限值或经济界限值,作为"好"或者"差"的相对参照标准,对初步的参考标准进行合理修正;

(3) 收集中国石油化工集团有限公司、中国石油天然气集团有限公司以及各油田单位的相关行业标准或评比规定等作为借鉴,结合油田的实际情况,对原有的行业标准进行适应性分析,对于适应目前状况的指标继续沿用原标准,对于不适应的则利用矿场统计、理论计算、数值模拟等方法对标准进行合理修正;

(4) 将经过上述修正的参考标准作为初步评价标准,选择实际油田部分单元进行试算,验证其合理性,根据试算结果对初步评价标准再进行合理修正,经过反复验证确认其符合绝大多数单元的实际情况后,将其作为最终的评价标准。

2. 开发技术类指标

1) 储量动用

水驱储量控制程度/动用程度的分级取值范围见表 2-1。

表 2-1 水驱储量控制程度/动用程度分级取值范围

项目	类别	效果级别		
		一类	二类	三类
水驱储量控制程度/%	最大	≥85	75~85	<75
	最小	≥80	50~80	<50
	推荐	≥85	60~85	<60
水驱储量动用程度/%	最大	≥85	70~85	<70
	最小	≥75	60~75	<60
	推荐	≥80	65~80	<65

2) 油井多向受效率

油井多向受效率的分级取值范围见表 2-2。

表 2-2　油井多向受效率分级取值范围

项目	类别	效果级别		
		一类	二类	三类
油井多向受效率/%	最大	≥60	50～60	<50
	最小	≥60	50～60	<50
	推荐	≥60	50～60	<50

3）能量利用

能量保持水平/利用程度、阶段注采比的分级取值范围见表 2-3。

表 2-3　能量保持水平/利用程度、阶段注采比分级取值范围

项目	类别	效果级别		
		一类	二类	三类
能量保持水平/利用程度	最大	≥100	90～100	<90
	最小	≥75	60～75	<60
	推荐	≥85	75～85	<75
阶段注采比	最大	≥1.1	0.9～1.1	<0.9
	最小	≥1.1	0.9～1.1	<0.9
	推荐	≥1.1	0.9～1.1	<0.9

4）产量递减

年产油量自然递减率/综合递减率的分级取值范围见表 2-4。

表 2-4　年产油量自然递减率/综合递减率分级取值范围

项目		类别	效果级别		
			一类	二类	三类
年产油量自然递减率/%	可采储量采出程度<50%	最大	<4	4～5.5	≥5.5
		最小	<15	15～20	≥20
		推荐	<10	10～12	≥12
	可采储量采出程度≥50%	最大	<6	6～14	≥14
		最小	<7.5	7.5～17	≥17
		推荐	<7	7～15	≥15
年产油量综合递减率%	可采储量采出程度<50%	最大	<6	6～8	≥8
		最小	<2	2～4	≥4
		推荐	<4	4～6	≥6
	可采储量采出程度≥50%	最大	<7	7～9	≥9
		最小	<2	2～4	≥4
		推荐	<5	5～7	≥7

5）剩余可采储量采油速度

剩余可采储量采油速度的分级取值范围见表2-5。

表2-5　剩余可采储量采油速度分级取值范围

项目		类别	效果级别		
			一类	二类	三类
剩余可采储量采油速度/%	可采储量采出程度<50%	最大	≥7	5~7	<5
		最小	≥5	3.5~5	<3.5
		推荐	≥6	4~6	<4
	可采储量采出程度≥50%	最大	≥10	7~10	<7
		最小	≥6	4~6	<4
		推荐	≥8	5~8	<5

6）含水上升率

含水上升率的分级取值范围见表2-6。

表2-6　含水上升率分级取值范围

项目		类别	效果级别		
			一类	二类	三类
含水上升率/%	可采储量采出程度<50%	最大	<2	2~3	≥3
		最小	<0.25	0.25~1	≥1
		推荐	<1	1~2	≥2
	可采储量采出程度≥50%	最大	<1	1~3	≥3
		最小	<0.25	0.25~1	≥1
		推荐	<0.5	0.5~2	≥2

7）存水率

存水率的分级取值范围见表2-7。

表2-7　存水率分级取值范围

项目		类别	效果级别		
			一类	二类	三类
存水率/%	可采储量采出程度<50%	最大	≥90	85~90	<85
		最小	≥60	50~60	<50
		推荐	≥75	70~75	<70
	可采储量采出程度≥50%	最大	≥90	85~90	<85
		最小	≥80	70~80	<70
		推荐	≥85	75~85	<75

8）水驱采收率

水驱采收率的分级取值范围见表2-8。

表2-8 水驱采收率分级取值范围

项目	类别	效果级别		
		一类	二类	三类
水驱采收率/%	最大	≥40	30～40	<30
	最小	≥35	25～35	<25
	推荐	≥35	25～35	<25

3. 生产管理类指标

1）油水井综合生产时率/增产增注措施有效率

油水井综合生产时率/增产增注措施有效率的分级取值范围见表2-9。

表2-9 油水井综合生产时率/增产增注措施有效率分级取值范围

项目	类别	效果级别		
		一类	二类	三类
油水井综合生产时率/%	最大	≥75	65～75	<65
	最小	≥75	60～75	<60
	推荐	≥75	60～75	<60
油水井增产增注措施有效率/%	最大	≥85	75～85	<75
	最小	≥75	65～75	<65
	推荐	≥80	70～80	<70

2）注水井开井率/配注合格率

注水井开井率/配注合格率的分级取值范围见表2-10。

表2-10 注水井开井率/配注合格率分级取值范围

项目	类别	效果级别		
		一类	二类	三类
注水井开井率/%	最大	≥88	80～88	<80
	最小	≥88	80～88	<80
	推荐	≥88	80～88	<80
注水井配注合格率/%	最大	≥98	95～98	<95
	最小	≥70	60～70	<60
	推荐	≥80	70～80	<70

3）注水井分注率/分注合格率

注水井分注率/分注合格率的分级取值范围见表 2-11。

表 2-11　注水井分注率/分注合格率分级取值范围

项目	类别	效果级别		
		一类	二类	三类
注水井分注率/%	最大	≥80	60～80	<60
	最小	≥50	30～50	<30
	推荐	≥70	50～70	<50
分注合格率/%	最大	≥80	70～80	<70
	最小	≥76	65～76	<65
	推荐	≥75	65～75	<65

4）水质达标状况/油水井免修期

水质达标状况/油水井免修期的分级取值范围见表 2-12。

表 2-12　水质达标状况/油水井免修期分级取值范围

项目	类别	效果级别		
		一类	二类	三类
水质达标状况/项	最大	≥9	7～9	<7
	最小	≥9	6～9	<6
	推荐	≥9	6～9	<6
油水井免修期/d	最大	≥650	550～650	<550
	最小	≥365	240～365	<240
	推荐	≥500	400～500	<400

（四）陆地不同油田注水开发效果评价体系特点

陆地不同油田注水开发效果评价体系的特点：

（1）评价指标包括开发技术类、生产管理类，有些评价体系生产管理类的评价指标偏多；

（2）评价指标基本来源于动态分析指标，主要包括产量和含水变化、储量动用和井网适应性、注水利用及可采储量等指标；

（3）开发水平一般划分为好、中、差三级，不同类型油藏和不同开发阶段分级标准不同。

主要问题及需要改进的地方：

（1）评价体系普遍缺乏油田开发经济收益类的评价指标；

（2）有些评价体系定义的新评价参数，缺乏普遍适用性和可对比性；

(3) 有些评价体系中一些评价指标之间缺乏相对独立性；

(4) 开发水平分级基于油田实践经验，缺乏综合依据、适应性较差。

(五) 注水开发效果评价的常规方法

《油田开发水平分级》(SY/T 6219—1996) 规定了陆上主要油藏开发水平分级的指标体系，以及各项指标分类的定量界限值，适用于陆上主要油藏开发水平的评价与分类。以下为五大类陆上油藏开发水平分类指标表。

1. 中、高渗透率层状砂岩油藏

中、高渗透率层状砂岩油藏是指平均空气渗透率为 $50\times10^{-3}\mu m^2$ 以上的层状砂岩油藏，也包含简单的断块油藏、常规注水开发的中质油–稠油油藏。此类油藏开发水平分类指标见表 2-13。

表 2-13　中、高渗透率层状砂岩油藏开发水平分类指标表

序号	项目		类别		
			一	二	三
1	水驱储量控制程度/%		≥85	70～85	<70
2	水驱储量动用程度/%		≥75	60～75	<60
3	能量保持水平和利用程度		—	—	—
4	剩余可采储量采油速度/%	可采储量采出程度<50%	≥5	4～5	<4
		可采储量采出程度≥50%	≥7	5～7	<5
5	年产油量综合递减率/%	可采储量采出程度<50%	≤5	>5～≤7	>7
		可采储量采出程度≥50%	≥7	7～9	<9
6	水驱状况		—	—	—
7	老井措施有效率/%		≥75	65～75	<65
8	注水井分注率/%		≥80	60～80	<60
9	注水井配注合格率/%		≥70	60～70	<60
10	油水井综合生产时率/%		≥75	60～75	<60
11	水质达标状况/项		≥9	6～9	<6
12	油水井免修期/d		≥365	240～365	<240
13	动态监测计划完成率/%		≥95	90～95	<90
14	操作费控制状况		—	—	—

注：以上 14 项中必须有 9 项，其中序号 1，2，3，5，6，8，9，13，14 等 9 项中有 8 项达标方可划为该类。

计算出所需要的评价指标后，其中多个主要指标在哪一类范围内，就认为主体上属于哪一级。

2. 低渗透率（含裂缝型低渗透）砂岩油藏

低渗透率（含裂缝型低渗透）砂岩油藏是指平均空气渗透率低于 $50\times10^{-3}\mu m^2$ 的砂岩

油藏（李道品，1997）。此类油藏开发水平分类指标见表2-14。

表2-14 低渗透率（含裂缝型低渗透）砂岩油藏开发水平分类指标表

序号	项目		类别		
			一	二	三
1	水驱储量控制程度/%		≥70	60～70	<60
2	水驱储量动用程度/%		≥70	50～70	<50
3	能量保持水平和利用程度		—	—	—
4	剩余可采储量采油速度/%	可采储量采出程度<50%	≥5	4～5	<4
		可采储量采出程度≥50%	≥6	5～6	<5
5	年产油量综合递减率/%	可采储量采出程度<50%	≤6	>6～≤10	>10
		可采储量采出程度≥50%	≤8	>8～≤12	>12
6	水驱状况		—	—	—
7	老井措施有效率/%		≥70	60～70	<60
8	注水井分注率/%		≥80	70～80	<70
9	注水井配注合格率/%		≥65	55～65	<55
10	油水井综合生产时率/%		≥70	60～70	<60
11	水质达标状况/项		≥9	6～9	<6
12	油水井免修期/d		≥300	200～300	<200
13	动态监测计划完成率/%		≥95	90～95	<90
14	操作费控制状况		—	—	—

注：以上14项中必须有10项，其中序号1，2，3，4，6，8，9，13，14等9项中有8项达标方可划为该类。

计算出所需要的评价指标后，其中多少个主要指标在哪一类范围内，就认为主体上属于哪一级。

3. 裂缝型碳酸盐岩油藏

裂缝型碳酸盐岩油藏是指以裂缝型碳酸盐岩（块状或层状）为主的碳酸盐岩油藏，也含裂缝显示不明显的生物灰岩和白云岩油藏（王俊魁等，2004）。裂缝型碳酸盐岩油藏开发水平分类指标见表2-15。

表2-15 裂缝型碳酸盐岩油藏开发水平分类指标表

序号	项目		类别		
			一	二	三
1	稳产期采出程度/%		≥50	30～50	<30
2	能量保持水平和利用程度		—	—	—
3	剩余可采储量采油速度/%	可采储量采出程度<50%	≥8	6～8	<6
		可采储量采出程度50%～80%	≥10	8～10	<8
		可采储量采出程度>80%	≥7	5～7	<5

续表

<table>
<tr><th rowspan="2">序号</th><th rowspan="2" colspan="2">项目</th><th colspan="3">类别</th></tr>
<tr><th>一</th><th>二</th><th>三</th></tr>
<tr><td rowspan="3">4</td><td rowspan="3">年产油量综合递减率/%</td><td>可采储量采出程度<50%</td><td>≤8</td><td>>8 ~ ≤15</td><td>>15</td></tr>
<tr><td>可采储量采出程度 50% ~80%</td><td>≤20</td><td>>20 ~ ≤30</td><td>>30</td></tr>
<tr><td>可采储量采出程度>80%</td><td>≤15</td><td>>15 ~ ≤20</td><td>>20</td></tr>
<tr><td rowspan="3">5</td><td rowspan="3">含水上升率/%</td><td>可采储量采出程度<50%</td><td>≤2</td><td>>2 ~ ≤4</td><td>>4</td></tr>
<tr><td>可采储量采出程度 50% ~80%</td><td>≤5</td><td>>5 ~ ≤7</td><td>>7</td></tr>
<tr><td>可采储量采出程度>80%</td><td>≤10</td><td>>10 ~ ≤15</td><td>>15</td></tr>
<tr><td>6</td><td colspan="2">老井措施有效率/%</td><td>≥70</td><td>60 ~ 70</td><td><60</td></tr>
<tr><td>7</td><td colspan="2">油水井综合措施时率/%</td><td>≥75</td><td>65 ~ 75</td><td><65</td></tr>
<tr><td>8</td><td colspan="2">油水井免修期/d</td><td>≥400</td><td>300 ~ 400</td><td><300</td></tr>
<tr><td>9</td><td colspan="2">动态监测计划完成率/%</td><td>≥95</td><td>90 ~ 95</td><td><90</td></tr>
<tr><td>10</td><td colspan="2">操作费控制状况</td><td>—</td><td>—</td><td>—</td></tr>
</table>

注：以上 10 项中必须有 8 项，其中序号 1，2，4，5，8，9，10 等 7 项中有 6 项达标方可划为该类。

计算出所需要的评价指标后，其中多个主要指标在哪一类范围内，就认为主体上属于哪一级。

4. 复杂断块油藏

复杂断块油藏是指油田范围内平均每个断块含油面积小于 $1km^2$ 的小断块油藏（党龙梅等，2004），或者在 300m 左右井距下油层连通程度小于 60% 的岩性（透镜体）油藏。复杂断块油藏开发水平分类指标见表 2-16。

表 2-16　复杂断块油藏开发水平分类指标表

<table>
<tr><th rowspan="2">序号</th><th rowspan="2" colspan="2">项目</th><th colspan="3">类别</th></tr>
<tr><th>一</th><th>二</th><th>三</th></tr>
<tr><td>1</td><td colspan="2">水驱储量控制程度/%</td><td>≥60</td><td>50 ~ 60</td><td><50</td></tr>
<tr><td>2</td><td colspan="2">水驱储量动用程度/%</td><td>≥50</td><td>40 ~ 50</td><td><40</td></tr>
<tr><td>3</td><td colspan="2">能量保持水平和利用程度</td><td>—</td><td>—</td><td>—</td></tr>
<tr><td>4</td><td colspan="2">水驱状况</td><td>—</td><td>—</td><td>—</td></tr>
<tr><td>5</td><td colspan="2">综合含水上升率/%</td><td>—</td><td>—</td><td>—</td></tr>
<tr><td rowspan="2">6</td><td rowspan="2">剩余可采储量采油速度/%</td><td>可采储量采出程度<50%</td><td>≥6</td><td>5 ~ 6</td><td><5</td></tr>
<tr><td>可采储量采出程度≥50%</td><td>≥7</td><td>6 ~ 7</td><td><6</td></tr>
<tr><td rowspan="3">7</td><td rowspan="3">年产油量综合递减率/%</td><td>可采储量采出剩余储量速度<7%</td><td>≤7</td><td>>7 ~ ≤10</td><td>>10</td></tr>
<tr><td>可采储量采出剩余储量速度 7% ~10%</td><td>≤8</td><td>>8 ~ ≤12</td><td>>12</td></tr>
<tr><td>可采储量采出剩余储量速度≥10%</td><td>≤12</td><td>>12 ~ ≤15</td><td>>15</td></tr>
<tr><td>8</td><td colspan="2">注水井分注率/%</td><td>≥80</td><td>60 ~ 80</td><td><60</td></tr>
</table>

续表

序号	项目	类别		
		一	二	三
9	注水井配注合格率/%	≥65	55～65	<55
10	油水井综合措施时率/%	≥70	60～70	<60
11	水质达标状况/项	≥9	6～9	<6
12	油水井免修期/d	≥365	240～365	<240
13	动态监测计划完成率/%	≥90	80～90	<80
14	操作费控制状况	—	—	—

注：以上14项中必须有9项，其中序号1，2，3，4，5，7，9，13，14等9项中有8项达标方可划为该类。

复杂断块区中含油面积大于1.5km^2，石油地质储量达500×10^4t以上的较大断块单独划分出来，并入相应类型油藏中分类。对于含油面积小于0.3km^2的小断块和复杂断块中的低渗透油藏，下述开发指标可放宽一定幅度。

（1）水驱储量控制程度：一类油藏≥60%，二类50%～60%；三类<50%；

（2）剩余储量采油速度可以在相应阶段放宽2个百分点；

（3）水驱储量动用程度：一类油藏≥55%，二类45%～55%；三类<45%。

计算出所需要的评价指标后，其中多个主要指标在哪一类范围内，就认为主体上属于哪一级。

5. *砾岩油藏*

砾岩油藏是指60%以上的地质储量在碎屑物质粒径大于2mm、含量大于30%的砾岩、底砾岩或砂砾岩储层中的油藏。砾岩油藏开发水平分类指标见表2-17。

表2-17　砾岩油藏开发水平分类指标表

序号	项目		类别		
			一	二	三
1	水驱储量控制程度/%		≥80	60～80	<60
2	水驱储量动用程度/%		≥70	50～70	<50
3	能量保持水平和利用程度		—	—	—
4	剩余可采储量采油速度/%	可采储量采出程度<50%	≥5	4～5	<4
		可采储量采出程度≥50%	≥7	5～7	<5
5	年产油量综合递减率/%	可采储量采出程度<50%	≤7	>7～≤10	>10
		可采储量采出程度≥50%	≤9	>9～≤12	>12
6	水驱状况		—	—	—
7	老井措施有效率/%		≥70	60～70	<60
8	注水井分注率/%		≥80	70～80	<70
9	注水井配注合格率/%		≥65	55～65	<55

续表

序号	项目	类别		
		一	二	三
10	油水井综合措施时率/%	≥75	60～75	<60
11	水质达标状况/项	≥9	6～9	<6
12	油水井免修期/d	≥365	240～365	<240
13	动态监测计划完成率/%	≥95	90～95	<90
14	操作费控制状况	—	—	—

注：以上 14 项中必须有 9 项，其中序号 1，2，3，5，6，8，9，13，14 等 9 项中有 8 项达标方可划为该类。

计算出所需要的评价指标后，其中多个主要指标在哪一类范围内，就认为主体上属于哪一级。

（六）注水开发效果评价的专家评分法

专家评分法是一种定性描述定量化方法，它首先根据评价对象的具体要求选定若干个评价项目，再根据评价项目制订出评价标准，聘请若干有代表性的专家凭借自己的经验按此评价标准给出各项目的评价分值，最后按照已经确定的评价指标权重对其进行结集（吴琼等，2009）。

在注水开发效果评价中，应基于油田开发动态分析和关键技术指标，利用加权平均法确定综合开发效果，分三步实现：①评价指标集分级标准；②评价指标权重确定；③专家评分系统评价标准。

（七）注水开发效果评价的模糊综合评判法

在注水开发效果评价的过程中，某一种评价或分析的评价指标体系都存在多项影响因素，而各种影响因素之间对相应评价或分析的内容又不存在直接的联系。由于所选因素的模糊性，可采用建立在模糊数学基础上的一种模糊线性变换。

模糊综合评判方法是将评价指标对最终评价目标参数影响程度的模糊性用模糊集合的形式来表示，形成直接可进行评判运算的评价矩阵，通过模糊变换得出一个模糊集合的评价结果。

由于各因素在问题中所起的作用不一样，一般利用了层次分析法对不同因素的权重进行分析评价。

1. 基本数学原理

模糊理论的基本原理是建立在集合的概念之上的。假定存在集合 $\boldsymbol{U}$ 和 $\boldsymbol{V}$。其中 $\boldsymbol{U}$ 是由所有待评价的因素组成的因素集。$\boldsymbol{V}$ 是由判断各个因素的评语组成的评语集，评语集有多种，如五级评语集、七级评语集和九级评语集，常用的是五级评语集。以五级评语集为例，$\boldsymbol{U}$ 和 $\boldsymbol{V}$ 可分别表示为

$$\boldsymbol{U}=(u_1,\ u_2,\ \cdots,\ u_n),\ \boldsymbol{V}=(v_1,\ v_2,\ \cdots,\ v_n) \tag{2-42}$$

仅仅通过某一个因素对事物进行评价的方法称为单因素评价，这也是进行综合评价的前提。由各个单因素评价向量组成的矩阵就称为综合评价矩阵，常常用 **R** 或 **A** 表示。数学表示式如下：

$$\boldsymbol{R}=(r_{ij})_{m\times n},\quad 0\leqslant r_{ij}\leqslant 1 \tag{2-43}$$

这里的 r_{ij} 就表示第 i 个因素获得第 j 个评语的隶属度。

为了说明隶属度的概念，这里先讲隶属函数的概念。设 U 是一个论域，存在一个 μ 使得 U 和 [0，1] 上的点是一一对应的，那么就认为 μ 是 U 上的隶属函数。对于特定的因素，通过某种隶属函数计算出来的结果即相应的隶属度。

多因素评价通常与一个权向量有关，权向量定义了多个因素中某个因素相对其他因素对评价目标的重要程度。权向量可以表示为

$$\boldsymbol{X}=(x_1,\ x_2,\ x_3,\ \cdots,\ x_n),\qquad 0\leqslant r_{ij}\leqslant 1,\qquad i=1,\ 2,\ 3,\ \cdots,\ n \tag{2-44}$$

确定了权向量和综合评判矩阵后，通过模糊运算 $X\otimes R=Y$，就可以得到综合评判的结果，其中符号⊗表示模糊运算。一般来讲不同的计算方法计算出来的结果是不同的，但是模糊综合评价理论中需要关心的不是某个确定的结果的大小，而是各个因素之间的相对大小，所以，在实际计算中应该按照具体情况确定不同的计算方式。

对于计算出来的结果 **Y** 可以表示为

$$\boldsymbol{Y}=(y_1,\ y_2,\ \cdots,\ y_j) \tag{2-45}$$

y_j 是评判对象关于第 j 个模糊评语的隶属度。一般都按照最大隶属度原则来分析评价结果，即若有

$$y_j=\max\ (y_1,\ y_2,\ \cdots,\ y_m),\qquad 1\leqslant j\leqslant m \tag{2-46}$$

则通过最大隶属度原则可认为评判结果对应于 j 个模糊评语。

2. 评判矩阵 **R** 的确定

评语集 **V** 还可以用某一区间上离散数值构成，如：

$$\boldsymbol{V}=(1.5,\ 2.0,\ 2.5) \tag{2-47}$$

根据第 u_i 个因素对事物做出的评价称作单因素评价。记作：

$$r_i=(r_{11},\ r_{12},\ \cdots,\ r_{im}) \tag{2-48}$$

这种单因素评价只能反映事物的一方面，无法反映总体情况。但 n 个因素便有 n 个因素评价向量，将它们组成一个矩阵，称其为评判矩阵：

$$\boldsymbol{R}=\begin{bmatrix} r_{11} & r_{12} & \cdots & r_{1m} \\ r_{21} & r_{22} & \cdots & r_{2m} \\ \vdots & \vdots & & \vdots \\ r_{n1} & r_{n2} & \cdots & r_{nm} \end{bmatrix} \tag{2-49}$$

若各因素之间符合一定的函数关系，可以选取一定的隶属函数来计算各因素的隶属度。

3. 权重集 **X** 的确定

$\boldsymbol{X}=(x_1,\ x_2,\ \cdots,\ x_n)$ 称作权重集或权向量。确定权重集 **X** 的常用方法有统计法、相

似样本确定法、层次分析法等 3 种。以下对这 3 种常用方法作简要的介绍。

1）统计法

随机抽取 m 人，分别征求他们对每一个因素权重系数的分配意见，然后将他们给出的所有各因素权重系数的分值进行平均处理即可得该因素的权重系数值。

2）相似样本确定法

对于某个油田有 m 个区域参加评价，且该 m 个地区地质情况相差不大，地质情况评价结果是完全已知的，则在第 $m+1$ 个地区地质情况和前 m 个地区地质情况相似的条件下，可以用相似样本确定法确定权重集。

3）层次分析法

用层次分析法作系统分析，要把问题层次化，形成一个多层次的分析结构模型。为了将比较判断定量化，层次分析引入 1 ~9 比率标度方法，构成判断矩阵。1 ~9 比率标度方法的含义见表 2-18。

表 2-18　层次分析法标度表

标度	含义
1	表示两个因素相比，同样重要
3	表示两个因素相比，一个比另一个稍微重要
5	表示两个因素相比，一个比另一个明显重要
7	表示两个因素相比，一个比另一个强烈重要
9	表示两个因素相比，一个比另一个极端重要
2	间于两相邻 1、3 判断的中值
4	间于两相邻 3、5 判断的中值
6	间于两相邻 5、7 判断的中值
8	间于两相邻 7、9 判断的中值
倒数	因素 i 与 j 比较的判断为 B_{ij}，则因素与比较的判断为 $B_{ji}=1/B_{ij}$

设因素集为 $\boldsymbol{G}=\{G_1, \cdots, G_n\}$，采用两两比较法对 $\boldsymbol{G}$ 中各因素进行重要性程度比较，并按 1 ~9 比率表度进行判断。即当甲、乙两因素比较时，若甲与乙同等重要用“1”表示，若甲比乙稍微重要则用“3”表示，若甲比乙明显重要则用“5”表示，若甲比乙强烈重要则用“7”表示，若甲比乙极端重要则用“9”表示；若甲比乙间于同等重要与稍微重要则用“2”表示，若甲比乙间于稍微重要与明显重要则用“4”表示，若甲比乙间于明显重要与强烈重要则用“6”表示，若甲比乙间于强烈重要与极端重要则用“8”表示。由于因素 G_n 自身比较，其重要程度相同即 $c_{nm}=1$，则构造比较矩阵为

$$\boldsymbol{C}=\begin{bmatrix} c_{11} & c_{12} & \cdots & c_{1m} \\ c_{21} & c_{22} & \cdots & c_{2m} \\ \vdots & \vdots & & \vdots \\ c_{n1} & c_{n2} & \cdots & c_{nm} \end{bmatrix} \tag{2-50}$$

通过计算判断矩阵的最大特征根及对应的特征向量，即可获得某一级元素的权重系数。这种方法不仅简化了系统分析和计算，还有助于保持判断的一致性，为此引入判断矩阵最大特征根以外的其余特征根的负平均值 CI 来作为一致性的指标。

$$\mathrm{CI}=\frac{\lambda_{\max}-n}{n-1} \tag{2-51}$$

式中，$\lambda_{\max}$为矩阵的最大特征根；n 为变量。

为了度量不同阶段判断矩阵是否具有满意的一致性，又引入了平均随机一致性指标 RI，对于 1 ~9 阶段判断矩阵 **RI** 的值见表 2-19。

表 2-19　判断矩阵 RI 的数值表

阶段	1	2	3	4	5	6	7	8	9
RI	0	0	0. 58	0. 9	1. 12	1. 24	1. 32	1. 41	1. 45

负平均值 CI 和平均随机一致性指标 RI 的比值被称为随机一致性比率 CR，当

$$\mathrm{CR}=\frac{\mathrm{CI}}{\mathrm{RI}}<0.10 \tag{2-52}$$

即认为判断矩阵具有满意的一致性，否则就要调整判断矩阵，并使之具有满意的一致性。

4. 模糊综合评判的步骤

将模糊综合评判应用于实际的工程技术问题中时，其基本的步骤比较简单。常用于实际工程技术问题的模糊综合评判一般分为两类：单级模糊综合评判和多级模糊综合评判。

1）单级模糊综合评判的步骤

单级模糊综合评判是指多因素在同一层次上影响的评判，同时它也是多级模糊综合评判的基础。这是由于在多级模糊综合评判时，首先应该进行每一级的单级模糊综合评判，然后才能进行多级模糊综合评判。单级模糊综合评判的步骤可以简述如下：

（1）确定评判对象；

（2）确定评语集 $\boldsymbol{V}=(v_1, v_2, \cdots, v_n)$；

（3）确定因素集 $\boldsymbol{U}=(u_1, u_2, \cdots, u_n)$；

（4）依据因素确定 r_i，进而构成 $\boldsymbol{R}=|r_{ij}|_{n\times m}$；

（5）确定权重集 $\boldsymbol{A}=(x_1, x_2, \cdots, x_n)$；

（6）选取合适的计算模型，做模糊变换求得 $\boldsymbol{Y}=\boldsymbol{A}\otimes\boldsymbol{R}$；

（7）用一定方式将 $\boldsymbol{Y}$ 转换成所需形式的结论。

单级模糊综合评判框如图 2-2 所示。

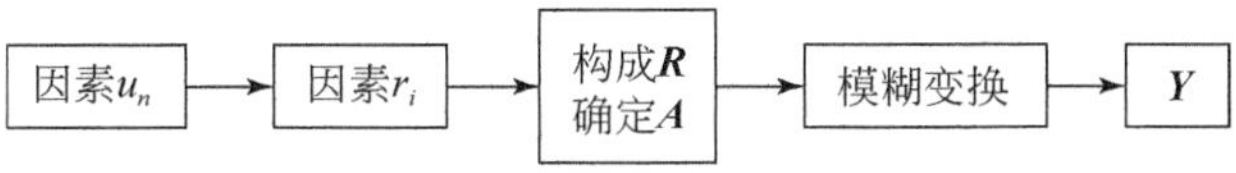

图 2-2　单级模糊综合评判框图

2）多级模糊综合评判的步骤

一些复杂项目的评价中，众多因素是在不同层次上影响评判结果的。因此，需要对不同层次的因素进行不同层次的单级模糊综合评判（图 2-3），逐级进行，最终汇总成总的评判结果，即多级模糊综合评判。单级模糊综合评判与多级模糊综合评判之间存在一定差异。例如，两级模糊综合评判与单级模糊综合评判的区别在于因素评判向量 r_i 无法直接给出，需要对影响 r_i 的所有子因素进行综合评判而得到 r_i，其具体步骤如下所示。

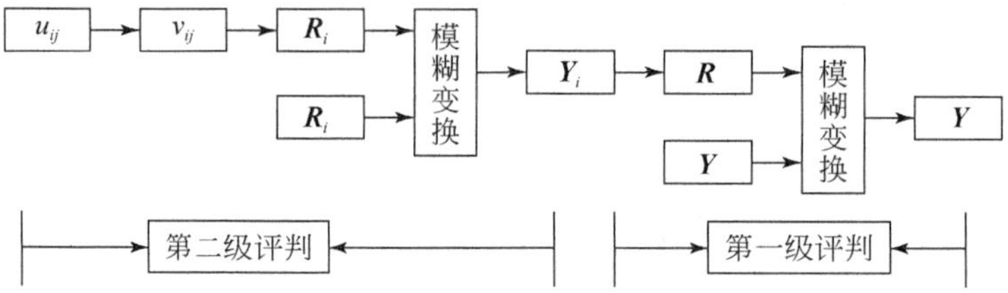

图 2-3　多级模糊综合评判框图

（1）确定各指标的评语向量，计算因素评价行矩阵。

（2）代入二级权重，计算集合评判矩阵；代入一级权重，计算对象的综合评价向量。

（3）根据最大隶属度原则，确定开发效果评价结果。

二、海上油田注水开发效果评价方法研究

针对海上油田的开发模式及开发特点和海上不同类型的油气藏，对比分析海上油田与陆地油田在开发条件和开发特点上的差别，以及在开发机理和开发手段上的相似性，确定注水开发效果评价方法的异同点；对于海上油田不同类型、不同开发模式油田，注水开发效果评价参数不但要体现各自的开发特点，还要保证整个评价体系的完整性和统一性，提出适合海上油田开发特点的注水开发效果评价方法和评价体系，并应用于渤海典型油田（绥中 36-1 油田、秦皇岛 32-6 油田）；通过典型油田的应用和验证，修正和完善海上油田注水开发效果评价方法。

（一）陆地油田注水开发效果评价指标参考

通过调研对比陆地不同类型油田注水开发效果评价体系《油田开发水平分级》，中国石油天然气集团有限公司“高效开发评价体系”规定，胜利油田中高渗整装砂岩油藏经营管理水平考核标准，大庆、河南、中原、大港、辽河等油田注水开发效果评价体系等，发现陆地水驱油田基本上以生产管理、开发技术两类指标作为评价体系基础结构，可初选适应性较广的指标作为备选指标。

基于不同油田注水开发效果评价体系的指标结构和适应性分析，从储量控制和动用情况、能量利用和注采压力系统、产量变化情况、含水率变化情况、水驱状况、采收率及可采储量 6 个方面筛选出 17 个常规开发指标作为陆地油田注水开发效果技术评价的基本指

标集，对于海上油田具有很好的借鉴意义。

（二）渤海油田开发特点及效果评价要求

1. 海上油田开发特点及评价要求

海上油田与陆地油田注水开发效果评价指标和评价方法具有一定的相似性，但在评价的侧重点和分级标准上，要体现出各自的开发特点和要求。

1）差异性

（1）开发技术和实施条件：陆地油田开发技术和实施条件限制小；海上油田的生产井通常设置在平台、人工岛上或海底，需通过钻定向丛式井来完成。因而不仅钻井、开采技术工艺复杂，新技术实施难度大，而且投资风险大。

（2）开发层系：陆地油田一般细分层系，油水井进行分注、分采；海上油田开发井段较长，一般采取笼统合注合采，局部细分的方式。

（3）陆地油田的井型以直井为主，井距小，采取密井网的方式；海上油田普遍采用水平井、定向井，井距大，井网部署相对稀疏。

（4）有效开发时间：陆地油田开发时间相对较长，一般到含水率98%时开发结束；但是由于海水对平台的腐蚀和昂贵的操作费用，海上平台使用期限一般在20～30年，海上油田的开发具有时效性。

（5）开发动态特点：陆地油田一般将采油速度控制得相对较小，有一定的无水采油期；海上油田注采强度大，采油速度相对较大，无水采油期短，含水率上升快。

2）相似性

海上油田与陆地油田储层水驱油渗流机理和油藏工程理论相同，开发技术大体相似。因此，反映油田开发动态和开发效果的指标参数总体相似。

在筛选注水开发效果评价指标时，陆地油田对于海上油田开发具有很好的借鉴意义，但在关键指标选取和指标分级标准上应突出海上油田开发特点。

2. 海上油田注水评价及参数选取关键点

（1）注水开发效果评价指标体系建立原则。

海上油田的注水开发效果评价指标应主体体现开发效果和水平，涉及部分开发管理指标，同时还应体现海上油田注采井网形式、逐步分层开发的状况和特点，并体现海上油田开发的时效性。

（2）注水开发效果评价指标关键参数筛选研究。

（三）关键指标筛选及评价集架构建立

筛选关键指标时，以储量和井网、能量利用、水驱状况等各方面的指标参数作为油田开发硬件基础，结合生产管理指标，直观体现产量运行，最终着落点为采收率。在油田实施重大开发政策及调整措施后，所建立的海上油田注水开发效果评价指标集应重点体现油田开发阶段状态、运行趋势。海上油田注水开发效果评价指标集基本架构如图2-4所示。

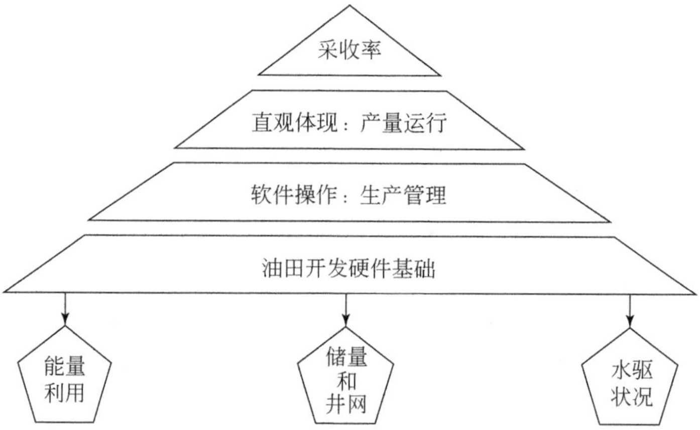

图 2-4　海上油田注水开发效果评价指标集基本架构

1. 利用主成分分析确定关键指标

由于注水开发效果评价指标种类繁多，各指标之间存在交叉影响，需要进行筛选，以优化评价指标体系。评价指标集筛选的步骤如下。

1）评价指标间的关系及初选

注水开发效果评价指标有很多，但其中某些指标不具有相互独立性，有必要根据指标间的逻辑关系（因果关系、过程关系、定义关系、等价关系）进行初选，去除相互影响、次要评价指标。

2）主成分分析确定关键指标

主成分分析法（图 2-5）是利用降维的思路，由研究原始变量相关矩阵内部的依赖关系出发，把一些具有错综复杂关系的变量归结为少数几个综合因子。通过计算主成分对各评价指标的方差贡献以及主成分的得分系数（即主成分与评价指标间的相关系数），确定各评价指标对于注水开发效果的相关系数，从而对其重要性进行排序。因此可利用该方法筛选影响海上油田注水开发效果的关键指标。

主成分分析法主要分为计算相关系数矩阵、求取协方差矩阵的特征值及相应的正交化单位特征向量、选择主成分、计算主成分载荷和计算主成分得分系数共 5 个步骤。

协方差矩阵表达式为

$$\boldsymbol{R}=(S_{ij})_{p\times p}\quad(i=1,2,\cdots,p)\ (j=1,2,\cdots,p) \tag{2-53}$$

其中

$$S_{ij}=\frac{1}{n-1}\sum_{k=1}^{n}(x_{ki}-\bar{x}_i)(x_{kj}-\bar{x}_j) \tag{2-54}$$

式中，$\boldsymbol{R}$ 为协方差矩阵；S_{ij}为协方差矩阵中第 i 行和第 j 列所对应的数；i 为行数；j 为列数；p 为矩阵的维数；n 为样本个数；k 为样本变量值；x_{ki}为第 k 个样本中第 i 个变量的值；$\bar{x}_i$ 为所有样本中第 i 个变量的平均值；x_{kj}为第 k 个样本中第 j 个变量的值；$\bar{x}_j$ 为所有样本中第 j 个变量的平均值。

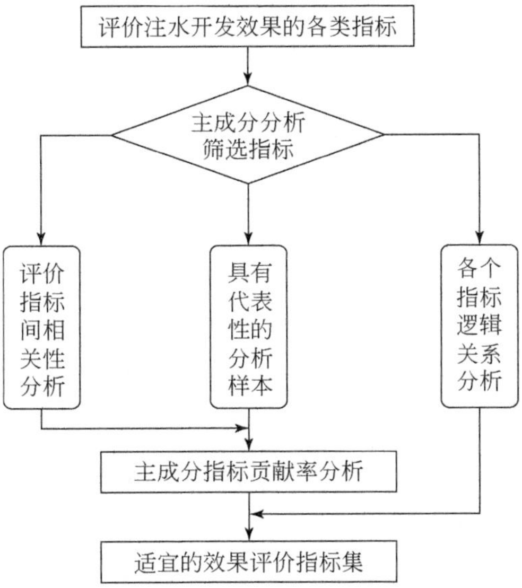

图 2-5　海上油田注水开发效果评价指标集筛选步骤

选取协方差矩阵的前 m 个较大的特征值，也就是前 m 个主成分对应的方差。某一特征值所对应的单位特征向量就是主成分关于原变量的系数，则原变量的第 i 个主成分为

$$F_i = \alpha_i X \tag{2-55}$$

式中，F_i为所提取的主成分；α_i为主成分的方差贡献率；X 为原变量值。主成分的方差（信息）贡献率用来反映信息量的大小，其表达式为

$$\alpha_i = \frac{\lambda_i}{\sum_{i=1}^{m} \lambda_i} \tag{2-56}$$

式中，λ_i为第 i 个主成分的特征值；m 为选取协方差矩阵特征值的个数。主成分的累积方差贡献率表达式为

$$G(m) = \frac{\sum_{i=1}^{m} \lambda_i}{\sum_{k=1}^{p} \lambda_k} \tag{2-57}$$

式中，$G(m)$ 为累积方差贡献率,%；λ_k为第 k 个主成分的特征值。

当累积方差贡献率大于85%时，就认为能足够反映原来变量的信息，所对应的 m 就是要抽取的主成分数量。

主成分载荷是反映主成分与原变量之间的相互关联程度，其表达式为

$$l\ (F_i,\ X_j) = \sqrt{\lambda_i}\, a_{ij} \tag{2-58}$$

式中，l 为主成分载荷；F_i 为所提取的主成分；X_j 为原变量；a_{ij} 为各变量间的相关系数矩阵。

计算主成分得分系数的表达式为

$$F_i = a_{1i}X_1 + a_{2i}X_2 + \cdots + a_{ij}X_i \tag{2-59}$$

主成分分析法的步骤：经过逻辑关系初选，从储量、产量、水驱状况等方面选取 12 项开发指标。以年度为单位，选取具有代表性的 25 组样本，计算各评价指标之间的相关系数矩阵。通过计算各个评价指标之前的相关系数，相关系数为负值表示为负影响，绝对值越接近 1 表示两个指标相关性越高。

求解相关系数矩阵的特征根和相应的特征向量，得到彼此不相关且方差依次递减的若干主成分。选取累积贡献率超过 85% 的前几个主成分，构成主成分表达式，根据各评价指标对这些主成分的得分系数，可以评价各评价指标与注水开发效果间的相关性。其中，贡献率是指某主成分的方差占全部方差的比重，也就是某个特征值占全部特征值合计的比重。各评价指标的贡献率见表 2-20。

表 2-20　各评价指标的贡献率

类别	能量指标				产量变化指标		水驱状况指标
	采出程度	累积注采比	能量保持水平	采油速度	年产量自然递减率	水驱指数	含水上升率
贡献率/%	24.38	22.56	16.29	3.93	1.76	22.69	8.39
排名	1	3	4	6	7	2	5

筛选出累积贡献率超过 85% 的前 7 个主成分作为海上油田注水开发效果评价关键指标。根据贡献率的大小可以得到各评价指标对注水开发效果的重要程度由大到小的排序：采出程度>水驱指数>累积注采比>能量保持水平>含水上升率>采油速度>年产量自然递减率，基于排序结果可以看出各指标对海上油田注水开发效果评价的重要程度，根据重要程度可将采出程度作为注水开发评价核心指标。同时从储量方面增加水驱储量控制程度、水驱储量动用程度两个常用指标，考虑油田措施实施情况，增加年产油量综合递减率，进一步补充海上油田注水开发效果评价指标集。

2. *海上油田开发评价新指标*

基于海上开发特点及要求，从开发技术方面提出反映其特点的 3 个新指标。

1）单井控制储量

单井控制储量是指一口油井控制范围内的地质储量。井网部署是海上油田开发的一个重大问题，井网密度不是越密越好，也不是越稀越合理。

2）油井多向受效率

油井多向受效率是指在给定井网条件下，油井受到两向及多向水驱作用的井数与油井总数的比值。在给定的注采井网条件下，油井多向受效率越高，则储量水驱动用得越充分，开发效果越好。

3）开发期内时效采出比

开发期内时效采出比（可采储量采出程度）定义为在开发有效年限内（海上开发）的采出程度与水驱极限采收率的比率，其取值越大越好。

3. 注水开发效果评价指标意义

构建的评价指标集应全面兼顾各大类基础技术指标和管理指标，能够反映目前运行状态和潜力，确定影响开发效益的问题。

(四) 海上油田注水开发效果评价参数分级标准

该分级标准主要工作包括：

(1) 陆地油田注水开发效果分级标准参考，即结合分析陆地不同类型油田注水开发效果评价体系，综合确定陆地油田各个评价参数的分级区间以作为参考。

(2) 实际开发动态变化分析，基于实际典型油田开发动态分析，初步确定出不同评价参数的分级范围。

(3) 理论变化规律分析，基于油藏工程理论和典型数值模拟机理研究，确定不同性质油藏、不同开发条件下，不同评价参数的变化规律，以及数据变化分布的合理划分区间。

(五) 陆地油田注水开发效果分级标准参考

基于陆地油田注水开发效果分级标准，分析开发技术类以及生产管理类指标分级区间及变化特点，为海上油田注水开发效果评价参数分级标准的建立提供参考。

(六) 海上油田注水开发效果评价参数分级方法

1) 研究方法及参数取值依据

运用油藏工程分析方法，即基于理论公式，分析主要自变量参数在给定合理范围取值、不同组合条件下，因变量的变化规律及分布区间。

2) 分级方法

数据分级是对事物或现象的数量、特征进行等级的划分，主要包括确定分级数和分级界限。分级界限的确定是分级问题的一个主要方面，对在分级中能否保持数据特征起决定作用。

分级数的划分数目是数据综合程度的主要反映，分级数的确定要顾及以下两个方面：

(1) 分级数应尽量符合数据的分布特征。

(2) 为了增加数据的易读性，应尽量减少分级数；相反，为尽可能保持数据原貌，又必须增加分级数，一般划分为 4 ~7 级较适宜。

针对注水开发效果评价参数的数据特点，采用等距分割分级模型进行分级。等距分割分级模型离差平方和反映数据集中（或离散）的程度，等距分割分级模型是在有序样本不被破坏的前提下，使各分割级间有相等的聚集程度，即它们的离差平方和相等。基本原则为 n 个数据按大小顺序排列后，当分成 K 个等级需确定 $K-1$ 个分级界限，计算使每个等级的离差平方和 $D_j = \sum_{i=X_j(1)}^{X_j(2)} (x_i - \bar{x}_j)^2$ 相等，其中 $X_j(1)$、$X_j(2)$ 为第 j 等级内数据下界和上界的下标。

具体算法步骤为：

（1）先将数据进行排序处理（降序或升序）；

（2）确定分级等级数 K，输入初始各分级界限；

（3）依据分级界限，计算各等级离差平方和，设第 j 等级数据是

$$\{x_i,\ x_{i+1},\ \cdots,\ x_j\},\ j \geqslant i$$

则其离差平方和为

$$S(i,\ j) = \sum_{k=i}^{j}(x_k - \bar{x}_{ij})^2$$

（4）在一定误差范围内，判断各等级离差平方和是否相等，如果相等，该分级界限即最终分级界限，如果不是，则重新确定各分级界限，并继续步骤（3）和步骤（4）。

该方法不限数据类型，但是计算量较大，由于是离散数据，各等级离差平方和并不是绝对相等，而是在一定误差内近似相等。

a. 离散数据统计分析

数据分级处理对象通常为一组离散数据集合（x_1，x_2，x_3，$\cdots$，x_n），根据离线数据分布特点，去除数据集合中的奇异值，对离散数据进行预处理。

数据分级过程：①选取合适分段点划分离散数据，使得各级数据偏差平方和相等；②等效到累积分布上划分相关界限。

b. 标准曲线相对变化幅度

基于油藏工程理论方法，确定不同开发条件下，不同评价参数的理论变化规律，以及计算结构数据变化分布的合理划分区间。

以油藏理论的指标变化曲线为对比分析基础；考虑到不同开发阶段，引入相对指标来确定相对变化幅度（评价指标实际变化偏离理论变化的幅度）。

相对变化幅度确定的具体操作方法为计算并筛选出符合实际油田特点和开发条件的评价指标理论变化曲线。

相对变化幅度计算公式为

$$\alpha = \frac{参数实际变化率}{参数理论变化率}$$

c. 理论曲线连续变化分级

基于理论曲线（含水率–时间，含水率–采出程度，含水上升率–可采储量采出程度）不同阶段变化速率的差别，确定适当的分级方法。具体步骤如下。

建立含水率与时间的关系：

$$f_{\mathrm{w}} = \frac{1}{1+c\mathrm{e}^{-at}} \tag{2-60}$$

式中，f_{w} 为含水率；t 为时间；a 为常数；c 为系数。

可采储量采出程度与时间的关系：

$$R_{\mathrm{f}} = 1-\mathrm{e}^{-At^B} \tag{2-61}$$

式中，R_f 为可采储量采出程度；A、B 为系数。

由含水率及可采储量采出程度与时间的关系可得出，含水上升率与时间的关系：

$$f'_w=\frac{act^{1-B}e^{At^B}e^{-at}}{AB\ (1+ce^{-at})^2} \tag{2-62}$$

式中，f'_w为含水上升率。

由含水率及可采储量采出程度与时间的关系可得出，含水率与可采储量采出程度的关系：

$$f_w=\frac{1}{1+c\exp\left[-a\left(\frac{-\ln(1-R_f)}{A}\right)^{\frac{1}{B}}\right]} \tag{2-63}$$

基于含水率与可采储量采出程度的原始数据，由f_w-R^*公式拟合曲线，确定相应系数；对时间等距划分，求出不同时间下的含水率、可采储量采出程度及含水上升率。

3）油藏注水开发阶段的分类

油藏注水开发总体按开采方式→原油品质→油藏地质特征→开发水平等递推分类的原则分类。以可采储量采出程度、无因次采油速度、含水率等作为关键评比指标，将油藏分为中、高渗透砂岩油藏、复杂断块油藏以及低渗透油藏。

（七）开发指标变化油藏工程理论分析

基于油藏工程理论研究，确定不同性质油藏、不同开发条件下，不同评价参数（主要技术指标）的变化规律，以及数据变化分布的合理划分区间。

注水开发效果评价分级关键技术指标包括水驱储量控制程度/动用程度、油藏单井控制储量、油井多向受效率、能量保持水平/利用程度、年注采比/累积注采比、年产油量自然递减率/综合递减率、剩余可采储量采油速度、含水上升率、水驱指数、水驱极限采收率、时效采出比。

1）水驱储量控制程度/动用程度

a. 水驱储量控制程度

以绥中36-1油田为例。对于绥中36-1这一类整装油田，运用砂体控制法，通过计算水驱储量控制程度可以评价井网及其相应的注水方式对油层储量的控制程度，确定注水方式和井网密度对油砂体的适应性。水驱储量控制程度计算表达式为

$$\lambda=1-\frac{1}{M^{1/2}}\times\exp\left(\frac{-0.635C_o}{\omega d^2}\right) \tag{2-64}$$

式中，λ 为水驱储量控制程度；M 为注采井数比；C_o为油砂体面积，m^2；d 为平均井距，m；ω 为井网系统单井控制面积与井距平方间的换算系数。则这类油田的井网系统需要对与注采井数比有关的井网面积修正系数和平均井距进行修正。

$$\omega=0.134M^{-2}-0.536M^{-1}+1.402 \tag{2-65}$$

式中，$M=N_w/N_o$，N_w为注水井井数，N_o为采油井井数。

b. 水驱储量动用程度

中国石油天然气集团有限公司勘探开发科学研究院对 37 个开发单元或区块的实际资料进行统计分析，按水驱储量动用程度对井网密度敏感性的不同分为 5 类，不同流度下水驱储量动用程度与井网密度关系式、关系曲线分别见表 2-21 和图 2-6。

表 2-21　不同流度下水驱储量动用程度与井网密度关系式

类别	流度 K/μ [$\mu m^2/(mPa\cdot s)$]	水驱储量动用程度 R_{pm} 与井网密度 S 关系式
Ⅰ	≥0.3～<0.6	$R_{pm}=98e^{-1.01/S}$
Ⅱ	≥0.1～<0.3	$R_{pm}=91e^{-3.677/S}$
Ⅲ	≥0.03～<0.1	$R_{pm}=101.195e^{-3.677/S}$
Ⅳ	≥0.005～<0.03	$R_{pm}=94e^{-5.83/S}$
Ⅴ	<0.005	$R_{pm}=100.93e^{-10.12/S}$

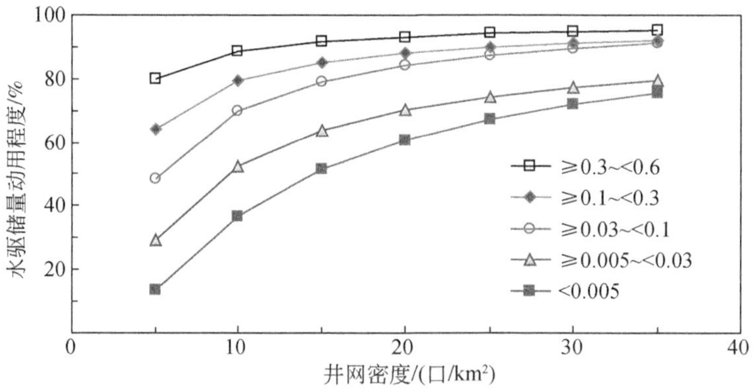

图 2-6　不同流度下水驱储量动用程度与井网密度关系图

2）油藏单井控制储量

油藏单井控制储量即一口油井控制范围内的地质储量。与单井控制储量相关的变量包括井网密度、井距、日产量、不同含水阶段波及系数、折算年产油量等。

a. 油藏合理单井控制储量

四点法井网系统 $\omega=0.866$；五点法与九点法井网系统 $\omega=1.0$。对于形状不规则油藏工程计算基本步骤为：①由供液半径与产量关系计算油井产能，并计算对应的单井控制储量；②由生产时效和油井比例折算年产油量；③由含水率与波及系数、产能关系求出不同含水率下动用储量和折算采油速度；④对比开发初期、开发后期，不同井距条件下，限定采油速度范围内动用储量的变化，选择合理的范围。

据丹尼洛夫和卡茨的研究成果，得到面积注水波及系数 E_A 主要受流度比控制。不同含水率下流度比与面积注水波及系数关系图如图 2-7 所示。

直线井排见水时面积注水波及系数 E_A 的表达式如下：

$$E_A=\frac{\dfrac{2\pi d}{a}-\exp\left(-\dfrac{2\pi d}{a}\right)-2.776}{\dfrac{2\pi d}{a}\left[1+8\exp\left(-\dfrac{2\pi d}{a}\right)\right]}\sqrt{\frac{1+M}{2M}} \tag{2-66}$$

$$M=\frac{\mu_o}{\mu_w k_{ro}(s_{wc})}\left[k_{ro}(\bar{s})+k_{rw}(\bar{s})\right] \tag{2-67}$$

式中，d 为排距，m；a 为井距，m；M 为流度比（λ_w/λ_o）；E_A 为面积注水波及系数；μ_o 为地层原油黏度，mPa · s；μ_w 为地层水黏度，mPa · s；k_{ro}、k_{rw}分别为油相和水相的相对渗透率；s_{wc}为注水开始阶段原始水饱和度；$\bar{s}$ 为平均饱和度。

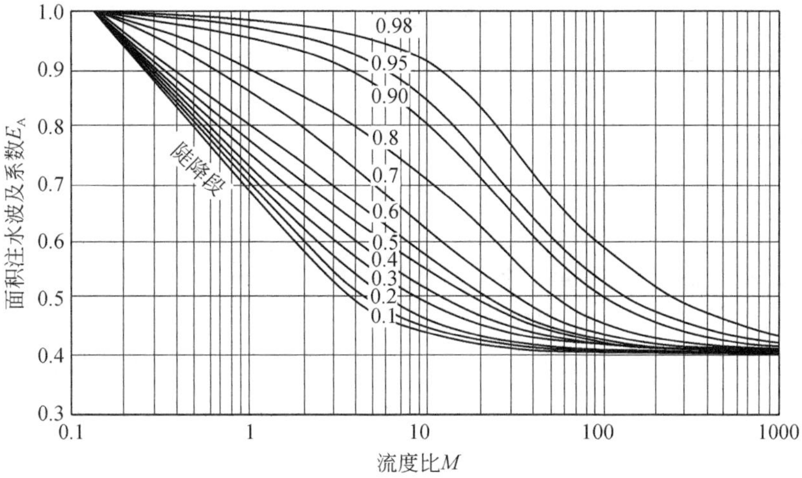

图 2-7　不同含水率下流度比与面积注水波及系数关系图

图中每条线中间的数字为对应的不同含水率

单井日产油量：
$$q_o=\frac{2\pi kh\times\Delta P}{\mu_o\ln(r_e/r_w)} \tag{2-68}$$

单井控制储量：
$$N_K=\phi AhS_o\eta \tag{2-69}$$

折算采油速度：
$$V_o=\frac{Q_o}{N_K}=\frac{q_o\eta t}{\phi AhS_o\eta} \tag{2-70}$$

单井动用储量：
$$N_D=N_KE_A \tag{2-71}$$

式中，N_K、N_D为单井控制、动用储量，10^4m^3；ΔP 为生产压差，MPa；E_A为面积注水波及系数；V_o为采油速度,%；q_o为单井日产油量，m^3；ϕ 为平均孔隙度；k 为平均渗透率，$10^{-3}\mu m^2$；h 为油藏厚度，m；t 为生产天数，d；η 为油井/总井数；S_o 为含油饱和度；r_w 为井筒半径，m；r_e 为储层供油半径，m；A 为系数；Q_o 为原油流量，t。

油藏初期和后期动用储量、生产能力和产油量不同，为满足不同阶段采油速度、水驱储量动用程度整体要求，单井控制储量在不同阶段有适宜的范围。

b. 经济极限单井控制储量

油藏工程计算基本步骤为基于井网密度-单井控制储量关系法，分析在不同原油价格下，油藏合理、极限单井控制储量变化（王筠，2007）。

经济合理单井控制储量是指当总收入减去总支出达到最大时，经济效益最佳，这时所对应的单井控制储量为经济合理单井控制储量；经济极限单井控制储量是指当总收入等于总支出时，总利润为零，这时所对应的单井控制储量为经济极限单井控制储量。

采收率与井网密度关系为

$$R_e = E_d e^{-B \times S^{-1}} \tag{2-72}$$

极限井网密度计算公式为

$$\frac{B}{S} = \ln\left[\frac{N_o P_r E_d B}{A_o P_w S^2}\right] \tag{2-73}$$

式中，R_e 为采收率；S 为井网密度；B 为常数。

合理井网密度计算公式为

$$N_o R_t P_r E_d B e^{-B/S} = A_o [P_w (1+i)^{T/2} + TP_c] S^2 \tag{2-74}$$

单井控制储量与井网密度关系：

$$N_{spc} = \frac{N_o}{A_o S} \tag{2-75}$$

式中，N_o为油田地质储量，$10^4 m^3$；A_o为油田含油面积，km^2；B 为井网指数；E_d为驱油效率；R_t为稳产期末可采储量采出程度；P_r为原油价格，元/t；T 为投资回收期，a；i 为投资贷款年利率；P_w为单井每米钻井费，元；P_c为单井年生产运行操作费，元；N_{spc}为单井控制储量。

3）油井多向受效率

油井多向受效率是指在给定井网条件下，油井受到两向及多向水驱作用的井数与油井总数的比值。

基于五点法、反九点法注采井网形式（图 2-8），分析在注采井数比、总井数变化时，油井两向、多向受效率的变化特点，确定其分级区间，为注水开发效果评价指标分级提供依据。

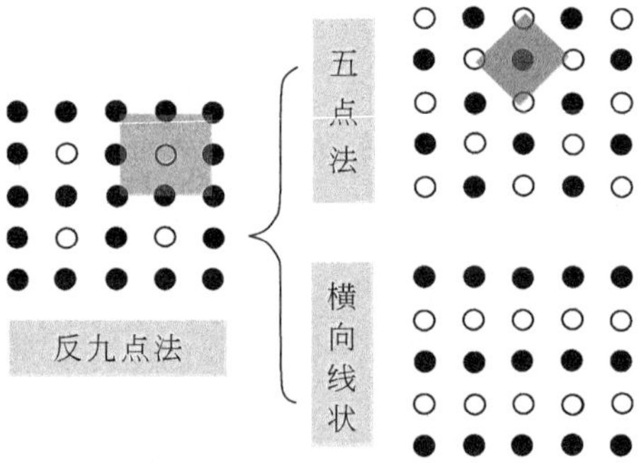

图 2-8　五点法、反九点法注采井网形式

4）能量保持水平/利用程度

根据地层压力保持程度和提高排液量的需要，能量保持水平分为下列三类：一类，地

层压力为饱和压力的85%以上，能满足油井不断提高排液量的需要，也不会造成油层脱气；二类，虽未造成脱气，但不能满足油井提高排液量的需要；三类，既造成油层脱气，也不能满足油井提高排液量的需要。能量利用程度分为以下三类：一类，油井平均生产压差逐年增大；二类，油井平均生产压差基本稳定（±10%以内）；三类，油井平均生产压差逐年减小。

压力水平主要根据最小流压法以及合理地层压力法计算。

最小流压法：在一定泵挂深度条件下的最小流压，加上生产压差，即地层压力下限值；要保持稳定的产量，要求地层压力高于下限值。

合理地层压力法：提供各个生产阶段稳定、有效的生产压差；早期保持较高压力水平，后期有序释放。在油井井底压力高于饱和压力的条件下，随着井底流动压力的降低，油井产油量成反比例增加。当油井井底压力低于饱和压力时，井底附近油层中原油脱气，使油相渗透率降低，随着流动压力的降低，产量增高速度将会减慢。矿场系统试井结果表明，当流压降到一定界限以后，再降低流动压力，油井产量不但不会增加，反而会减少。因此，可以取这一压力值作为油井合理流动压力的下限值。

无因次生产能力变化：

$$J_o=\frac{k_{ro}(S_w)}{k_{ro}(S_{cw})} \tag{2-76}$$

式中，J_o 为无因次生产能力变化；S_w 为含水饱和度,%；S_{cw}为束缚水饱和度,%。

大庆油田的王俊魁高级工程师推导出了油井最低允许流动压力与饱和压力和地层压力之间的定量关系式，即

$$P_{wf\min}=\frac{1}{1-n}\left[\sqrt{n^2P_b^2+(1-n)nP_bP_R}-nP_b\right] \tag{2-77}$$

$$n=\frac{0.1033aT(1-f_w)}{293.15B_o} \tag{2-78}$$

式中，$P_{wf\min}$为油井最低允许流动压力，MPa；P_b为饱和压力，MPa；P_R为地层压力，MPa；a 为原油溶解气系数，$m^3/(m^3\cdot MPa)$；f_w为油井含水率,%；B_o为原油体积系数；T 为油层温度，K；n 为与原油物性、油层温度及油井含水率有关的常数。

油井日产油量计算公式为

$$q_o=J_o\Delta P_s=J_o(P_i-P_{wf}) \tag{2-79}$$

式中，q_o 为油井日产油量，m^3；P_i 为地层压力；P_{wf}为油井流动压力，MPa；ΔP_s 为地层压差。

根据油井日产油量计算公式可以推断出不同采油速度下，地层压力 P_i 随着含水率 f_w 变化的规律。

5）年注采比/累积注采比

a. 年注采比

当油藏整体处于压力稳定、注采平衡生产状态下，注采比主要考虑油水体积系数的影响。

注采平衡（地下注采比恒为 1）：

$$\frac{Q_{\mathrm{i}}B_{\mathrm{w}}}{Q_{\mathrm{o}}B_{\mathrm{o}}+Q_{\mathrm{w}}B_{\mathrm{w}}}=1 \tag{2-80}$$

地面注采比与原油体积系数关系：

$$\frac{Q_{\mathrm{i}}}{Q_{\mathrm{L}}}=B_{\mathrm{o}}(1-f_{\mathrm{w}})+f_{\mathrm{w}} \tag{2-81}$$

式中，Q_{i}为注水量，m^3；Q_{o}为地下采油量，m^3；Q_{w}为地下采水量，m^3；Q_{L}为地面采液量，m^3；B_{w} 为水的体积系数。

当油藏处于压力恢复状态下，注采比要考虑与地层压力恢复速度关系。

该方法综合考虑油层流体和油层岩石的弹性变化，以物质平衡方程为基础，导出注采比与地层压力恢复速度的关系式。

$$\frac{\mathrm{d}p}{\mathrm{d}t}=\frac{Q_{\mathrm{i}}B_{\mathrm{w}}-(B_{\mathrm{o}}Q_{\mathrm{o}}+B_{\mathrm{w}}Q_{\mathrm{w}})+Q_{\mathrm{e}}}{V_{\mathrm{f}}(C_{\mathrm{f}}+\varphi S_{\mathrm{o}}C_{\mathrm{o}}+\varphi S_{\mathrm{w}}C_{\mathrm{w}})} \tag{2-82}$$

式中，Q_{o}为地下采油量，m^3；Q_{w}为地下采水量，m^3；Q_{i}为注水量，m^3；Q_{e}为天然水侵量，m^3；C_{f}、C_{o}、C_{w}为分别为岩石、原油、水的压缩系数；φ 为地层孔隙度；V_{f}为岩石骨架体积，m^3；S_{o}为原油饱和度；p 为地层压力，MPa；t 为时间。

$$\mathrm{IPR}=\frac{B_{\mathrm{w}}Q_{\mathrm{i}}}{Q_{\mathrm{o}}B_{\mathrm{o}}+B_{\mathrm{w}}Q_{\mathrm{w}}} \tag{2-83}$$

$$C_{\mathrm{t}}=C_{\mathrm{f}}+\varphi S_{\mathrm{o}}C_{\mathrm{o}}+\varphi S_{\mathrm{w}}C_{\mathrm{w}} \tag{2-84}$$

$$Q_{\mathrm{l}}=B_{\mathrm{o}}Q_{\mathrm{o}}+B_{\mathrm{w}}Q_{\mathrm{w}} \tag{2-85}$$

式中，IPR 为维持合理地层压力下的稳定注采比。

故

$$\frac{\mathrm{d}p}{\mathrm{d}t}=\frac{(\mathrm{IPR}-1)Q_{\mathrm{l}}+Q_{\mathrm{e}}}{V_{\mathrm{f}}C_{\mathrm{t}}} \tag{2-86}$$

令

$$B_{\mathrm{w}}=1,\ V_{\mathrm{i}}=\frac{Q_{\mathrm{i}}}{V_{\mathrm{f}}}=\frac{Q_{\mathrm{l}}\mathrm{IPR}}{V_{\mathrm{f}}},\ Q_{\mathrm{e}}=0$$

则

$$Q_{\mathrm{l}}=\frac{V_{\mathrm{f}}V_{\mathrm{i}}}{\mathrm{IPR}} \tag{2-87}$$

所以

$$\frac{\mathrm{d}p}{\mathrm{d}t}=\frac{(\mathrm{IPR}-1)V_{\mathrm{i}}}{\mathrm{IPR}C_{\mathrm{t}}} \tag{2-88}$$

式中，Q_{l}为地下日产液量，m^3；C_{t}为综合压缩系数；B_{o}、B_{w}分别为原油、水的体积系数。

对式（2-83）进行进一步推导：

$$\mathrm{IPR}=\frac{B_{\mathrm{w}}Q_{\mathrm{i}}}{Q_{\mathrm{o}}B_{\mathrm{o}}+B_{\mathrm{w}}Q_{\mathrm{w}}}=\frac{B_{\mathrm{w}}Q_{\mathrm{i}}}{Q_{\mathrm{l}}(1-f_{\mathrm{w}})B_{\mathrm{o}}+Q_{\mathrm{l}}B_{\mathrm{w}}f_{\mathrm{w}}} \tag{2-89}$$

则

$$Q_1=\frac{B_w Q_i}{\text{IPR}\ [(1-f_w)B_o+B_w f_w]} \tag{2-90}$$

$$\frac{dp}{dt}=\frac{\dfrac{(\text{IPR}-1)B_w Q_i}{\text{IPR}[(1-f_w)B_o+f_w]}+Q_e}{V_f C_t} \tag{2-91}$$

假设 $Q_e=0$，$B_w=1$，$V_i=\dfrac{Q_i}{V_f}$，代入式（2-91）可进一步化简为

$$\frac{dp}{dt}=\frac{(\text{IPR}-1)V_i}{C_t\text{IPR}[(1-f_w)B_o+f_w]} \tag{2-92}$$

综上所述，可得以下关系式。

注采比与地层压力恢复速度关系：

$$\frac{dp}{dt}=\frac{(\text{IPR}-1)\dfrac{Q_1}{N_o}+\dfrac{Q_e}{N_o}}{\dfrac{V_f}{N_o}C_t} \tag{2-93}$$

不同含水阶段地层压力恢复速度：

$$\frac{dp}{dt}=\frac{(\text{IPR}-1)V_i}{C_t\text{IPR}[(1-f_w)B_o+f_w]} \tag{2-94}$$

b. 累积注采比

累积注采比计算方法：当油藏处于相对封闭状态、不同边底水供应条件下，考虑累积注采比与油藏稳定生产压力水平、水侵程度的关系。

利用物质平衡法推导出了合理地层压力水平确定方法。其基本思路如下：

$$N_pB_o+N_p(R_p-R_s)B_g+[W_p-(W_e+W_i)]B_w$$
$$=N(B_o-B_{oi})+N(R_{si}-R_s)B_g+mNB_{oi}\frac{B_g-B_{gi}}{B_{gi}}+NB_{oi}\frac{(1+m)}{1-S_{wc}}(C_f+C_wS_{wc})\Delta P \tag{2-95}$$

式中，N 为地质储量，10^4t；N_p 为累积产油量，10^4t；B_{oi}为原始原油体积系数；W_i 为累积注水量，10^4m^3；W_p 为累积产水量，10^4m^3；W_e 为累积水侵量，10^4m^3；R_p 为累积生产气油比，m^3/m^3；R_s 为目前溶解气油比；R_{si}为第 i 时刻的溶解气油比；m 为合理油水井数比；B_g、B_{gi}分别为对应压力 P、P_i 下的气体体积系数；N_pB_o为地下产油量；N_p（R_p-R_s）B_g为地层压力下降到饱和压力以下时的地下产气量；［W_p-（W_e+W_i）］B_w为地下水的变化量；N（B_o-B_{oi}）为地下油的膨胀量；N（$R_{si}-R_s$）B_g为地层压力下降到饱和压力以下时的溢出气膨胀量；$mNB_{oi}\dfrac{B_g-B_{gi}}{B_{gi}}$为气顶气膨胀量；$NB_{oi}\dfrac{(1+m)}{1-S_{wc}}$（$C_f+C_wS_{wc}$）$\Delta P$ 为束缚水膨胀量及空隙体积膨胀量。

假定在地层压力处于饱和压力之上开采，则

N_p（R_p-R_s）$B_g=0$，N（$R_{si}-R_s$）$B_g=0$，$mNB_{oi}\dfrac{B_g-B_{gi}}{B_{gi}}=0$，m=0，若地层中没有天然

水，则$W_e=0$。可知

$$N_p B_o+(W_p-W_i)B_w=N(B_o-B_{oi})+NB_{oi}\frac{1}{1-S_{wc}}(C_f+C_w S_{wc})\Delta P \tag{2-96}$$

而$B_o-B_{oi}=B_{oi}C_o\Delta P$，定义$C_e=C_o+\frac{C_w S_{wc}+C_f}{1-S_{wc}}$，则

$$N_p B_o+(W_p-W_i)B_w=NC_e B_{oi}\Delta P \tag{2-97}$$

即地层压力水平方向主要依赖于累积产油量、累积产水量、累积注水量及油、水、岩石的物性（压缩系数、体积系数）。

将$B_o=B_{oi}e^{C_o\times(P_i-P)}$，$B_w=B_{wi}e^{C_w\times(P_i-P)}$代入式（2-97）得

$$N_p=NC_e(P_i-P)/e^{C_o(P_i-P)}+(W_i-W_p)e^{-(C_o-C_w)(P_i-P)}B_{wi}/B_{oi} \tag{2-98}$$

式中，P_i为原始地层压力，MPa；P为目前地层压力，MPa；B_{wi}为原始水体积系数。

采出程度R计算公式为

$$R=C_e(P_i-P)/e^{C_o(P_i-P)}+\left(\frac{W_i-W_p}{N}\right)e^{-(C_o-C_w)(P_i-P)}B_{wi}/B_{oi} \tag{2-99}$$

即

$$R=C_e(P_i-P)/e^{C_o(P_i-P)}+\left(\frac{W_i-W_p}{N_p}R\right)e^{-(C_o-C_w)(P_i-P)}B_{wi}/B_{oi} \tag{2-100}$$

利用物质平衡法分析累计注采比与压力保持水平的关系：

$$\frac{W_i}{N_p+W_p}=\frac{\left[\dfrac{R-\dfrac{C_e(P_i-P)}{e^{C_o(P_i-P)}}}{\dfrac{B_{wi}}{B_{oi}}Re^{-(C_o-C_w)(P_i-P)}}+\dfrac{FW}{1-FW}\right](1-FW)}{1+w} \tag{2-101}$$

式中，w为水侵程度；FW为累积含水率。

6）年产油量自然递减率/综合递减率

年采油量综合递减率可根据当年核实年产油量扣除当年新井年产油量后，除以上年底标定日产水平折算的当年产油量得出。

年采油量自然递减率可根据当年核实年产油量扣除当年新井年产油量以及各种增产措施产量后，除以上年底标定日产水平折算的当年产油量得出。

a. 年产油量自然递减率

（1）不同含水阶段采油速度变化。

油井年产油量计算公式为

$$q_o=J_o\Delta P_s=360J_o(P_i-P_{wf})=360\varepsilon\tilde{J}_o(P_i-P_{wf}) \tag{2-102}$$

式中，q_o为油井年产油量，m^3；J_o为采油指数，$m^3/(d\cdot MPa)$；P_i为原始地层压力，MPa；P_{wf}为井底流压，$m^3/(d\cdot MPa)$；$\tilde{J}_o$为无因次采油指数，$m^3/(d\cdot MPa)$；ε为无因次生产系数。

无因次采油指数$\tilde{J}_o$根据油田相渗曲线确定，计算公式为

$$\tilde{J}_o=\frac{k_{ro}(S_w)}{k_{ro}(S_{cw})} \tag{2-103}$$

井底流压 P_{wf} 的确定有两种方法，一种取恒定流压，可通过实际平均井底流压进行取值；另一种取油井合理流动压力下限，即最低允许流动压力，可采用流入动态曲线法进行计算。在一定泵挂深度条件下的最小流压，加上生产压差，即地层压力下限值。井底压力低于该值以后，原油脱气严重，将会影响采油井生产能力的正常发挥，要保持稳定的产量，则要求地层压力高于下限值。

油井最低允许流动压力与地层压力、油藏饱和压力、原油性质及含水率有关，可由下式进行计算：

$$P_{wf\min}=\frac{1}{1-n}\left[\sqrt{n^2P_b^2+(1-n)nP_bP_R}-nP_b\right] \tag{2-104}$$

其中

$$n=\frac{\alpha\bar{t}}{B_o}(1-f_w),\ \bar{t}=0.1033\frac{ZT}{293}$$

式中，B_o 为原油体积系数；P_b 为饱和压力，MPa；P_R 为原始地层压力，MPa；Z 为天然气偏差系数；T 为井底油层温度，K；α 为原油溶解系数，$m^3/(m^3\cdot MPa)$；f_w 为油井含水率，%。

进而可计算采油速度为

$$V_o=\frac{q_o}{N_{spc}} \tag{2-105}$$

式中，N_{spc} 为单井控制储量。

（2）基于生产能力变化确定自然递减率。

由无因次采出曲线推导出不同油水黏度比下含水率–采出程度关系式为

$$f_w=\frac{1}{1+\dfrac{1}{\left(D\dfrac{R}{R_m}+1\right)\exp\left(a+D\dfrac{R}{R_m}\right)}} \tag{2-106}$$

式中，R_m 为水驱极限采出程度，%；R 为采出程度；a、D 为系数。

其中修正系数：

$$b=\frac{49-(D+1)e^{(a+D)}+e^a}{e^{(a+D)}-e^a},\ c=\frac{e^a\left[De^{(a+D)}-49\right]}{e^{(a+D)}-e^a} \tag{2-107}$$

不同流度比下的修正系数取值见表 2-22。

表 2-22　不同流度比下的修正系数取值

流度比	系数	
>1.5 ~ ≤3.5	$a=19.61\ln\mu_r-31$	$D=30.37-18.46\ln\mu_r$
>3.5 ~ ≤50	$a=-\dfrac{8.4070}{\ln\mu_r+0.1064}$	$D=\dfrac{23.1729}{\ln\mu_r+2.2517}$

续表

流度比	系数	
>50	$a=0.66\ln\mu_r-4.76$	$D=4.56-0.125\ln\mu_r$

注：μ_r 为流体黏度。

根据式（2-106）即可以计算出不同含水率下的理论采出程度。当采出程度由 R_{i-1} 增至 R_i 时，折算生产时间为

$$t_i=\frac{R_i-R_{i-1}}{V_{oi}} \tag{2-108}$$

那么第 i 时刻的自然递减率 D_i 计算公式为

$$D_i=\frac{V_{oi-1}-V_{oi}}{V_{oi-1}t_i}\text{或}\ D_i=\frac{q_{oi-1}-q_{oi}}{q_{oi-1}t_i} \tag{2-109}$$

式中，q_{oi}为第 i 时刻油井产出量，m^3；q_{oi-1}为第 $i-1$ 时刻油井产出量；R_i为第 i 时刻的采出程度,%；R_{i-1}为第 $i-1$ 时刻的采出程度；V_{oi}为第 i 时刻的采油速度,%；V_{oi-1}为第 $i-1$ 时刻的采油速度,%。

b. 年产油量综合递减率

综合递减率理论变化的具体计算步骤：首先根据实际油田水驱曲线，计算时间与含水率和采出程度关系；然后根据定义，计算相应时间的年产油量综合递减率，并做出年产油量综合递减率与可采储量采出程度的关系曲线；最后对比理论模板，确定实际产量递减情况。

7）剩余可采储量采油速度

剩余可采储量采油速度是指当年核实年产油量除以上年末的剩余可采储量值，应按采出可采储量 50% 前后分别制定分类标准。

油藏工程方法计算步骤：①由单井控制储量，以及单井产量与含水率的关系，确定年产量变化；②基于含水率与采出程度关系，计算不同流度比条件下的可采储量；③计算在不同条件下，采油速度、采出程度与油藏开采时间的关系；④确定在不同采油速度、采出程度下，年产量与剩余可采储量的变化关系。产量变化影响因素包括不同含水阶段的产能、压力变化以及井网部署。参数取值参考绥中 36-1 与秦皇岛 32-6 油田。

根据式（2-108）可以计算出生产时间 t_i。

那么第 i 时刻的剩余可采储量采油速度 V_{Si}计算公式为

$$V_{Si}=\frac{R_i-R_{i-1}}{(R_m-R_{i-1})t_i} \tag{2-110}$$

式中，R_i为第 i 时刻的采出程度,%；R_{i-1}为第 $i-1$ 时刻的采出程度；R_m为水驱极限采出程度,%。

8）含水上升率

含水上升率指阶段综合含水率变化值与采出程度增量的比值。基于含水上升率-采出程度关系曲线法，分析在不同流度条件下含水上升率的变化特点，确定其分级区间。参数

取值参考绥中 36-1 与秦皇岛 32-6 油田。

由无因次采出曲线推导出不同油水黏度比下含水上升率–采出程度关系式为

$$f_w=\frac{1}{1+\frac{1}{\left(D\frac{R}{R_m}+1\right)\exp\left(a+D\frac{R}{R_m}\right)}}$$

其中修正系数：

$$b=\frac{49-(D+1)\mathrm{e}^{(a+D)}+\mathrm{e}^{a}}{\mathrm{e}^{(a+D)}-\mathrm{e}^{a}},$$

$$c=\frac{\mathrm{e}^{a}\left[D\mathrm{e}^{(a+D)}-49\right]}{\mathrm{e}^{(a+D)}-\mathrm{e}^{a}}$$

根据上式即可以得出不同流度下的含水上升率与采出程度的关系曲线。

9）水驱指数

a. 常规水驱指数

常规水驱指数是指注入水地下存水量与累积产油量之比值。运用油藏工程分析方法，以及物质平衡法分析不同水侵程度下水驱指数变化规律。

根据物质平衡方程得

$$N_pB_o+W_pB_w-(1+w)W_iB_w=NC_eB_{oi}\Delta P \tag{2-111}$$

$$N_p=NC_e(P_i-P)/\mathrm{e}^{C_o(P_i-P)}+[(1+w)W_i-W_p]\mathrm{e}^{-(C_o-C_w)(P_i-P)}B_{wi}/B_{oi} \tag{2-112}$$

式中，B_{wi}为原始水体积系数；C_e 为综合压缩系数；C_o 为油层压缩系数；C_w 为水层压缩系数；B_o 为地层原油体积系数；B_w 为地层水体积系数；ΔP 为压力差，MPa。

由 $R=\frac{N_p}{N}$得到

$$R=C_e(P_i-P)/\mathrm{e}^{C_o(P_i-P)}+\left(\frac{W_i-W_p}{N_p}R\right)\mathrm{e}^{-(C_o-C_w)(P_i-P)}B_{wi}/B_{oi} \tag{2-113}$$

得到水驱指数

$$\frac{W_i-W_p}{N_p}=\frac{\left(R-\frac{C_e(P_i-P)}{\mathrm{e}^{C_o(P_i-P)}}\right)\frac{B_{wi}}{B_{oi}}\mathrm{e}^{-(C_o-C_w)(P_i-P)}-w\frac{\mathrm{FW}}{1-\mathrm{FW}}R}{(1+w)R} \tag{2-114}$$

式中，w 为水侵程度；FW 为累积含水率。

b. 广义水驱指数

基于物质平衡方程，考虑不同阶段天然水驱、人工注水的效果，采用广义水驱指数来反映实际水驱（天然水驱+人工注水）的驱替效果。

物质平衡方程通式：

$$N=\frac{N_p[B_T-(R_{si}-R_p)B_g]-(W_e+W_i-W_p)}{(B_T-B_{Ti})+mB_{Ti}\frac{B_g-B_{gi}}{B_{gi}}+B_{Ti}\frac{(1+m)}{1-S_{wc}}(C_f+C_wS_{wc})\Delta P} \tag{2-115}$$

$$(B_T=B_o+(R_{si}-R_s)B_g,\ B_{Ti}=B_{oi})$$

产出量总和：

$$N_p[B_T+(R_p-R_{si})B_g]+W_p=(W_e+W_i)+N(B_T-B_{Ti})+mNB_{Ti}\frac{B_g-B_{gi}}{B_{gi}}+NB_{Ti}\frac{(1+m)}{1-S_{wc}}(C_f+C_wS_{wc})\Delta P \tag{2-116}$$

驱动指数，即某种驱油能量占总驱油能量的百分数。

总驱油指数：

$$1=\frac{N(R_{si}-R_s)B_g}{F}+\frac{mNB_{Ti}\frac{B_g-B_{gi}}{B_{gi}}}{F}+\frac{N(B_o-B_{oi})+NB_{Ti}\frac{(1+m)}{1-S_{wc}}(C_f+C_wS_{wc})\Delta P}{F}+\frac{W_e}{F}+\frac{W_i}{F} \tag{2-117}$$

式中，F 为总驱油能量。

式（2-117）中，等号右侧从左到右各项依次为溶解气驱动指数、气顶驱动指数、弹性驱动指数、天然水驱动指数和人工水驱指数。

广义驱动指数=天然水驱动指数+人工水驱动指数=1-弹性驱动指数

即

$$F_W=1-\frac{NB_{oi}\left(\frac{C_wS_{wi}+C_f}{1-S_{wi}}\right)\Delta P}{N_pB_o+W_pB_w} \tag{2-118}$$

10）水驱极限采收率

a. 经验法——陈元千法

表达式：

$$E_R=0.058419+0.084612\lg\frac{K}{\mu_o}+0.3464\varphi+0.003871S \tag{2-119}$$

式中，E_R 为采收率；φ 为有效孔隙度；S 为井网密度，口/km^2；K 为平均渗透率，μm^2；μ_o为原油黏度，mPa · s。

该经验法适用于中等黏度，物性较好，相对均质的水驱油田。

b. 经验法——俞启泰法

表达式：

$$E_R=0.274-0.1116\lg\mu_r+0.09746\lg K-0.0001802hS^*-0.06741V_K+0.0001675T_{re} \tag{2-120}$$

式中，μ_r 为地层油水黏度比；h 为有效高度，m；S^* 为井网密度，口/km^2；V_K 为渗透率变异系数；T_{re}为地层温度，℃。

c. 经验法——稠油常规水驱

表达式：

$$E_R=0.0195+0.2730\varphi+0.0032S+0.1082\lg\frac{K}{\mu_o} \tag{2-121}$$

d. 不同流度下采收率公式

不同流度下采收率与井网密度关系式分为5类，见表2-23和图2-9。

表2-23　不同流度下采收率与井网密度关系式

类别	流度 K/μ/[μm²/(mPa·s)]	采收率与井网密度关系式
Ⅰ	≥0.3～<0.6	$E_R=0.6031e^{-0.02012S}$
Ⅱ	≥0.1～<0.3	$E_R=0.5508e^{-0.02354S}$
Ⅲ	≥0.03～<0.1	$E_R=0.5227e^{-0.02635S}$
Ⅳ	≥0.005～<0.03	$E_R=0.4832e^{-0.5423S}$
Ⅴ	<0.005	$E_R=0.4015e^{-0.10148S}$

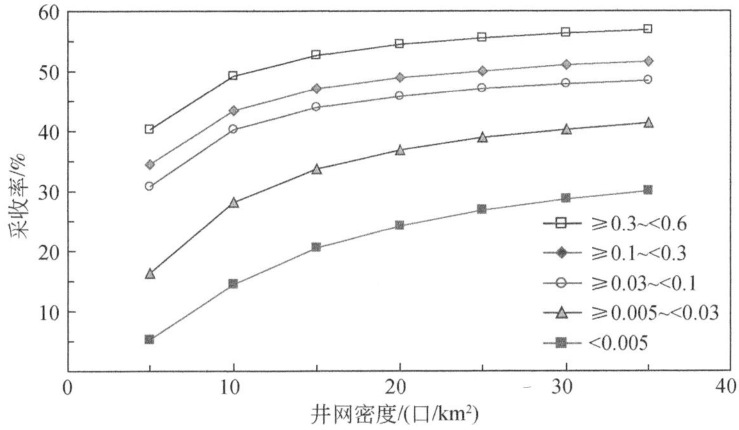

图2-9　不同流度下采收率与井网密度关系图

e. 采收率与井网密度关系

表达式：

$$R=E_D\times e^{-BS^{-1}M^{-0.5}} \tag{2-122}$$

$$B=\frac{18.14}{(K/\mu_o)^{0.418}} \tag{2-123}$$

式中，R为采收率；E_D为驱油效率；S为井网密度，口/km²；M为注采井数比；K为平均渗透率，$10^{-3}\mu m^2$；μ_o为原油黏度，mPa·s。

11）时效采出比

开发期内的时效采出比的定义为在海上油田有效开发年限内（由关井生产界限和平台寿命决定），实际采出程度与水驱极限采收率的比率，其取值越大越好。该评价指标的物理意义指在同等技术条件下，与常规油田开发相比，海上油田能够采出的油藏地质储量的相对比例。

时效采出比的具体计算方法：①基于油藏工程方法进行理论分析，利用收支平衡法，考虑海上油田开发情况，确定不同产量级别下对应的单井经济极限含水界限；②基于不同油水黏度比下含水率-采出程度关系曲线，并进行简单校正，确定不同极限采收率下含水率与可采储量采出程度的关系，得到对应经济极限含水率的时效采出比理论值；③利用水驱特征曲线计算分别在极限含水率、经济极限含水率下的采出程度，比值即时效采出比实际值。

a. 基于含水率-采出程度关系曲线分析在不同条件下极限采出程度变化

（1）不同油水流度比下综合含水率-采出程度关系曲线。

综合含水率-采出程度关系曲线是油藏工程中经常使用的一种曲线。前人应用无因次注入、无因次采出统计公式推导出了不同油水黏度比下综合含水率（f_w）与采出程度（R）相关性的经验表达式。

由无因次注入、无因次采出曲线推导出综合含水率-采出程度关系式为

$$f_w=\cfrac{1}{1+\cfrac{1}{\left(D\dfrac{R}{R_m}+1\right)\exp\left(a+D\dfrac{R}{R_m}\right)}}$$

式中，R_m为水驱极限采收率。

在上式中加入b、c校正参数，将曲线公式修改为

$$f_w=\cfrac{1}{1+\cfrac{1}{\left(D\dfrac{R}{R_m}+1+b\right)\exp\left(a+D\dfrac{R}{R_m}\right)+c}} \tag{2-124}$$

引入初始条件$f_w=0$，$R=0$，则有

$$(1+b)e^a+c=0 \tag{2-125}$$

引入边界条件$f_w=98\%$，$R=R_m$，则有

$$(D+1+b)e^{(a+D)}+c=49 \tag{2-126}$$

联立式（2-125）和式（2-126），得

$$b=\frac{49-(D+1)e^{(a+D)}+e^a}{e^{(a+D)}-e^a} \tag{2-127}$$

$$c=\frac{e^a\left[De^{(a+D)}-49\right]}{e^{(a+D)}-e^a} \tag{2-128}$$

（2）基于童氏含水率-采出程度关系曲线。

童氏含水率-采出程度关系：

$$\lg[f_w/(1-f_w)+b]=7.5(R-R_m)+1.69+a \tag{2-129}$$

其中　　$a=\lg b+7.5R_m-1.69$，$b=49/(10^{7.5R_m}-1)$

b. 根据收支平衡原理计算单井经济极限含水界限

从收支平衡原理看，在有效的开发时期内，当每天的产出效益等于每天的总投入成本，即总利润为零时的单井含水率为单井经济极限含水率。应用油井经济极限含水率$\tilde{f}_w$的计算公式：

$$C_{F}Q_{1}+C_{V}=Q_{1}(1-\tilde{f}_{w})Pd_{o}(1-T_{r}) \tag{2-130}$$

经济极限含水率表达式为

$$\tilde{f}_{w}=1-\frac{C_{F}Q_{1}+C_{V}}{Q_{1}d_{o}P(1-T_{r})} \tag{2-131}$$

式中，C_F为变动费用，元/(t·d)；C_V为固定费用，元/d；Q_1为单井日产液量，t；P为原油价格，元/t；T_r为综合税率；d_o为原油商品率。

上式中变动费用C_F、固定费用C_V的取值需要考虑海上油田的实际开发情况。应用收支平衡原理可以确定对应不同产液量级别下的经济极限含水率，随着产液量增加，经济极限含水率迅速上升。且当产液量达到一定取值时，经济极限含水率不再增加，而是趋于稳定。

c. 理论、实际时效采出比的计算

应用f_w与R校正公式可以得到不同油水黏度比下综合含水率（f_w）与可采储量采出程度（R/R_m）的关系曲线，由收支平衡原理确定的经济极限含水率$\tilde{f}_w$所对应的可采储量采出程度即为理论时效采出比。

依照石油行业标准，注水开发油田可采储量以及极限采收率的计算可采用水驱特征曲线法。实际时效采出比值定义为经济极限含水率$\tilde{f}_w$对应的采收率与极限含水率（$\hat{f}_w=98\%$）对应的采收率之比，即R_{lim}/R_{max}。

以丙型水驱特征曲线为例，表达式为

$$L_{p}/N_{p}=A+BL_{p} \tag{2-132}$$

可以推导出含水率f_w与累积产油量N_p以及采收率R的关系式为

$$N_{p}=\frac{1}{B}[1-\sqrt{A(1-f_{w})}] \tag{2-133}$$

$$R=\frac{[1-\sqrt{A(1-f_{w})}]}{BN} \tag{2-134}$$

实际时效采出比值为

$$R_{lim}/R_{max}=\frac{1-\sqrt{A(1-\hat{f}_{w})}}{1-\sqrt{A(1-\tilde{f}_{w})}} \tag{2-135}$$

式中，L_p为累积产液量，10^4m^3；N_p为累积产油量，10^4m^3；N为地质储量，10^4m^3；A为回归直线的截距；B为回归直线的斜率；$\tilde{f}_w$为经济极限含水率；$\hat{f}_w$为极限含水率（一般取98%）。

通过对比时效采出比的实际值与理论值，可以评价海上油田开发时效性的强弱，对于海上油田注水开发效果评价具有重要的意义。

（八）评价指标水平分级结果

确定不同性质油藏、不同开发条件下，不同评价参数的理论变化规律和合理划分区间。生产管理类及开发技术类评价指标的分级结果见表 2-24 和表 2-25。

表 2-24　海上油田注水开发效果生产管理类指标分级标准

类别	序号	项目	注水开发效果级别范围		
			一类	二类	三类
生产效率	1	油水井综合生产时率/%	≥75	60～75	<60
	2	油水井增产增注措施有效率/%	≥80	70～80	<70
	3	油水井免修期/d	≥500	400～500	<400
有效注水	4	注水井开井率/%	≥88	80～88	<80
	5	注水井分注率/%	≥65	45～65	<45
		注水井分注合格率/%	≥75	65～75	<65
	6	注水井配注合格率/%	≥85	75～85	<75
	7	注入水质达标状况/项	≥9	6～9	<6

表 2-25　海上油田注水开发效果开发技术类指标分级标准

类别	序号	项目		注水开发效果级别范围		
				一类	二类	三类
储量井网	1	水驱储量控制程度/%		≥85	70～85	<70
	2	水驱储量动用程度/%		≥75	60～75	<60
	3	油藏单井控制储量/($10^4 m^2$/口)		40～60	61～80 或 20～41	>80 或<20
	4	油井多向受效率/%		≥60	50～60	<50
能量	5	能量保持水平和利用程度/%		≥85	65～85	<65
	6	累积注采比		≥1.1	0.9～1.1	<0.9
产量运行	7	年产油量自然递减率/%	可采储量采出程度<50	<7	7～9	≥9
			可采储量采出程度≥50	<5	5～7	≥7
	8	年产油量综合递减率/%	可采储量采出程度<50	<6	6～8	≥8
			可采储量采出程度≥50	<4	4～6	≥6
	9	剩余可采储量采油速度/%	可采储量采出程度<50	≥6	4～6	<4
			可采储量采出程度≥50	≥8	6～8	<6
水驱	10	含水上升率/%	可采储量采出程度<50	<4	4～5	≥5
			可采储量采出程度≥50	<2	2～3	≥3
	11	水驱指数		≥0.8	0.6～0.8	<0.6
效果	12	水驱极限采收率/%		≥35	25～35	<25
	13	开发期内时效采出比（可采储量采出程度）/%		≥85	70～85	<70

(九) 评价应用条件

各指标的计算及评价应用条件见表2-26。

注水开发效果评价体系适用于中、高渗透、整装、砂岩、常规（普通稠油)、水驱油藏。评价体系的评价目标明确、指标集兼顾各方面基础技术指标和管理指标；分级标准依据理论开发规律，并体现不同阶段的开发状况。

评价体系的适用开发阶段主要为：①油藏规模性地开发调整实施前的评价；②油藏开发调整实施后，生产稳定运行一段时间后。

表2-26　海上油田注水开发效果评价指标计算及评价应用条件

类别	序号	项目	指标计算及评价应用条件
储量和井网	1	水驱储量控制程度/%	基于定义依据实际射孔资料统计得出
	2	水驱储量动用程度/%	基于定义依据实际产吸剖面资料统计得出
	3	油藏单井控制储量/($10^4 m^2$/口)	主体开发区内的地质储量与开发总井数的比值
	4	油井多向受效率/%	油井受到两向及多向水驱作用的井数与油井总数的比值
能量	5	能量保持水平和利用程度/%	核实的目前地层压力与原始地层压力的比值
	6	累积注采比	地层条件下累积注水与累积产液量之比
产量	7	年产油量自然递减率/%	当年核实年产油量（扣除当年新井年产油量），除以上年底标定日产水平折算的当年产油量
	8	年产油量综合递减率/%	
	9	剩余可采储量采油速度/%	当年核实年产油除以上年底的剩余可采储量之值
水驱	10	含水上升率/%	阶段综合含水率变化值与采出程度增量的比值
	11	水驱指数	注入水的地下存水量（扣除边底水的水侵量）与累积产油量地下体积之比
效果	12	水驱极限采收率/%	以丙型水驱曲线为主（甲型为辅），含水率为98%时
	13	开发期内时效采出比/%	阶段累积产油量占可采储量的百分数

(十) 效果分级综合评价方法

注水开发效果分级综合评价具体步骤如下。

(1) 注水开发效果等级含义：基于实际油藏计算各个评价指标，依据建立的分级标准，总体分为三类、每类3个等级；如评价结果为B^-，表示注水开发效果符合二类要求，但实施的开发政策只符合第3个等级水平，需要进行的调整工作量较大。

(2) 依据核心指标划分类别：以极限采收率为评价依据，反映注水开发最终效果的状态指标；反映质变；其中，一类代表油藏注水开发效果达到一类水平。

(3) 基于辅助指标确定等级：以评价指标中的12个其他指标为评价依据，反映开发过程中在“储量动用、井网部署、能量利用、产量运行、水驱动态”五个方面的实施情况；反映量变；其中 A^+、B^+、C^+说明开发部署和技术政策实施达到第 1 个等级水平。具体实施见表 2-27。

表 2-27　海上油田注水开发效果评价指标综合评价方法

类别	等级	极限采收率	其他指标
一类	A^+	符合一类要求	评价指标中符合一类要求≥9 个，三类要求≤2 个
	A		评价指标中符合一类、二类要求≥6 个，三类要求<6 个
	A^-		评价指标中符合三类要求≥6 个
二类	B^+	符合二类要求	评价指标中符合一类要求≥9 个，三类要求≤2 个
	B		评价指标中符合一类、二类要求≥6 个，三类要求<6 个
	B^-		评价指标中符合三类要求≥6 个
三类	C^+	符合三类要求	评价指标中符合一类要求≥9 个，三类要求≤2 个
	C		评价指标中符合一类、二类要求≥6 个，三类要求<6 个
	C^-		评价指标中符合三类要求≥6 个

第三节　注采结构调整主要方法

一、分区结构调整

分区结构调整是将全油田总的年产油量指标，按每个区块的含水率、采出程度、采油速度、潜力的分布和调整井的部署等，分配到每个区块。通过分区开发状况的分析，根据各地区调整的重点问题，按照全油田的产量和含水目标要求，进行不同地区的结构调整，合理配置各区块的开发指标。

影响分区结构调整潜力的因素较多，不仅有地质因素、开发因素，还有开发政策以及调整过程中投资等因素（董晓芳，2018），这些都制约着油田或区块的结构调整，需要根据决策者的要求，调整、分析过程和结果，以便从中选出较好方案。其原理如图 2-10 所示。

（一）建立区块结构调整潜力评价及调整方向确定方法模型

在深入分析喇萨杏油田生产情况下，结合加密调整、注采系统调整、提高产液量和周期注水潜力、三次采油等重大调整措施，将区块结构调整潜力与调整方向评价进行有机结合，建立结构调整潜力评价层次结构（陈元千，1985），完善区块结构调整潜力评价方法。该方法的完善与改进，使原来分开的结构调整潜力评价与调整方向的确定有机结合在一起，使区块调整方向的确定更加科学、合理（图 2-11）。

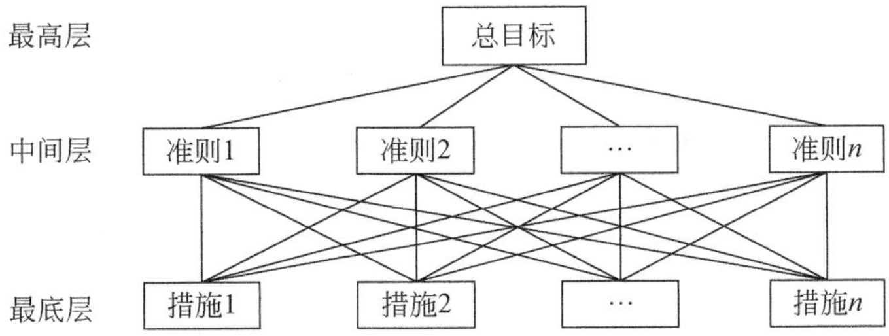

图 2-10　区块结构调整潜力评价数学模型

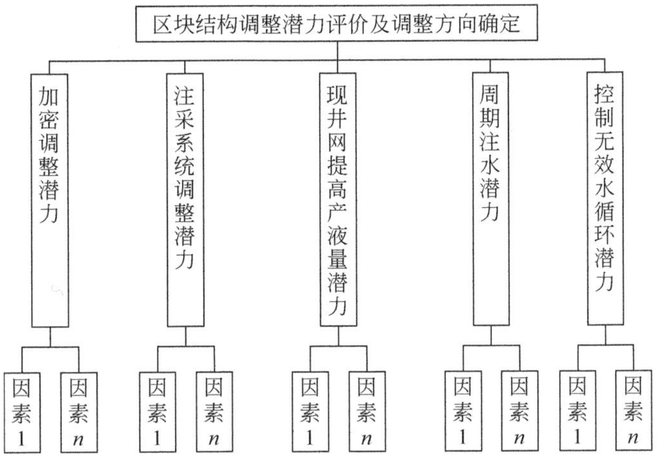

图 2-11　区块结构调整潜力评价及调整方向确定方法模型

（二）建立层次结构，构造判断矩阵

在原来模型基础上，根据模型原理及油田生产实际，重新建立区块结构调整潜力评价及调整方向确定方法模型的层次结构。

1. 最高层判别

最高层判别就是决策的目的层。该层确定各区块结构调整潜力的大小，构造中间层各项因素与最高层目的层相对重要性的判断阵，表示各项因素对某油田总目标的相对重要性。改进后的区块结构调整潜力评价与调整方向确定方法模型中，最高层判别分为加密调整、注采系统调整、现井网提高产液量调整及控制无效水循环调整 5 类评价指数（图 2-11）。

2. 中间层判别

中间层判别表示采用某种措施或政策来实现预定目标所涉及的中间环节。在该模型中，根据喇萨杏油田生产实际优选出反映每类调整潜力的影响因素。

3. 最底层判别

最底层判别表示解决问题、达到预定目标所需要采取的措施或政策，该层是模型的基础。此层信息基础主要是人们对本层次各个因素的相互重要性给出的判断，而这些判断用数值表示出来并写成矩阵形式，就构成判断矩阵，判断矩阵是本模型的基础，因此，正确构成判断矩阵是进行区块结构调整潜力评价的关键。

（三）高含水后期结构调整以控制低效无效水循环为主

利用上述区块结构调整潜力评价及调整方向确定方法，对“稳油控水”示范区的调整潜力进行分析。研究结果表明，高含水后期区块间的含水差异主要是低效无效循环的存在致使部分井含水率较高，结构调整的方向是控制低效无效循环，降低区块含水率，减缓含水率上升速度。

1. 采取多种方法，准确识别无效循环场

2002 年，喇嘛甸油田水驱综合含水率为 93.30%，产出液油比为 14.9，是含水率在 80% 时的近 3 倍。从取心资料看，特高含水期与高含水期相比，水洗层波及系数没有明显提高，层内强水洗厚度只提高了近一个百分点，未水洗厚度基本不变，注入水除了提高中水洗和弱水洗段的驱油效率外，大部分沿强水洗段无效循环（表 2-28）。

表 2-28　取心井厚油层层内水洗状况（有效厚度≥2m）

阶段	水洗层层内水洗段有效厚度比例				水洗层内波及系数
	强水洗/%	中水洗/%	弱水洗/%	未水洗/%	
高含水中后期	9.6	30.0	23.0	37.4	0.6252
特高含水期	10.7	35.7	16.1	37.5	0.6282

从注水井同位素吸水剖面资料看，吸水段占吸水层厚度比例由 1983 年前的 99.93% 减少到 2000 年的 87.79%，其中主要吸水段占吸水层厚度比例从 75.63% 减少到 33.08%，也说明目前厚油层内注水量主要沿大孔道、高渗透部位突进（表 2-29）。

表 2-29　基础井网厚油层层内吸水状况变化（有效厚度≥2m）

时间	基础井网综合含水率/%	统计		吸水段占吸水层厚度比例		主要吸水段占吸水层厚度比例		主要吸水段吸水量占吸水层吸水量比例/%
		井数/口	层数/个	砂岩/%	有效/%	砂岩/%	有效/%	
1983 年前	75.12	15	67	99.69	99.93	70.97	75.63	82.39
1985 年	82.00	50	210	96.02	96.87	63.72	68.94	80.63
1990 年	90.63	77	340	91.42	93.15	47.09	51.69	68.88
1995 年	91.84	82	252	86.53	88.71	33.30	36.03	69.42
2000 年	94.15	74	162	86.99	87.79	31.92	33.08	78.76

为研究不同类型油层的注采循环特征，开展了天然岩心室内三管并联驱替实验。实验结果表明，含水率达 90% 以后，80% 左右的注水量沿层内高渗透部位无效循环，而低渗透部位却难以动用。因此，控制层内无效循环是改善厚油层动用状况、提高注水利用率的关键。

由于地下砂体的非均质性，以及目前测试技术的局限性，要搞清无效水循环部位，靠单一资料很难实现，必须根据动、静态数据和各种监测资料进行综合分析判断。

1）根据沉积特征和注采关系预测无效循环场

主河道部位的砂体，油水井一类连通，注采关系完善程度高、开采时间长、累积注水量高，层内一般都存在无效注采部位；均质块状河道砂体，无论处于河道内或边部，只要注采完善，一般都已严重水淹；决口河道（扇）底部主体层与主河道注水层一类连通，如果新井渗透率解释值比老井增大较多，这类层一般已形成无效注采（于洪文，1994）；局部坨状砂体，只要油水井处于同一砂体上，由于液流方向单一，多数已处于无效或低效生产状态；大面积分布的三角洲前缘主体席状砂，油水井一类连通，经过一、二次加密调整以及细分注水和压裂改造，大部分也形成了无效注采循环。

2）综合应用测试资料判断无效循环场

结合精细地质研究成果，并分析测试资料，可以定性地判断出无效循环场。一是根据注水井分层压力降落速度确定注水井可能的低效循环层；二是根据吸水剖面组合测井资料确定低效循环层（侯连华等，1997）；三是根据油井找水资料进一步确定低效循环层。

3）应用数值模拟进行定量描述

从研究结果看，喇嘛甸油田二类油层累积注入地下油层孔隙体积 0. 59 倍、三类油层累积注入地下油层孔隙体积 0. 93 倍、分流河道累积注入地下油层孔隙体积 0. 70 倍、主体席状砂累积注入地下油层孔隙体积 1. 31 倍时，油层中开始出现无效或低效注采循环场。

2. 采取有力措施，控制无效或低效注采循环

搞清无效或低效水循环层或部位后，通过分、堵、调、改等措施，控制无效循环。

一是细分注水。通过技术攻关，进一步发展适合于特高含水期的细分注水方法，增加细分注水潜力。

二是细分堵水。针对特高含水期油井高含水层多、层间动用程度差异小的实际情况，在选井上强调降水和增油并重；在选层上强调动态分析和测试成果相结合；在施工上强调堵水与检泵同步。油井多层高含水、不同级别水淹层纵向上相间分布，若采取大段堵水，在控制无效产液量的同时产油量也将大幅度下降，为此，进行多段细分堵水。为保证细分堵水效果，把各小层按含水危险程度组合成几段后应用可调式堵水竹柱堵水。

三是改向注水。注水井长期注水，在某一方向形成无效或低效注入。改变注水方向，可以减少无效循环，提高有效注入。

四是化学调剖。在加强细分注水的同时，不断加大注水井化学调剖的力度。

二、分类井的结构调整

分类井的结构调整是在满足分区产油量目标的前提下，根据基础井网和调整井网的含水和开采状况，调整分类井的注水和产液结构。

分井结构调整是根据每类井确定的具体目标，把各种措施落实到每口井上，进行各类

井间的注水、产液结构调整。

以分区结构调整的产量、含水指标要求为基础，进行区内各类井的结构调整（即不同时期钻的调整井），调整的手段是采取提液或降水措施。具体的原则是：对占全区产液量比例高，含水量也高的基础井网以“控”为主，通过调整来降低基础井网产液量；对已进入高含水的调整井采用“提”“控”结合；对中含水的调整井以“提”为主，使调整井产液量有所增长。同时，充分发挥新钻调整井的接替稳产作用，使各类井的结构变化有利于控制油田含水量和产液量的增长。

降低基础井网的结构产液量，主要是通过堵水和注水井分层控制注水来实现。但不是绝对不采取增液措施，对基础井网中含水量较低的油井仍可以采取提液措施，但要保证基础井网总体上结构产液量适当下降。

提高调整井的结构产液量，主要是通过油井压裂、“三换”等增产措施来实现。同时，对其中的高含水井也要采取相应的堵水措施，但要保证总体产液量结构有所上升。

三、井点油层之间的结构调整

分类井中单井的含水状况不相同，因此在各类井的产液量确定以后，搞好分类井的单井生产结构调整是实现各类井结构调整目标的关键，同时也是实现油田“稳油控水”的保证。

单井结构调整总的原则是提液对象主要是在低含水井中进行，控液对象主要是在高含水井中进行。

为了实现分类单井结构调整的效果，针对不同油井的具体情况，在分析影响生产效果因素的基础上，主要是进行注水井的合理注水配置、改变油井的开采方式、及时合理调整油井工作制度、对高含水井优选堵水层位、优选压裂层位及措施方法等。

（一）注水井的合理注水配置

注好水是开发好油田的基础，这不仅在油田中、高含水前、中期重要，在油田高含水后期也同样十分重要。大庆油田“稳油控水”的实践表明，搞好油田注水，根据不同油层的水淹状况合理配置注水，对“稳油控水”具有十分重要的作用。

为了实现对油层注水的合理配置，具体应该搞好以下几个方面的调整。

1. 笼统注水井改分层注水井

油田开发初期，油田开发矛盾尚未暴露，并且分层注水技术尚不成熟，因此对注水井均采用笼统注水（李桂军等，2006）。后来随着油田水淹程度的增加，油田开发三大矛盾的出现，在自喷开采阶段，为了解决层间矛盾，发展了分层注水技术。这一阶段的分层注水，主要是以砂岩组或油层组来划分分层注水层段，解决主力油层与中、低渗透油层之间的矛盾。

油田开发进入高含水期后，随着油井开采方式的转变（由自喷采油转变为抽油），产液量大幅度提高，油层的层间矛盾也得到一定程度的调整。为了提高油田注水量，适应转抽后提高液量的需要，部分注水井又由分层注水改为笼统注水，使油田在新的开采方式下，建立新的压力系统。

油田开发进入高含水后期以后，通过注采系统调整，油田开采在抽油条件下形成新的压力系统（孙玉环和周玉莲，2002），同时见水层增多，层间矛盾在新的压力系统条件下又重新出现（戴家才等，2006），因此对部分笼统注水井又重新实行分层注水。这一阶段的分层注水与中、低含水阶段的分层注水的不同之处，就是更加细化。分层注水的目的，一是针对特高含水层实行控制注水，针对潜力层实行加强注水，以提高油井液量来实现油井产量的稳定；二是优化注采结构，改善和提高油井的开采效果。

实例：萨尔图油田Z丁5-8井是1986年4月投注的加密调整注水井，初期采用笼统注水方式，注水层位为萨、葡差油层，反九点法井网，周围8口采油井。

随着注水时间的推移，该井组自1990年开始含水率上升速度加快，产量大幅度下降。到1990年6月，井组8口采油井日产液量从578t下降到531t，日产油量从208t下降到121t，日产水量从370t/d上升到410t，综合含水率由64%上升到77.2%。针对井组生产出现的问题，通过分析认为主要是注水井笼统注水致使油层动用状况不合理。

其一，井组内Z丁5-7井、Z5-107井和Z5-106井产量下降明显。分层测试结果表明，分层动用状况层间差异很大。3口井共射开75个小层，产液层为29层，占38.7%；不动用层占61.3%。

其二，注水井Z丁5-8井的吸水剖面资料表明其射开29层，其中葡Ⅰ7—葡B4层吸水量占全井的52.9%，其余的测试段吸水量均在10%以下或不吸水。

为此，对Z丁5-8井实行分层注水，萨Ⅲ7及以上为加强层，配注250m^3/d；葡Ⅰ7—葡Ⅱ4层为限制层，配注150m^3/d；葡Ⅱ5及以下层为接替层，配注100m^3/d。

分层注水后，层段注水量实行了合理配置，从而使油层动用状况得到改善。分层注水后，该井组综合含水率由77.2%下降到70.3%，日产油量由121t上升到208t，增加了71.9%（表2-30）。

表2-30　Z丁5-8井分层注水结构调整效果表

井号	1990年12月（调前）				1991年6月（调后）			
	日产液量/t	日产油量/t	日产水量/t	综合含水率/%	日产液量/t	日产油量/t	日产水量/t	综合含水率/%
Z4-107	106	13	93	87.7	134	26	108	80.6
Z4-108	24	5	19	79.2	27	10	17	63.0
Z4-109	54	10	44	81.5	109	28	81	74.3
Z丁5-7	43	10	33	76.7	53	18	35	66.0
Z丁5-9	24	8	16	66.7	38	15	23	60.5
Z6-107	85	14	71	83.5	161	38	123	76.4

续表

井号	1990 年 12 月（调前）				1991 年 6 月（调后）			
	日产液量/t	日产油量/t	日产水量/t	综合含水率/%	日产液量/t	日产油量/t	日产水量/t	综合含水率/%
Z5-108	86	34	52	60.5	89	39	50	56.2
Z5-106	109	27	82	75.2	90	34	56	62.2
合计	531	121	410	77.2	701	208	493	70.3

2. 注水层段的合理划分

在分层注水井中，注水层段的划分是相对有阶段性的，即随油层水淹程度的增加、油井工作状况的变化，注水层段的划分应及时作相应的调整，以适应变化后的油层情况确定合理的分层注水层段结构，这样才能确保分层注水效果的持久性。

实例：N1-6-34 井是萨尔图油田南二区东部行列井网的一口点状注水井区的采油井，开采葡Ⅰ组油层。

该井于 1971 年 5 月投产，至 1991 年 12 月，含水率上升至 93.3%，日产液量 210t，日产油量 14t。据分层测试资料，葡Ⅰ2-4 层产水量占全井的 90%，确定为主要的见水层和产水层。

分析其原因主要为相关注水井的注水层段划分不合理。该井相关注水井 N1-6-35 井，于 1988 年由笼统注水改为分层注水，根据当时的水淹情况，确定葡Ⅰ1—葡Ⅰ1-2 层为控制注水层段，葡Ⅰ3 及以下为加强注水层段，结果在注水 3 年后，地下情况发生了变化。吸水剖面测试结果表明，葡Ⅰ3 及以下层段，在经过长期注水以后，油层水淹程度增加，油层吸水状况变好，特别是葡Ⅰ4 层吸水能力明显提高，吸水百分比由 1984 年的 6.1% 提高到 1991 年的 25.6%。由注水井测吸水剖面的分析结果认为，N3-6-35 井葡Ⅰ4 层吸水状况的变化是造成 N1-6-34 井含水率上升的主要原因。

在分析研究的基础上，1992 年对 N1-6-35 井进行重新分层调整。在保持全井总注水量不变的情况下，将主力油层葡Ⅰ2 层与葡Ⅰ4 层合为一个层段控制注水，同时加强含水相对低的葡Ⅰ5+6 及以下层的注水强度。通过 N1-6-35 井注水层段结构的调整，同时重新进行层段水量的配置，相关采油井都取得了明显的注水调整效果。该井区共 4 口油井，在注水井调整后，日产液量增加 13t，日产油量增加 27t，综合含水率下降 3.8%，油井沉没度基本稳定。其中 N1-6-34 井与调整前相比，日产液量下降 52t，日产油量增加 6t，综合含水率下降 37.6%，而且稳产时间较长（图 2-12）。

3. 层段配注水量的优化设计

对于注水井的合理注水配置，除了选好注水方式以外，更重要的是在合理注水方式的基础上，针对注水井点油层与相关采油井的生产关系科学地设计层段配注水量。只有提高各类油层的水驱储量动用程度，才能改善油井的开发效果。

实例：B2-5-86 井是于 1965 年投注的萨、葡油层注水井，周围有 6 口相关采油井。截

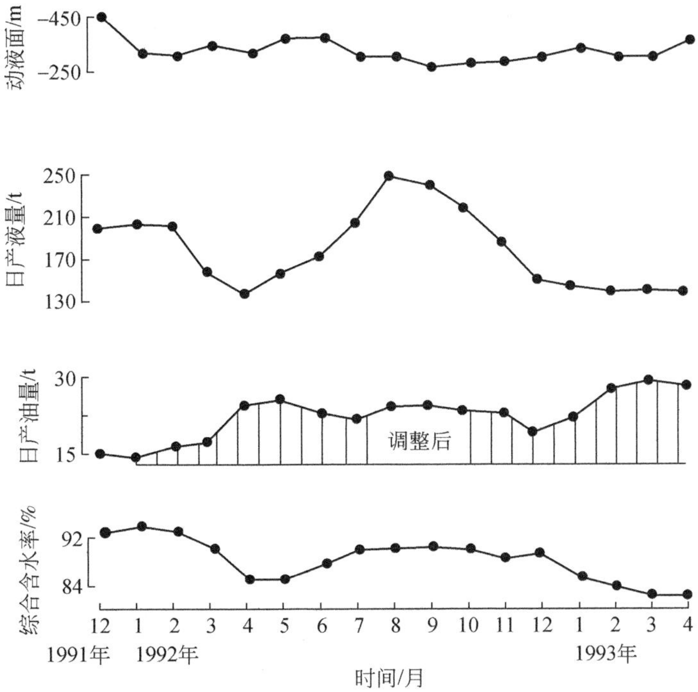

图 2-12　N1-6-34 井综合开采曲线

至 1990 年 9 月，6 口采油井综合含水率为 93.2%，井组进入特高含水期。为了对井组油井进行深度挖潜，对 B2-5-86 井进行了细分测试。通过对同位素测吸水剖面的分析发现，37.3% 的层、63.6% 的厚度不吸水，吸水油层主要为高渗透厚油层。根据分析结果重新调整了注水层段，并对分层注水配置实行了以下原则：对吸水量高、成片高含水的油层单卡停注或控制注水；对不吸水的油层单卡加强注水；对有一定吸水量而位于油层（相对于采油井）的非主要水淹方向（分流线）的油层单卡适当加强注水；对有一定吸水量，而位于油层（相对于采油井）主流线上的油层适当控制注水。按此原则编制了新的注水方案。方案实施后该注水井的吸水层数和吸水厚度明显增加，周围 6 口井取得了较好的调整效果。

（二）对高含水井优选堵水层位

油田注水与堵水是相互矛盾的统一，二者的共同目的都是为了提高油田的采收率。因此，在“稳油控水”结构调整中，选准堵水层位至关重要。

从大庆油田高含水后期的堵水实践中得出，为了确保油井的堵水效果，在选择堵水井层时应考虑以下原则：

一是被堵层的含水率应比未堵层的含水率高，且含水级差（堵水层的含水率与未堵最高含水层的含水率比值）大于 10%。统计资料表明，油井堵水后日增油量达到 3t。

以上的井多数在含水级差大于 10% 的区域内，其比例占该区域井数的 85%；而日增油量小于3t或不增油的井多数都在含水级差小于10%的区域内（图2-13）。

二是油井堵水后流动压力下降值应大于2MPa。从堵水效果与流动压力下降幅度关系得出，堵后流动压力下降2MPa以上的油井增油量大于3t，所占的比例为71.7%；而堵后日增油量比例小于3t的井多数都在堵后流动压力下降幅度小于2MPa区域内（图2-14）。

上述原则与堵水效果的理论分析结果是一致的。理论分析得出，影响油井堵水效果的主要因素是油井堵水后生产压差的放大幅度、堵水层与未堵水层之间的含水率差别、堵水层的产液量占全井产液量的比例，即含水率差别越大、被堵层产液量比例越高、堵水后油井流动压力下降值越多，油井堵水后的增油、降水效果就越好。

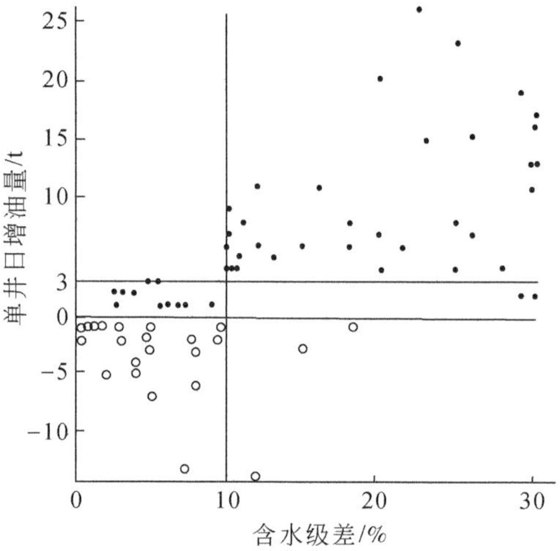

图2-13　油井堵水效果与含水级差关系

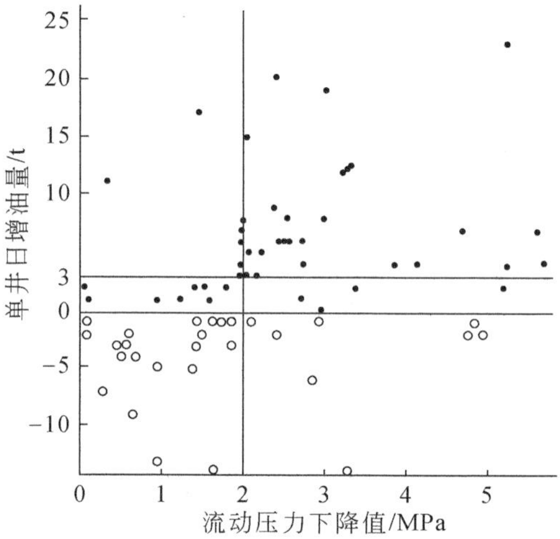

图2-14　油井堵水效果与流动压力下降值关系

实例：N5-2-25井为行列井网第一排生产井，注采井距600m，开采萨、葡、高油层。该井于1971年8月投产，投产初期自喷生产日产油量33t，于1973年11月见水，见水层位为葡Ⅰ2层。至1987年5月，油井含水率上升到87.7%，日产油量仍稳定在33t。1971年6月改抽油机生产，同时在葡Ⅰ2层进行化学堵水。化学堵水转抽以后，日产液量由276t下降到238t，日产油量上升到66t，综合含水率由87.80%下降到72.2%，但至1988年5月化学堵水失效，日产液量上升到366t，日产油量下降到50t，含水率上升到堵水前的87%，地层压力由10.16MPa上升到12.62MPa；至1992年3月油井含水率上升至94%，成为产水量高、含水率高、压力高的三高井。为了实现该井的再次挖潜，于1992年6月实施再次堵水，其堵水的依据是主要见水层情况清楚。该井的主要见水层为葡Ⅰ2层，砂岩厚度10.6m，有效厚度7.8m，为同井生产层中的主力油层。该层为大面积分布的水下河流砂体，与注水井排的连通状况很好（图2-15）。同时，该井组注水井的吸水状况很好，在自喷生产阶段的历次测试表明，该层均为高产液、高含水层，日产液量占全井的71.3%，日产水量占全井的81.1%。另外，从邻近调整井的水淹层解释资料反映出该层的水淹程度较高，该层曾于1987年堵后测产液剖面，证明葡Ⅰ2层为主要高含水、高产水层。

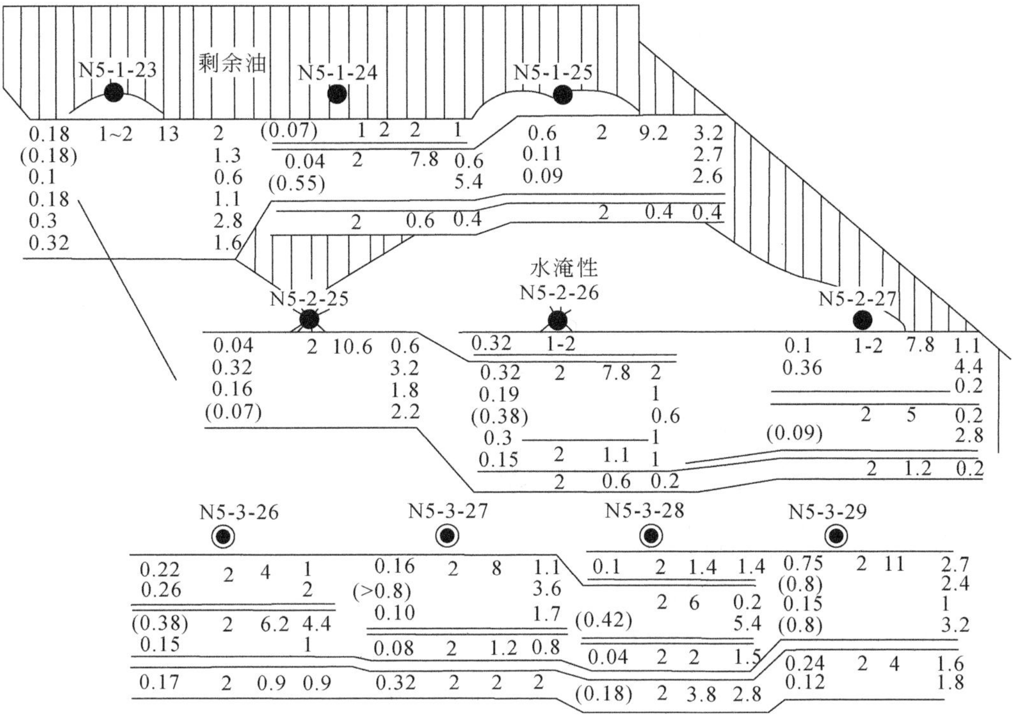

图 2-15　油井油砂体图

图中数字代表各层的砂岩厚度，单位为 m

（1）油井堵水后纵向产量接替油层厚度大。该井生产层多、厚度大，在堵掉葡Ⅰ2 层后仍有 47 个单油层，砂岩厚度 66.7m，有效厚度 27.2m，且与注水井连通。分层测试结果表明，这部分油层含水率较低（平均 60%）。另外，邻近调整井的水淹解释结果是多数层为未水淹层或中、低水淹层。油层厚度和水淹状况都表明，油井堵水以后的纵向接替条件较好。

（2）油井堵水以后其剩余油平面有接替井点开采。由于葡Ⅰ2 层平面分布稳定，井区共有 6 个生产井点，在 N5-2-25 井堵死以后，除 N5-2-26 井也堵死以外，仍有 4 个生产井点。其中，同排生产井点 1 个，第二排生产井点 3 个，具有较好的平面接替条件。

根据以上的分析，该井主要高含水层情况清楚，同时油井堵水以后，剩余油开采的接替条件好，所以堵水措施效果很好。该井采用高强度化学堵水以后，日产油量由 22t 增加到 45t，日产水量由 334t 下降到 109t，综合含水率由 93.7% 下降到 70.6%，流动压力由 5.1MPa 下降到 4.72MPa，采油指数由 3.62/(MPa · d) 上升到 7.07t/(MPa · d)，取得了很好的增油降水效果（图 2-16）。

该井点葡Ⅰ2 层堵死以后，平面上有 3 口井在未调整工作制度的情况下，平均单井日产液量上升 20t，液面上升 75.6m，综合含水率稳定，也见到了一定程度的平面调整效果（图 2-17）。

从这口井的堵水调整效果可以看出，在结构调整过程中，搞好堵水井层的选择十分重

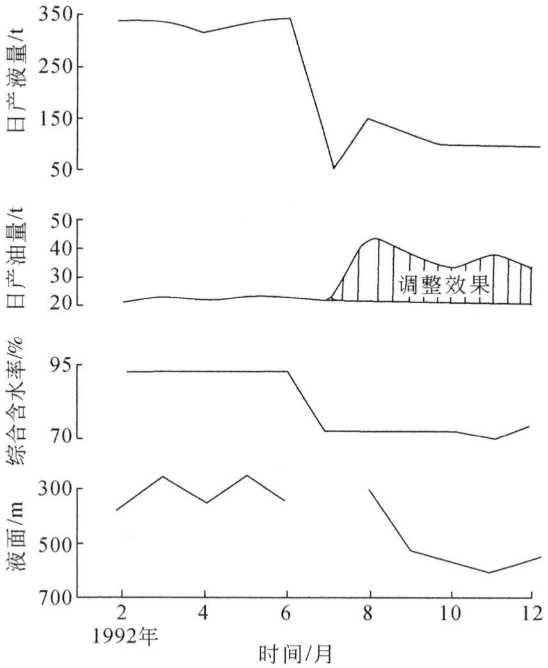

图 2-16　N5-2-25 井开采曲线

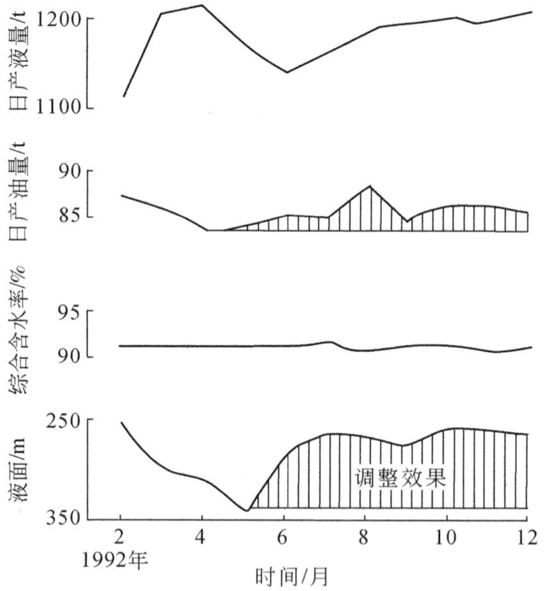

图 2-17　N5-2-26 井开采曲线

要，只要堵水井的被堵水层含水率高、产水量大、接替条件好，就能取得较好的堵水调整效果。

（三）改变油井的开采方式

在结构调整中，提液是一项重要措施。提液主要是针对含水率低于油田平均含水率或含水率高但油层动用状况差的油井，通过转抽来增加油井的生产压差或降低流压，减小层间干扰来提高油井的产液量，从而达到增油的目的。

实例：萨尔图油田的 N3-2-丙 47 井，开采萨、葡油层，于 1968 年投产。到 1990 年，综合含水率升至 91.9%，日产液量为 96t，日产油量为 8t，地层压力为 12.28MPa，流动压力为 10.99MPa，生产压差为 1.29MPa。分层测试资料表明，该井产液层的砂岩厚度仅占 50%，有效厚度占 47%。其中，主要产液层的产液量占全井的 87.8%，含水率与全井相同。资料表明，该井流动压力高、生产压差小，层间干扰十分严重，致使 50% 的油层厚度没有动用；而动用层因生产压差小，其产液量也受到限制。该井同年 5 月由自喷改抽油以后，日产液量由 96t 上升到 170t，日产油量由 8t 上升到 17t，综合含水率由 91.9% 下降到 90.3%，流动压力由 10.99MPa 下降到 5.6MPa，取得了较好的转抽效果。

分析该井转抽效果好的原因主要有两个方面：一是油井由自喷改抽油以后，降低了油井的流动压力，增加了生产压差，减小了层间干扰，改善了分层的出油状况，提高了油层的水驱储量动用程度；二是油井改转抽后及时调整了邻近相关注水井的注水量，提高了非主要出水层的注水量，控制了主要出水层的注水量，致使该井转抽后生产一直保持较稳定。

（四）及时合理调整油井工作制度

油井在由自喷改抽油以后，为了充分发挥转抽的效果，应注意观察生产情况的变化，并及时进行生产制度的调整，使油井在合理工作制度下生产，充分发挥油井的生产潜力。

实例：萨尔图油田 N3-1-丙 29 井，于 1966 年投产，至 1991 年一直为自喷开采，后因相关的 4 口连通注水井套管严重损坏并关井，而使该井自喷不能正常生产，综合含水率已由 53.1% 上升到 75.2%。

针对该井区水驱储量动用程度较低的问题，于 1991 年 4 月由自喷改抽油生产。转抽后油井日产液量由 23t 上升到 50t，日产油量由 6t 上升到 21t，综合含水率由 75.2% 下降到 59.6%，沉没度 590.4m，至同年 10 月液面升至井口。针对这一变化，1992 年 3 月，将该井 ϕ56mm 的泵换为 ϕ70mm 的。日产液量由 59t 上升到 88t，日产油量由 28t 上升到 40t，综合含水率稳定在 54.6%，沉没度保持在 581.33m。通过这次工作制度调整后，油井液面有所下降，但是在 1992 年 12 月，相关更新注水井 N3-1-丙 038 井转注后（水驱方向改变），致使该井液面又升至井口。针对这一变化，1993 年 4 月，又将 ϕ70mm 泵增大到 ϕ80mm 泵生产，日产液量 88t，日产油量由 40t 上升到 50t，综合含水率由 54.6% 下降到 42.59%，沉没度由 581.33m 下降到 396.86m。

该井转抽后通过两次工作制度的调整，使油井生产制度趋于合理，并取得了很好的工作制度调整效果。

（五）优选压裂层位及措施方法

大庆油田油层的非均质性严重，在注水开发过程中即使注水和堵水工作做得比较好，部分油层的储量也难以动用。这类储层一般物性差、水淹程度低或者尚未水淹，在结构调整中是压裂的对象。

压裂对象的油层特征各不相同，不同开发层系各类井的射孔层位和完井方法各异，因此针对不同的压裂井选好压裂层位和措施方法十分重要。

1. 普通压裂

B4-1-丙 60 井是 1990 年 6 月投产的一口过渡带调整井，单采萨尔图油层，射开砂岩厚度 27.3m，有效厚度 16.8m。投产初，油井日产液量 16t，日产油量 14t，综合含水率 12%，流压 6.27MPa。

1990 年 9 月该井周围注水井投注，至 1991 年 4 月该井日产液量上升至 18t，日产油量上升至 17t，综合含水率下降到 7.6%，流压上升至 8.7MPa，1991 年 11 月经调整工作制度后，至 1992 年 3 月日产液量又上升至 40t，日产油量上升至 39t，综合含水率下降到 2.2%，流压下降至 7MPa，油井表现出旺盛的生产能力。通过地质分析，该井纵向层间油层性质差异大，但油层注采系统完善，油水井连通状况好，注水井吸水情况好，认为通过压裂措施还可以进一步提高油井的生产能力。

该井于 1992 年 4 月实施压裂后，日产液量 1×10^4 t，日产油量 101t，综合含水率 3.2%，取得了很好的效果。通过分析，其原因主要有以下三点：

一是压裂井层选得好，油井综合含水率低。虽然该井所处地区为高含水期，但该井点综合含水率低，说明剩余油饱和度高，而且油井位于油水过渡带，原油性质差，油层物性层间差异大，通过压裂的作用有助于改善油层的渗流条件。

二是压裂时机选择适宜。压裂时正处于油层注水受效的最佳时期，流压从投产初期的 6.27MPa，上升至压裂前的 8.7MPa，综合含水率由初期的 12% 逐渐下降到 2.2%。这说明油层正处于注水受效期，地层能量充足，只是由于近井地带渗流不畅，通过压裂有助于油层能量的释放、提高油井的产能。

三是油井压裂后，对压裂层段相对应的注水层段及时进行了注水量调整，确保了压裂效果的发挥。

2. 限流法压裂

N1-4-丙 36 井位于萨尔图油田 NⅡ、NⅢ区东块，四点法面积井网，于 1964 年 8 月投产，生产层位为萨尔图油层，1968 年见水，1980 年进入高含水期采油。1990 年 11 月，邻近 N1-4-水 37 井转注致使该井日产液量及综合含水率迅速上升，日产液量高达 333t，综合含水率 92.2%。根据分析认为高含水层为萨Ⅱ组油层。考虑注水井 N1-4-水 37 井平面注水的矛盾，即相关井的萨Ⅱ组差油层需要加强注水，N1-4-水 37 井难以控制注水。经综合分析，对 N1-4-丙 36 井进行补孔、压裂、堵水综合措施调整，即补开未开采的葡Ⅱ组油层并进行压裂，然后再用机械堵水堵死萨Ⅱ组油层。采用措施调整后该井日产液量由 333t 下降到60t，日产油量由16t上升到45t，综合含水率由95.2%下降到24.3%，日增油量29t，日降水量273t，取得了很好的增油降水效果。通过分析，该井调整效果好的主要原因有以下三点：

一是补孔层位选得好。补孔层均是低渗透含油砂岩，储量基本未动用，油层综合含水率低。

二是限流法压裂技术选得好。补孔共9个小层，分为两段压裂，若按常规的射孔（高密度）压裂仅能压开2个小层，而采用限流法射孔（低密度）压裂，能有6~9个小层被压开，油层的压开程度高。

三是配套措施及时跟上。压后及时堵水，并调整了相关注水井层的配注量，确保了较长时间的压裂效果。

3. 定位平衡压裂

L10-2886井位于喇嘛甸油田北块，属于层系调整井，反九点法井网的边井，距注水井300m，开采葡Ⅰ7~高Ⅱ10油层。1983年12月投产，至1992年5月采用抽油生产，日产液量为34t，日产油量为5t，综合含水率为85.9%。该井开采层位中，高Ⅰ11—高Ⅰ15为高渗透高含水层，邻近的高Ⅰ16—高Ⅰ17层采用定位平衡压裂，压后日增油量15t，全井综合含水率下降6.7%。分层测试资料表明，高Ⅰ16—高Ⅰ17的相对产液量由压前的0上升到34.3%，油层不含水，邻近高含水层的差油层挖潜成功。

该井挖潜的成功，除压裂层位选得准以外，主要是压裂方法选得好。在压裂层高Ⅰ16—高Ⅰ17与高含水层高Ⅰ11—高Ⅰ15只有0.8m隔层，按常规的压裂方法是不能进行压裂的，即隔层小于要求的3m，压裂易形成纵向水窜难以获得压裂的成功，而平衡压裂技术解决了这一问题。因为该技术是利用定位限流压裂的长胶筒封隔器覆盖目的层的非吸液射孔孔眼，以及喷砂器控制目的层的射孔孔眼数量和分布，采用大排量施工，达到改造多层的目的。其具体做法是利用长胶筒封隔器覆盖高Ⅰ11—高Ⅰ15油层的大部，同时为保护高Ⅰ16—高Ⅰ15与高Ⅰ16—高Ⅰ17油层间0.8m的隔层不窜，在其底部装一平衡装置使其只进液不进砂，不形成支撑裂缝，且在高Ⅰ16—高Ⅰ17油层内布置喷砂器，以达到改造差油层的目的。

4. 二次压裂

C92-58井位于朝阳沟油田C45区块轴部地区，反九点法面积井网采油井，井距300m，开采层位为扶余油层，属于特低渗透油层。射开砂岩厚度16.8m，有效厚度14.9m，于1989年4月压裂投产。1988年12月相关注水井注水，即先注水后采油，与之连通的注水井油层发育较好，注水状况好。但自该井投产至1990年5月生产1年多时间内，日产油量一直保持在4~5t，产能低，远未达到设计要求。分析原因认为主要是该井第一次压裂的压开程度低，另外压后未及时投产，而是相隔2年后才开井生产，伤害严重。于是1990年6月对该井实施二次压裂，并采用普通与多裂缝相结合的方法进行压裂。压后日产油量由5t增加到18t，沉没度由121m增加到240m，综合含水率稳定。截至1993年5月日产油量升至25t，已累积增油22310t。通过分析，效果好的原因有以下两点：

一是二次压裂后不仅解除了原压开层的堵塞，而且又压开了新的油层，提高了油层的压开程度。

二是油井压裂后相关注水井及时进行了水量调整，确保了压裂的能量补给。

对于二次压裂井层的确定，一是要看一次压裂层段的组合情况。若一次压裂层段组合较粗，压开程度低，最好是进行二次压裂。在进行二次压裂时，尽量做到细分压裂层段或采用定位平衡压裂方法，尽量压开所要压的目的层形成新的裂缝。二是要分析一次压裂的实施情况。若加砂量少，设计不合理，可进行二次压裂。二次压裂时的砂量和砂比应大于一次压裂，这样有助于扩大一次造缝规模、提高压裂效果。

综上所述，分类单井的结构调整，有的井措施是单一的，多数井往往是需要多项措施的相互配合才能取得调整的效果。例如，高含水井的压裂需要堵水、注水的相互配合；低含水井的压裂需要注水、换泵的配合。

四、油层平面井点之间的结构调整

油层平面井点之间的结构调整与井点油层之间的结构调整是整个油田结构调整的两个方面，二者相辅相成。前者着眼于单油层平面井点之间的关系调整，后者着眼于井点油层之间的关系调整。油层平面井点之间的结构调整要通过井点油层之间的结构调整来实现，而井点油层之间的结构调整又依托于油层平面井点之间的结构调整的需要来进行，这一需要又主要决定于对油层平面剩余油的认识。

所谓油层平面井点之间的结构调整，就是在对单油层剩余油分布状况认识比较清楚的情况下，通过井点的补孔，优化单油层的注采关系，调整不同注水方向的注水量，形成油层新的注采关系，在可能的条件下，最大限度地改善和提高油层的水驱效果。

（一）利用高含水井转注增加油层的水驱方向

实例：X45 井位于杏北地区 X 四 ~ 六区行列井网的六区中块，为萨、葡合采的基础井网采油井。该井于 1970 年 6 月投产，1992 年 4 月日产液量为 382t，日产油量为 27t，综合含水率高达 92. 9 %。根据分析，该井主力油层已大面积水淹，但油层平面各向含油饱和度存在差异。同层系的 X6-2-26 井和 X6-1-27 井方向相对含油饱和度低，这两口油井因综合含水率为 100%，于 1991 年 5 月关井。为了改善 X45 井的开发效果，于 1992 年 5 月分别将上述两油井转注，即在 X45 井的西北方向增加两个注水方向，结果 X45 井收到较好注水效果。这两口井转注后，X45 井日产液量由 382t 上升到 426t，日产油量从 27t 上升到 35t，综合含水率由 92. 9% 下降到 90. 6%，沉没度从 693m 上升到 867m。在油井转注的同时，控制老注水井注水，结果使该井区 6 口油井受效，日产油量由 137t 上升到 166t，综合含水率由 91. 2% 下降到 90. 1%，平均沉没度由 445m 上升到 560m（图 2-18）。

该井区的调整结果表明，在油田大面积水淹的基础井网，充分利用废弃油井（特高含水井）转注，增加油层的水驱方向、提高油层的水驱厚度和水驱效率是行之有效的。

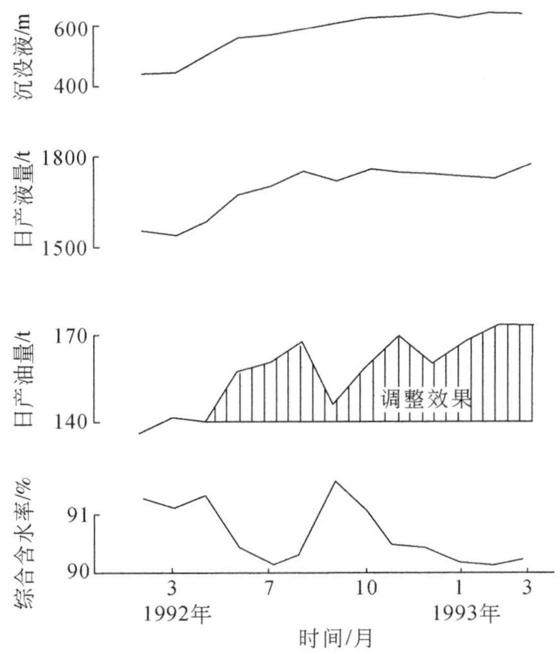

图 2-18　X45 井区开采曲线

（二）调整油层不同注水方向的注水量，提高注入水的使用效率

实例：N2-6-丙 38 井位于萨尔图油田 NⅡ、NⅢ区面积井网东块，四点法井网，于 1965 年 12 月投产，开采层位为萨+葡Ⅱ组油层。1969 年 12 月见水，1982 年进入高含水采油期，1985 年 8 月转抽，1991 年 3 月日产油量 31t，综合含水率 90.6%。

针对油井综合含水率高，产量递减的矛盾，于 1991 年 5 月实施了堵水措施，同时对相关注水层段分别采取了停注和增注措施，从而使该井堵水后于 1991 年 9 月日产油量达到 67t，综合含水率下降到 80.9%，取得较好堵水及注水调整效果。油井生产至 1992 年 6 月综合含水率又开始上升，通过分析对相关注水层段进行控制注水的平面调整，致使油井日产油量从 36t 上升到 72t，综合含水率从 88.3% 下降到 71.2%，又取得了较好的平面注水调整效果（图 2-19）。

该井多次注水平面调整取得较好效果的实践说明，在油井特高含水期，油井不同注水方向的油层剩余油饱和度是不均匀的，只要搞清了油层主、次来水方向的剩余油分布情况，及时调整不同注水方向的注水量，确保注入水的有效使用，就会使油井生产取得较好的效果。

综上所述，油层平面井点之间的结构调整是非均质油田注水开发的必然之举。大庆油田的开发实践表明，既定的油田开发井网对整体油层而言，其注采关系是合理而协调的。但是在油藏内部由于每一个单砂层（控制油水运动的基本单元）平面形态千差万别，其注采关系就不一定都协调合理了。在局部，有的有注、无采，有的有采、无注，有的无采、

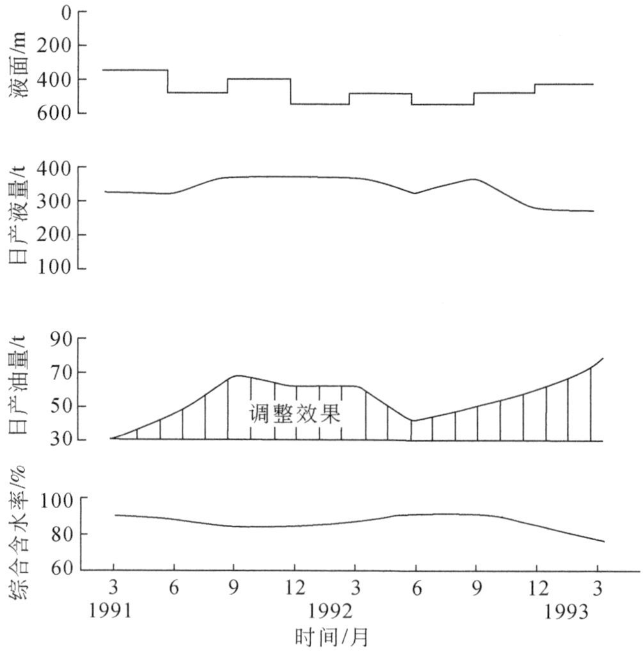

图 2-19　N2-6-丙 38 井综合开采曲线

无注，有的注采关系协调，有的注采关系不协调，加之断层、构造、岩性等因素的影响，实际油层的注采关系是十分复杂的。这种复杂性在注水开发过程中，经过多次调整后，随时都在发生变化，有的注采关系得到改善，有的注采关系更加复杂。因此，在油田高含水后期，通过密井网条件下的油层认识及其对剩余油分布的描述，并以此为基础采用综合措施优化油层的注采结构，是进一步提高油田注水开发效果的重要措施。

第三章　开发动态分析

油田开发的终极目标是最大限度地获取经济采收率，而一个油田投入开发后，地下情况始终处在不断的运动和变化之中。油田开发的效果除了取决于客观的地质条件（如油田的宏观非均质性，油层的延续性等）外，还取决于人们对油层地质特征的认识程度及所采取的工艺措施，如注水方式、注采井网的部署方式、井网密度、层系划分、注采管理等是否符合客观实际。

第一节　油田开发动态分析的概述及方法

1. 概述

油田开发动态分析，就是要在油田开发过程中取得的大量的第一手资料基础上，综合运用多学科的知识和技术，采用综合的分析、判断方法，动态地描述已投入开发的油藏，并根据油藏各动态参数的变化特点和规律及其相互之间的影响和制约关系，有针对性地修正规划方案，提出科学合理的调整措施，使油藏达到较高的最终采收率、较高的开发水平和取得较好的经济效益。因此，油田开发动态分析是一项贯穿油田开发全过程、关系油田开发最终效果的十分重要的工作。

油田开发动态分析，实际是一门以系统工程方法为研究手段的石油工程管理科学，其重要作用大致体现在四个方面：一是确立基础，即牢固地建立油田开发的地质基础；二是修正认识，不断地修正人们对油田地质特征、流体分布、油气资源利用状况的认识；三是指导调整，只有在深入动态分析基础上，所采取的调整措施才能有明确的目的性、很强的针对性和科学的预见性；四是辅助决策，连同精细地质描述和科学规划预测一起，为油田开发决策者当好参谋，确定开发调整的主攻方向，安排战略部署。

油田开发动态分析按时间分类可分为日动态、周动态、月动态、季动态、年动态。时间不同，内容也有所不同。阶段开发分析一般需要在一个五年计划的末期、油田实施重大调整措施前后，或一个开发阶段即将结束、进入下个开发阶段之前进行。年动态分析一般在每个年度结束时进行。月、季动态分析则主要分析生产动态，即压力、产量、含水量的变化状况。油田开发动态分析按照生产管理的范围可分为五级：单油层动态分析、单井动态分析、井组动态分析、区块动态分析、全油田动态分析。其中前三级是以油水井单井为主体的分析活动，单油层动态分析又包含在单井动态分析中，后两项主要是以区块、油藏、油田等油水井的集合为主体的分析活动。

油田开发动态分析作为油藏管理工程的一个重要组成部分，其方法是灵活多样的，常用的有理论分析法、经验分析法、模拟分析法、系统分析法、类比分析法等，可以多种方法综合采用，相互弥补和相互映衬。上述分析方法的结果都可以通过文字叙述、曲线和图表形式表达出来。总之，要搞清油田开发动态变化的特点和规律、存在问题和影响因素。

2. 地位及作用

1）油田开发动态分析的作用

油田开发的过程是一个不断认识和调整的过程。油藏投入开发后，油藏内部诸因素都在发生变化：油气储量变化、地层压力变化、驱油能力变化、油气水分布变化等。

动态分析就是研究这些变化，找出各种变化之间的相互关系，以及对生产的影响。通过分析，解释现象，认识本质，发现规律，解决生产问题。提出调整措施、挖掘生产潜力、预测今后的发展趋势。

2）油田开发动态分析在油田开发中的地位

其一是建立基础，通过各种可靠的动、静态资料，运用已掌握的经验方法和理论，在油藏静态描述的基础上完成油藏的动态描述，使开发决策建立在客观实际的地质油藏基础上。

其二是修正认识，即不断修正对油田的地质特征、流体分布、油气资源利用状况的认识，对开发调整措施有把握地进行。

其三是指导调整，油田开发的任何一项单井措施及调整措施，都有目的性、针对性和预见性。这只能产生于从单井到井组，再到区块、全油田的动态分析。

油田开发动态分析是一项贯穿油田开发全过程、关系油田开发最终效果的重要工作。

3. 油田开发动态分析的基本要求

油田开发动态分析工作的完成是以以下要求为前提的。

1）已投入开发的油田都要进行开发动态分析和总结

开发动态分析按时间分为日、周、月、季、年动态分析和阶段动态分析；按范围分为单砂体、层、单井、井组、区块及油田动态的程序进行。它们之间相互对应，如日动态就是确定单层动态的重点，同时其可以适当用于确定单井动态，以此类推。

开发动态分析具体的评价指标包括采收率、水驱储量控制程度、水驱储量动用程度、压力保持水平、存水率、含水上升率。

2）基础资料要求做到“全”“准”“实用”

“全”指必须有详细的静态地质描述数据和系统的动态监测资料。“准”指各项资料必须真实、可靠，必须达到获取资料的技术要求，不真实不可靠的资料等于或不如没有资料。“实用”指在满足动态分析需要的前提下，应最大限度地减少取资料的项目和数量。

3）分析结果要求达到“五个清楚”

通过动态分析，要达到：油藏开采的动态变化趋势清楚；开发中存在的主要问题清楚；现阶段调整挖潜的对象和目标清楚；调整挖潜的基本做法清楚；开发调整的工作部署清楚。

4）动态分析要做到“五个结合”

“五个结合”是指：历史与现状相结合；单井分析与油田开发动态相结合；地下分析

与地面设备、工艺流程相结合；动态分析与生产管理相结合；动态分析与经济效益相结合。

从20世纪60年代初我国第一个油田投入开发以来，我国陆上石油工业的发展进程中水驱砂岩油田开发动态分析技术经历了以下几个方面的转变和发展：从生产动态到开发动态、从井组动态到油藏动态、从解释动态到预测动态、从单一学科的简单分析到多学科多专业的综合分析。近年来，随着以运筹学、控制论为主要手段的系统工程管理学科的发展，从传统的以个人习惯、个人经验及手工统计、计算、绘图为主的工作模式，已经逐渐发展为以系统工程和计算机技术为基础，强调数学模型和定量分析的管理科学。特别是随着计算机应用技术的发展，各种形式的油田开发动态分析应用软件很多，油藏工作者和信息工作者们也正努力开发研制更为实用、更为方便的油田开发动态分析软件平台。资料的采集整理，开发资料的统计、分析、归纳，各种地质图幅的绘制，开发历史的追溯拟合和开发指标的模拟预测等都更多地依靠计算机来运行，从而将油田开发动态分析工作者从纷繁的简单劳动中解放出来，同时也使油田开发动态分析更为精细、严谨和高效。

4. 油田开发动态分析的基本方法

1）理论分析法

运用地下流体力学法、物质平衡法等理论手段，结合实验室分析方法，建立数学模型，推导出理论公式，绘制理论曲线，如相渗曲线、毛管压力曲线、理论含水率与采出程度曲线。

2）经验分析法

油藏工程经验方法、数理统计方法、长期的现场实践经验。

3）模拟分析法

油藏数值模拟法。

4）系统分析法

从油层到井筒到地面的节点分析法、分阶段系统分析法。

5）类比分析法

把具有相同或相近性质的油田（或区块）放在一起进行对比分析，比较开发效果的好坏。

第二节　单井动态分析

一、单井动态分析的目的、内容及程序

1. 主要内容

（1）分析射开各层产量、含水率、油气比、注水压力、注水量、吸水指数的变化及原因。

（2）分析油井生产能力、含水率、地层压力有无变化，变化的原因；注水井注入能力变化及原因。

（3）分析油井工作制度、泵的工作状况、井筒举升条件的变化。

（4）分析单井增产、增注措施及工艺试验的效果。

（5）评价单井潜力，指出存在问题，提出措施挖潜建议。

2. 主要解决的问题

（1）单井的工作制度是否合理。例如：油井产量、压力、油气比、含水率是否平稳，各层生产能力是否都能得到发挥；注水井所确定的注水压差和注水量是否合理；注水管柱是否适合，能否使小层按要求吸水，并使周围油井见到注水效果，生产稳定。

（2）单井生产能力有无变化。分析产量、压力、采油指数、含水率变化的原因，注水井注入量、地层压力、吸水指数的变化及原因。

（3）井内技术状况。分析井底有无砂堵、蜡堵、落物、窜槽、套管损坏等，注水井分层配水管柱及各部件的工作情况，油井泵工作状况。

（4）油井生产情况发生变化时，研究注水的推进情况，提出注水调整方案。

（5）分析各种井下作业措施和效果。

（6）各小层出油、吸水、出水和压力变化情况，搞清各层生产能力，提出挖潜措施。

通过上述分析，找出动态变化的主要矛盾，分析产生矛盾的主要因素，提出解决矛盾的具体办法。对采取措施的井组，应分析措施效果，并根据动态变化规律分析预测未来一个时期的动态变化趋势。

3. 单井分析的程序

油水井动态分析必须从地面工艺生产管理入手，和本井组油水井联系起来，逐渐深入到每个层或油砂体。综合分析各项生产参数的变化及其原因，找出它们之间的内在联系和规律，以油砂体为单元搞清各类油层的开发状况及其动态变化规律。总之，先本井后邻井，先油井后水井，先地面、次井筒、后地下，根据变化，抓住矛盾，提出措施、评价效果，这就是动态分析的一般程序和方法。

二、采油井动态分析

单井开发动态分析的重点就是采油井的动态分析。地下原油通过采油井采出地面，要经过两个互相衔接的阶段，即油流在一定压力差的驱动下，经油层岩石的孔隙，从井底周围流向井底的油层渗流阶段和油流从井底通过井筒流向井口的举升阶段，而后再输送到集油站。所以，油井生产过程中的动态变化，主要表现在油层、井筒、地面三个阶段的动态变化，油井单井动态分析应包括以下三部分内容。

1. 油井地下动态变化分析

油层条件是油井生产的基本条件。分析油井地下动态变化，要搞清油层的地质状况，包括油层的层数、厚度情况；各小层的岩性和渗透性；油层的原油密度和黏度；生产井的油层与其周围相连通的油水井的油层连通发育情况。在此基础上，可以对油井地下动态变化情况进行分析。

1）地层压力变化分析

油藏投入开发前的压力为原始地层压力。油藏投入开发后，油井关井所测得的油层中部压力是地层压力。非均质多油层的油井测得的静止压力是全井各油层的平均压力。各井地层压力的大小取决于驱动方式和开采速度。注水开发油田的油井主要是在水压驱动下生产，井组注采比的大小直接影响着地层压力的变化。

当井组注采比小于1，即注入体积小于采出地下体积时，地下产生亏空，能量得不到补充，这时地层压力就要下降，供液能力就要降低，此时应该适当提高注水量，以达到注采平衡。

在实际分析中，重点是分析那些地层压力变化较大的井。在压力资料可靠的前提下，必须从注和采两个方面查找变化原因。例如，注水井的注水状况、油井的工作制度有无变化、油水井措施效果、邻井的生产情况有无变化等。

2）流动压力变化分析

油井流动压力是地层压力在克服油层渗流阻力后到达井底的剩余压力，也是油、气、水从井底到井口垂向管流的始端压力。因此，流压变化受供液和排液两方面因素的影响。

供液状况主要受注水见效状况影响。油井注水受效后，地层压力提高，流动压力也随之上升，供液能力提高，反之则流动压力下降。

排液影响主要在于以下几个因素：油井见水后，随含水率上升，井筒液柱密度增大，流压会不断上升；油井井口油嘴大小与流压高低成反比关系，井口油嘴缩小，流压增大，反之亦然；对于机采井，泵况与抽汲参数决定了流压的高低，在泵况正常情况下，抽汲参数越大，流压越低；泵况变差，则流压一般要升高。

此外，井壁完善程度也影响流压的高低，井壁完善程度高，污染程度小，则流压较高。

3）含水率变化分析

注水开发油田，含水率变化具有一定规律性，不同含水阶段，含水率上升速度不同。一般地，在含水率60%以前，随含水率上升，含水率上升速度逐渐增大，在含水率60%后，含水率上升速度逐渐减缓。

油井含水率在某一阶段的变化还取决于注采平衡情况和层间差异的调整程度。一个方向，特别是主要见水方向注水强度大，必然会造成含水率猛升，若主要来水方向控制得好，非主要来水方向加强了注水，平面、层间差异得到调整，油井含水率会有所下降。

在分析油井含水率变化时，可以从以下几方面入手：

（1）掌握油层性质及分布状况，搞清油井、水井的连通关系。

（2）搞清油井的见水层位及出水状况。

（3）搞清见水层，特别是主要见水层的主要来水方向和非主要来水方向。

（4）分析连通注水井、层注水强度变化，以及主要来水方向、次要来水方向的注水量变化与油井含水率变化的相互关系。

（5）分析相邻油井生产状况变化。例如，相邻油井高含水层堵水或关井停产后，也有可能造成本井含水率上升。此外油井井筒本身问题也可能造成含水率上升。例如泵况变差、原堵水管柱失效等。

（6）明确含水率上升原因后，应针对原因及时提出调整意见，采取调整措施。这里应特别强调的是措施的时效性，若分析与调整滞后，必然会错过调整的最佳时机，从而达不到预期效果。

4）产液量变化分析

注水开发过程中，油井产液量变化对生产至关重要。油井日产液量计算公式：

$$Q_1 = J_1 \Delta p \tag{3-1}$$

式中，Q_1为油井日产液量，t；J_1为采液指数，t/（d · MPa）；Δp 为生产压差（地层压力与流动压力之差），MPa。

上式表明，油井日产液量取决于油井在某一含水率时的采液指数和作用于油井的生产压差。采液指数随油井含水率的上升而不断增加，对于机械开采的油井，由于人工举升井底流压下降，增大了生产压差，产液量将会提高。但井底流动压力的降低过大，会使气体从油中析出的含气量百分数增加，如果超过泵的分离气量能力，则会引起泵效降低，导致采液指数的大幅度下降，影响产液量的提高。

5）产油量变化分析

（1）出油厚度。在开采过程中，由于作业施工等原因，油层被污染或堵塞，会使部分层不出油或出油很少；由于层间干扰，也会有一部分油层的出油能力得不到充分发挥，油层出油厚度的大小直接影响着日产油量的高低。

（2）有效渗透率。有效渗透率决定了原油通过油层的难易程度，有效渗透率大，原油容易通过油层流入井底，产量则升高，否则产量降低。在实际生产过程中，由于施工污染或进行压裂酸化等改造，油层渗透率也会发生变化。

（3）原油黏度。原油黏度表示原油流动能力的大小。黏度增高，使原油流动性能变差，产量降低，黏度减小，则可增加井的产量。

（4）完井方式与完井半径。油井的完井方式对产油量有影响，而完井半径与产量的对数成正比关系。

（5）供油半径。在假定供油的圆形面积内，在均匀布井的情况下，常常可以认为它等于井距的一半。井距越小，供油半径就越小，而相对的压差就越大，即小井距有利于提高单井产油能力。

（6）井壁阻力系数。靠近井壁的油层部分，往往受钻井液滤液的污染，存在一圈附加的低渗透带。当这一圈的渗透率基本上与油层渗透率相同时，井底可看作是完善的，井壁阻力系数为零；而对不完善和超完善井则井壁阻力系数分别为正值和负值。井壁阻力系数的形成主要与完井工艺有较大关系，如钻井泥浆、射孔和压裂、酸化作业影响等。井壁阻力系数可由压力恢复曲线求得。

（7）生产压差。生产压差即油井静压与流压之差。在采油指数一定的情况下，生产压差越大，则产量越高。

6）油井的生产能力变化分析

油井采油指数是衡量其产油能力的重要指标。油井采油指数的高低与油层渗透率、厚度、层压力等有关。一般来说，油层渗透率越高、厚度越大，油井产能越高。含水率上升，采油指数下降。多层开采情况下的层间干扰程度，影响了出油厚度的增减，产能也会受影响。

7）分层动用状况变化分析

在多油层非均质砂岩油田注水开发过程中，要搞清油井产量、压力、含水率的变化，必须进行分层动态分析，了解分层动用状况及其变化。具体到一口井上，主要是层间差异的分析。

层间差异的产生原因及其表现形式是：

（1）油层性质差异，多油层同井开采，尽管性质相近的油层组合为同一套开发层系，但层间渗透性相差仍很大，这就必然造成层间差异，致使吸水及产液状况存在明显差异。

（2）原油性质不同，层间原油黏度的差别，也会造成出油不均匀。

（3）油层注水强度不同，造成层间地层压力的差异，在同一流压条件下采油，生产压差不同势必造成分层出油状况相差很大。

（4）油层含水率不同，水的相渗透率也不同，高含水层往往是高压层，干扰其他油层正常出油，层间干扰严重时将产生层间倒灌现象，使纵向上出油状况极不均衡。

对于层间差异的调整，一般有如下措施：

加强低压低含水层的注水，通过注水剖面调整，使纵向产出剖面趋于均匀。搞好分层堵水、分层采油、分层注水的注、堵、采关系调整，即对高含水层堵水，同时对低压低产层进行改造，并加强其注水。

通过其他层系注水井补孔，发挥差油层的作用。从研究油砂体形态入手，在分析油砂体开采状况和水淹状况的基础上，对动用差的油砂体采取其他层系注水井补孔，完善注采关系，或增加注水井点，提高差油层的压力、挖掘差油层的生产潜力。

2. 机采井井筒动态变化

这方面要重点分析以下两个内容。

1）抽油井泵效分析

抽油井泵效是实际产液量与理论排量之比。在实际生产过程中影响泵效的因素比较多。对机采井单井分析的一个主要目的就是根据单井泵效及其抽汲参数的具体变化来分析主要问题及其原因，进而提出有针对性的措施意见。一般地讲，影响泵效的主要原因有以下 6 方面。

（1）油层供液能力的影响。油层供液能力对泵效影响较大，油层发育较好，并与注水井连通好，注水受效好，泵效也就高，有的可带喷生产，泵效达 100% 以上；反之，油层条件不好，注水受效不好，则供液能力低，泵效也低，示功图显示供液不足。

（2）砂、气、蜡的影响。油井出砂：出砂时磨损阀球，阀球座、活塞及衬套等部件导致泵漏失、降低泵效。固定阀或游动阀砂卡或油层砂埋也影响泵效。气体的影响：主要是油层能量低，供液不足，或含气体过多，当泵吸入口处的压力低于饱和压力时，进入泵内的将是油气混合物，相对地减少了进入泵内油的体积，使泵效降低。另外，活塞在下死点时，固定阀和游动阀之间的泵隙中存在着高压油气混合物，当活塞上行时，油气混合物膨胀，固定阀就不能立即打开，使泵效降低。这种情况在双阀泵中比在三阀管式泵中要严重。油井结蜡：活塞上行时，泵内压力下降，在泵的入口处及泵内易结蜡，以致油流阻力增大，阀座不严，影响泵效。

（3）原油黏度的影响。原油黏度高，油流阻力大，固定阀和游动阀不易打开或关闭，抽油杆下行阻力大，降低泵筒的充满系数，使泵效降低。

（4）原油中含有腐蚀性物质时，腐蚀泵的部件，使泵漏失，从而降低泵效。

（5）设备因素。泵的材质和工艺质量差，下泵作业质量差，衬套与活塞间隙选择不当或阀球与阀座不严等，都会使泵效降低。

（6）工作方式的影响。深井泵采油，在油层供液充足的情况下，泵径、冲程、冲次三个参数决定了抽油井理论排量的高低，调配好三者关系，可以少耗电，多采油。如果调配不当，则会降低泵效。

当抽油机已选定，并且设备能力足够大时，在保证产量的前提下，应以获得最高泵效为基本出发点来调整参数。在保证活塞直径、冲程、冲次的乘积不变时，可任意调整这三个参数。但冲程、冲次、活塞的组合不同时，冲程损失不同。一般采用小泵径、大冲程、小冲次，可减小气体对泵效的影响；原油黏度较大时，一般采用大泵径、大冲程、低冲次；对连抽带喷的井则选用高冲次快速抽汲，增强诱喷作用。对于深井，可下入较大的泵，采用长冲程，适当冲数；而对于浅井，可下入较大的泵，采用小冲程，快冲数。

2）动液面、沉没度分析

动液面是指抽油井在正常生产时，油、套管环形空间中的液面深度，而深井泵的沉没度是指深井泵固定阀淹没于动液面之下的深度，即泵挂深度与动液面深度的差值。动液面的变化既可反映出地层能量变化，又可反映出泵工作状况的变化，所以，分析动液面应与示功图分析结合起来。

（1）动液面上升原因。动液面上升原因一般有三个：一是油层压力上升，供液能力增加；二是泵参数偏小；三是泵况变差。反之，动液面则会下降。

（2）确定合理的动液面深度。合理的动液面深度应以满足油井有较旺盛的生产能力所需沉没度的要求为条件。当原油进入深井泵前，要克服筛管、气锚、砂锚和阀孔等泵下装置的阻力，并且要求深井泵保持一定的排量。这就要求深井泵要下到液面以下一定的深度，造成一个压头（指动液面与深井泵下入位置的深度差值而造成的重力），以克服泵的阻力并防止原油脱气，使油井能正常生产。沉没度过小，会降低泵的充满系数；沉没度过大，会增加抽油机的负荷造成不必要的能耗。根据国内一些油田开发的经验，沉没度一般应保持在 200 ~ 300m。

3. 地面管理状况分析

油井地面管理状况的分析主要包括热洗、清蜡制度及合理套压的控制等。

1）热洗、清蜡制度。

热洗、清蜡制度总的要求是保证油流畅通，自喷井无蜡阻、抽油机井示功图和电泵井电流卡片无结蜡显示。在此前提下，使热洗、清蜡次数达到最少（即热洗、清蜡周期合理）。

2）合理套压的控制

套压高低直接影响着动液面的高低，也影响着泵效的大小。总的来讲，合理的套压应能使动液面满足于泵的抽汲能力达到较高水平时的套压值（或范围）。

套压太高，迫使油套环形空间中的动液面下降，当动液面下降到深井泵吸入口时，气体窜入深井泵内，发生气侵现象，使泵效降低，油井减产，严重时发生气锁现象。发生这种情况，应当适当地放掉部分套管气，使套压降低，动液面上升，阻止气体窜入泵内。

对于一口抽油机井来讲，该不该放套管气，取决于套管气是否影响深井泵工作。在放套管气时，应注意平稳操作，缓慢降压，避免套压下降太快，造成油井激动出砂，放套管气后，有些抽油井即能见到增产效果，有些井可能会暂时减产，这种现象多发生在气大而产能低的井，对于这种井应谨慎采取放套管气措施。对于需要经常放套管气的抽油井，在套管闸门处装定压放气阀，当套管压力超过规定压力时，定压放气阀自动打开，反之关闭，使套管压力稳定地保持在合理数值上，特别注意套管气应放入集油管线中，防止污染空气。

三、注水井动态分析

注水井的注水过程经过两个阶段，即第一阶段水由配水间到注水井井口后，从注水井再到井底；第二阶段从井底进入油层。

注水井所担负的任务是按油田开发方案要求注够水、注好水。注够水，就是要保持一定的吸水能力，按总配注量要求完成注水量，达到注采平衡；注好水，就是尽可能分层注水，保持较高的注水合格率，确保分层配注的要求完成分层注水量，相同性质的油层尽可能达到吸水均衡。所以，要求经常对每一口注水井的注水量变化情况、完不成配注量的原因、每个小层的吸水量变化情况、注采比情况，以及油层压力的变化情况、周围生产井的产量及含水率变化情况，进行动态分析，及时提出调配注水量的措施，达到改善注水质量，最大限度地提高水驱采收率的目的。

1. 注水井油层动态分析

1）注水井的油层情况分析

油层物性和原油物性的好坏，直接影响油层的吸水状况，因此必须搞清油层的地质情况，才能深入地搞好注水井的动态分析：

（1）搞清已射孔的层数、厚度和射孔情况；

（2）搞清各油层的岩性和渗透率；

（3）搞清油层的原油性质；

（4）搞清转注前的油层压力；

（5）搞清和周围生产井油层连通情况。

2）油层堵塞情况分析

由于注入水质不合格，水中的含油、杂质及悬浮物固体颗粒会对油层炮眼及渗滤面产生堵塞，或注入水与地层及其液体不配伍，造成层内黏土不稳定或产生化学沉淀堵塞油层孔隙，甚至有的发生细菌增殖堵塞等，导致注水井的注水压力上升，吸水指数下降，注水量明显下降或者根本注不进。这时应及时检测化验，找出原因，采取相应对策。一般注水井投注前必须进行排液与稳定泥岩的措施处理，注入水质必须保证合格，这些是注好水的关键。

3）注水量变化情况分析

每口井的配注量都是按照油藏注采平衡，保持油层能量等方面的综合需要确定的。所以注水井一定要努力完成所规定的配注量，超注或欠注都无法维持注采平衡。分析方法一般为：

（1）注水量上升而且超注，则应进行测试，检查井下封隔器是否失效；底部阀座是否密封，水嘴是否刺大等。

（2）注水井欠注，应根据注水井历次测得的系统测试资料，分析对比是井下水嘴堵塞还是水质差或作业压井液使用不当，堵塞了油层，或者其他原因。

分析清楚超注和欠注的原因，提出措施，进行水量调配，或者采取调换水嘴，重配测试或增注等措施，使注水井的注水量尽量符合配注要求。

4）注水井分层吸水量变化情况分析

主要利用同位素测井或微差井温测井等方法测得注水井吸水剖面资料，分析各小层的吸水情况。一方面以现状分析各小层间吸水的差异情况；另一方面使用连续的吸水剖面资料可分析各小层吸水状况的变化。为了提高注入水的波及体积，应尽量保证各小层都能比较均匀地吸水。通过分析应做好以下工作：

（1）根据各层吸水情况，进一步调整注水层段，把吸水较差的小层，尽可能地单卡出来，通过提高注水压力加强注水，改善注水状况。

（2）对于一些与周围油井主产层连通的欠注层，应通过酸化、压裂等油层改造措施增加注水量。

（3）对于超注层，通过调配水嘴等措施，把注水量降到合理范围。对严重超注而且造成水害层，可考虑暂时停注。

（4）对于层数过多，油层物性差异大的，在目前工艺管柱条件下，无法满足各油层的注水需要，而造成水驱波及程度很低的注水井，则应研究开发层系的重新划分或通过增钻补充完善注水井解决。

5）注采比的变化和油层压力情况分析

为保持油田的注采平衡，一般要求注到地下水的体积应该等于采出流体的地下体积。无论全井还是分层或单砂体，都要达到注采平衡的要求。

然而，油层的非均质性导致了平面、层间、层内吸水状况的不均匀，从而也形成油层压力状况的不均匀。其表现在层间，则形成层间干扰；表现在平面上，则形成平面上油层压力分布不均衡；表现在层内，则形成层内水驱状况和油层压力的差异，从而使层内剩余油分布更加零散，尤其在高含水后期，这种状况变得极其复杂。

所以，通过注采比和油层压力的分析，尽量做好层间、平面的配注调整，除一般通过井筒内的水嘴调整以改善层间吸水状况外，必要时还应采取一些改造油层的增注措施来改善注水状况。

6）周围生产井的含水率变化分析

注入水在油层内推进的不均匀性，必然造成周围生产井见水时间和含水率变化的差异。通过各生产井含水率变化的分析，对那些见水快和含水率上升快的油井，要找出其水窜层位和来水方向。对含水率上升快的主产液层，一方面控制连通水井注水量，另一方面也可以在油井上暂时卡封含水率95%以上的特高含水层。对平面矛盾大的井组，可通过注水井之间配注量的调整来解决。例如，一口生产井受两口以上注水井的影响时，在搞清来水方向的前提下，适当降低来水方向的注水井水量，同时提高非来水方向的注水量，以改变液流方向，形成新的压力场，控制生产井的含水率上升。

2. 注水井井筒动态分析

注水井井筒动态分析是指对注水井中的封隔器、配水器、水嘴等井下工具的工作状态，在注水过程中的变化情况进行分析。这些部件出现故障或工作状态发生变化，都可以通过井口的油、套压的变化和系统测试指示曲线的变化反映出来。部件出现故障，将导致注入水的乱窜。所以对其应进行经常性的观察和分析，并及时采取措施。

1）油、套压和注水量变化的一般表现及其原因

（1）当油管穿孔漏失、第一级封隔器失效或套管外水泥窜槽时，油、套管压力和注水量都会有明显变化。例如，第一级封隔器以上油层吸水量大，则会出现明显的套压上升、油压下降、注水量上升。

（2）当第二级、第三级封隔器失效时，油压下降、注水量上升。

（3）水嘴堵塞或脱落，油压和水量会有明显变化。油压上升、注水量下降，说明水嘴堵塞。油压下降，注水量上升，说明水嘴脱落。

2）测试资料的分析

有时只用油压、套压的变化情况不能确切地分析出井筒故障，需要用测试资料绘制出指示曲线，结合起来进行分析。

第三节　井组动态分析

一、井组动态分析评价的内容

注采井组是指以注水井为中心的、平面上可划分为一个注采单元的一组油水井。在砂

体规模较大、油层大面积分布的注水砂岩油田的开发初期，有大排距横切割注水、面积注水、边外注水等多种注水方式，但到开发的中后期（即达到中含水和高含水期以后），都要通过注采系统调整和井网层系的调整，逐步地转向面积注水方式。砂体分布零散的、低渗透的、复杂断块油田和虽然砂体大面积分布但油层也比较稳定的岩性油藏，则一投入开发就采取适当井距的面积注水方式，以取得较高的水驱储量控制程度。这种面积注水方式一般多采取反九点法、四点法布井，再逐步转向五点法、四点法、小型线状注水方式。注采井组的动态分析，主要介绍中、高含水期以后的以一口注水井（反九点法、五点法、点状注水等）或以几口注水井（线状注水）为中心，包括周围若干口采油井构成的注采井组的动态分析。它与单井分析相同的地方是都要本着先本井后邻井、先油井后水井、先地上后地下的原则，把井组内单井的有关情况搞清楚；不同之处是井组动态分析的涉及面更大，内容更多。注采井组分析应重点抓住变化较大、矛盾突出的典型井组，由点及面地开展。

注入水在油藏中的流动，必然引起井组生产过程中与驱替状态密切相关的压力、产量、含水率等一系列动态参数的变化。除了油井本身井筒工作状态的因素外，引起这些变化的主要因素是注水井。因此，研究注采井组的注采动态，应把注水井的注水状况和吸水能力及与其周围有关油井之间的注采关系分析清楚，并对有关油井、水井分别提出具体的调整措施，这就是井组动态分析的主要任务。

一般来讲，井组动态分析主要包括井组油层连通状况分析、井组注采平衡和压力平衡状况的分析、井组综合含水状况分析，以及井组剩余油分布状况分析四方面。具体包括以下几点：

（1）分析井组产液量、产油量、含水率、日注水量、压力变化及原因。

（2）分析注水见效、出水层位、来水方向及特征。

（3）分析分层注采平衡、分层压力、分层水线推进情况。

（4）分析本井组与周围油井、注水井的关系。

（5）通过分析，提出对井组进行合理的动态配产配注，把调整措施落实到井，落实到层上，力求得到好的效果。

1. 井组油层连通状况分析

研究井组小层静态，主要是分析每个油层岩性、厚度和渗透率在纵向或平面上的变化。注采井组要根据井组内油井、水井的油层厚度及连通状况，做出井组内的油层栅状连通图。有了连通图，就可以比较直观地看出注采井组内各个油层的厚度、油层物性在空间的分布和变化状况，这就为分析注入水在各个油层的空间流动提供了概念性的基础。

沉积程序的不同，造成各油层内岩性和油层物性分布状况不同，不同类型的油层，一般具有以下不同的水淹特点。

（1）正旋回油层。岩石颗粒自下而上由粗变细，渗透率由高渐低，注入水沿底部快速突进，油层底部含水饱和度迅速增长，水淹较早。

（2）反旋回油层。岩石颗粒自下而上由细变粗，顶部渗透率高，底部渗透率低，所以注入水在油层内推进状况一般比较均匀。

（3）复合旋回油层。它是由正旋回和反旋回组成的一个完整的沉积旋回。岩石颗粒上部和下部较粗，中间较细，渗透率也是两头高、中间低，注入水在油层中的推进状况具备了正反旋回油层的共同特点，但一般也是下部水淹比较严重。

（4）多层段多韵律油层。油层厚度大，层内不稳定的岩性、物性夹层较多，层段之间的渗透率级差较小。这类油层具有多层段水淹的特点。

（5）薄油层。这种油层的有效厚度一般小于1m，多形成于分流平原–湖相沉积的水下分流砂、内外前缘席状砂等砂体类型。一般情况下，渗透率较低，水淹程度较低，在较低的水驱储量控制程度下动用不好。

2. 井组注采平衡和压力平衡状况的分析

井组注采平衡：一是指井组内注入水量和采出液量的地下体积相等可能略有剩余，并满足产液量增长的需要；二是指井组内各油井之间采出液量的均衡状况。

油田注水的主要目的：一是通过改善注入水的水驱效果不断提高各类油层的水驱效率和波及系数，从而提高油田的水驱采收率；二是保持油层能量，使采油井具有足够的生产能力。

要达到上述目的，必须经常搞好井组注采平衡状况的动态分析，按指标要求对注入水量和采出液量进行检查分析。

（1）分析注水井全井注入水量是否达到配注水量的要求，再分析各采油井采出液量是否达到配产液量的要求，并计算出井组注采比。

（2）分析各层段是否按分层配注量进行注水。在有条件的情况下，层状砂岩油田的注水井应尽可能地分层注水，有利于层间矛盾的及时调整。一口分层注水井往往分若干个层段注水，每个层段又都是按油层物性情况和采液量要求进行配水的。所以，分层段注水量应尽量按配注量的要求进行注水，超注和欠注都会影响开发效果。根据采油井产液剖面资料，计算出注水井对应层段的产液量，然后计算出分层段注采比，进行分层段注采平衡状况的分析。

（3）对井组内各油井采出液量进行对比分析，尽量做到各油井采液强度与其油层条件相匹配。

（4）对井组内的油层压力平衡状况进行分析。这里所说的压力平衡，一方面指的是通过注水保持油层压力基本稳定；另一方面是指各生产井之间，油层压力比较均衡，在很大程度上，压力平衡也反映了注采平衡问题。油井在自喷生产阶段，是用定期测试油层静压和流压来进行对比分析。当转入机械采油生产阶段后，则是用定期测试的偏心测压或静液面恢复和动液面，折算出油层静压和流压进行对比分析。

通过油井、水井取得的压力资料和液面资料，定期进行油层压力平衡状况的监测和分析，从中找出矛盾，提出配产配注的调整措施意见。

3. 井组综合含水状况分析

每个油藏的水驱状况和综合含水情况，在油层物性和原油物性的控制下，在不同含水阶段有着不同的含水率上升规律。通过实验室试验和现场实际资料的统计分析，都可以得到油藏的含水上升率随含水率变化的关系曲线。其变化趋势一般是在油藏开发初期到低含水阶段，含水率上升速度呈逐渐加快趋势；含水率达到50%左右时，上升速度一般最快；进入高含水阶段含水率上升速度将逐渐减缓下来。

一般情况下，油层非均质程度越严重、越有明显的高渗透层或大孔道存在时，含水率上升越快。原油黏度越高，含水率上升也越快。

井组含水状况分析的目的，就是通过对综合含水率变化的分析，与油藏所处开发阶段含水率上升规律对比，检查综合含水率上升是否正常，如果上升过快，则应根据注水井的吸水剖面和采油井产液剖面资料，结合各层的油层物性情况，进行综合分析，找出原因。分析是水井层段配注不合理，还是注水井井下封隔器不密封造成窜漏；是某口油井产水量过高，还是某个油层注入水严重水窜，或其他原因。

根据以上各方面的分析，再进行全面的井组动态综合分析。

一般情况下，注采井组动态变化反映在油井上，大致有下列几种情况：

（1）注水效果较好，油井产量、油层压力稳定或者上升、含水率上升比较缓慢；

（2）有一定注水效果，油井产量、油层压力稳定或缓慢下降，含水率呈上升趋势；

（3）无注水效果，油井产量、油层压力下降明显，气/油值也明显上升；

（4）油井很快见水而且含水率上升快，产油量下降快，则必然存在注水井注水不合理。

每个注采井组，通过对注采平衡、压力平衡、含水率上升变化情况，以及油层物性和连通状况的综合分析，从中找出存在于油、水井的各种矛盾及其原因，再结合油藏开发不同阶段合理开采界限的要求，制定出或者进行注采系统调整，或者进行注、堵、压、换等相应的调整和控制措施，并落实到井和层。即对注水井低渗透欠注层采取增注措施；对高渗透水窜层控制水量；对油井严重水窜层采取封堵；对注水明显见效层进行压裂及换大泵措施等。合理解决井与井、层与层之间的矛盾，协调好井组内各层、各井之间的注采关系，使井组的开发状况尽量达到最佳效果，从而提高开发单元的开发水平。

4. 井组剩余油分布状况分析

剩余油分布是油藏中油水运动一个时期相对位置的体现，剩余油主要分布在低孔隙度、低渗透率储集体中，以及厚油层油水井之间或含水率低的油井排中。影响剩余油分布的因素可以分为两大类：油藏地质因素（储层沉积相带及其岩性、物性、非均质性、构造和砂体分布形态等）和油藏开发因素（采油速度、注采系统完善程度、井距大小等）。根据油藏特征建立非均质模型，分析不同地质、开发条件对剩余油分布的影响。

二、井组动态分析的一般程序

进行井组动态分析必须要做好数据收集工作，具体包括井组井位图、井组连通图、吸入和产出剖面图、井组注采对应曲线、开发数据对比表等。对收集到的数据按照先本井后邻井—先油井后水井—先地面、次井筒、后地下—先简单后复杂的顺序进行分析。

具体程序如下：

1）注采井组油层连通状况分析

研究井组小层静态，主要是分析每个油层岩性、厚度和渗透率在纵向或平面上的变化，做出井组内的油层栅状连通图或油层对比图。

2）井组注采平衡和压力平衡状况的分析

（1）分析注水井全井注入量是否达到配注水量的要求，并分析井组注采比的变化、地层压力的变化。

（2）分析各层段是否按分层配注量进行注水、注采比及压力变化。

（3）对井组内各油井产液状况进行对比分析，尽量做到各油井采液强度与其油层条件相匹配。

（4）对井组内的油层压力平衡状况进行分析。

3）井组水淹状况分析

井组水淹状况包括平面、层间、层内水淹状况。通过对定期水淹和综合含水率变化的分析，与油藏所处开发阶段含水率上升规律对比，检查水淹和综合含水率上升是否正常。

4）井组剩余油分布状况

平面、层间、层内剩余油状况。通过饱和度测井、取心井、油藏工程和动态分析方法分析剩余油分布状况。

第四节　油田开发动态分析

油田开发动态分析，就是在开发单元动态分析基础上，通过开发过程中取得的各种资料，经归纳整理，对整个油田的动态变化进行经常的对比分析工作，从中找出各种变化之间的相互关系，研究各种变化因素对油田开发和生产的影响，把多种现象有机地联系起来，认识油田的内部变化及运动规律，从而提出制订油田开发政策和编制调整方案的依据。通过分析及时掌握油、水在油层内的运动状况，找出它们在平面、层间、层内存在的矛盾，采取有效措施，充分发挥注入水在井间和层间的驱油作用，使油田和油井具有旺盛的生产能力，不断改善开发效果，提高油田的水驱采收率。

一、油田开发动态分析内容

1. 注采平衡和能量保持利用状况的分析

1）项目

（1）分析注采比情况和压力水平关系；

（2）分析地层压力水平和产液量增长关系；

（3）分析配注量与实注量的差别及原因；

（4）分析水驱储量控制程度变化情况。

2）目的

（1）评价能量保持是否合理；

（2）评价能量利用是否合理；

（3）地面工程适应性分析；

（4）评价现阶段注采井网适应性；

（5）提出注采调配方案和改善注水系统的措施。

2. 注水效果分析

1）项目

（1）分析吸水指数、驱动压力变化的趋势及原因；

（2）分析分层注水状况、注水见效情况以及主要水驱方向；

（3）分析阶段和累积的含水上升率、存水率、水驱指数等指标的变化，并与同类型油藏或理论值进行对比，分析注入水的驱油效率和变化趋势；

（4）应用含水与采出程度实际关系曲线和理论曲线对比，分析含水率上升速度。

2）目的

（1）针对水驱层位、方向存在的问题提出注采调整措施；

（2）根据注入水的利用率、驱油效率和变化趋势及原因，总结控制含水率上升措施的效果，并提出改善注水利用率的措施；

（3）提出油田“稳油控水”，进一步提高开发效果的措施。

3. 阶段开发重点措施以及效果分析

1）项目

（1）油井增产措施（提液、补孔、堵水、压裂等）效果跟踪对比分析；

（2）分析产液量的增长对含水率上升速度的影响，分析含水率上升速度和产液量变化对油田递减的影响；

（3）分析不同开发阶段的合理生产压差；

（4）重点开发试验的开展情况及效果分析；

（5）老区井网、层系调整效果分析。

2）目的

（1）评价采油工艺技术适应性，提出减缓递减的有效措施；

（2）寻找最佳提液幅度和提液时机，并提出创造提液条件的方法；

（3）寻找适合本油田的新技术、新方法；

（4）评价控水稳油的调整措施，提出下一步调整方向。

4. 水驱储量动用程度和油水分布状况分析

1）项目

（1）利用吸水/产液剖面、密闭取心、分层测试等资料，分析注入水纵向波及、水洗状况及储量动用状况；

（2）应用油藏数值模拟资料，现场生产、测试资料综合分析注入水平面波及范围、水淹状况；

（3）利用不同开发阶段驱替特征曲线，分析阶段油藏储量动用状况及水驱油效果。

2）目的

（1）通过动态分析找出开采中存在的主要问题；

（2）分析研究油层平面、层间、层内剩余油潜力分布状况，明确挖潜方向；

（3）根据剩余油潜力分布状况和开采特征制订出调整挖潜具体措施、进行开发指标预测。

二、油田分阶段动态分析

随着油田逐步投入开发，油田的产量首先要经过一个逐年上升的开发阶段；然后是一个历时若干年的稳产阶段；最后随着开采时间的延长，地下剩余储量的不断减少及油田含水率的不断上升，剩余可采储量采油速度和油田含水率达到一定界限时，产量必然会出现递减，油田开发即进入递减阶段。油田的开发一般都要经过这三个阶段。油田开发的不同阶段具有不同的开采特点，开发分析也就有不同的侧重点。

1. 开发初期

（1）分析比较钻井后的油田地质特征（包括油层发育和分布，油、气、水层分布及相互关系，油层孔隙度、渗透率、饱和度的变化及其特点，断层、裂缝的发育程度及油层流体特性等）与方案编制时用探井资料所反映的油田地质情况有何不同，进一步落实油田边界和地质储量；

（2）分析油、水井投产和投注后油层能量的变化、油井产液能力、初期产量、初期含水率是否达到方案指标要求，注水井吸水能力是否满足产液量需要，油田注采系统是否适应，能否达到较高的水驱储量控制程度；

（3）观察和分析采油井见到注水效果的时间和见效特点，即分析油田采用的注采比究竟多高比较合理，油井大面积见效时的累积注采比达到多少，油井见效后产能恢复速度是否达到方案要求的采油速度，水驱储量动用程度、分层吸水、产出状况、含水率上升的变化规律及裂缝的存在对油田开发有何影响，油田边、底水驱动能量是否活跃等。

2. 稳产阶段

（1）根据水驱曲线及其他计算方法，不断落实地质储量（包括储量复算），确定油藏最终采收率和计算可采储量；

（2）加深对油藏生产规律、油水运动规律和油层压力变化状况的认识，编制各开发阶段的井网、层系调整方案和注采调整方案；

（3）预测油藏未来的开发指标和效果，提出改善和提高最终采收率的综合性措施方案；

（4）定期进行油田开发动态的全面分析，搞清油田开发中的主要问题和潜力所在，编制规划，提出改善开发效果的措施意见，通过新井投产和老井措施及注水方案调整弥补油田产量递减。

3. 递减阶段

（1）分析产量递减的规律，确定产量递减类型；

（2）预测今后产量、含水率的变化及可采储量；

（3）提出控制油田产量递减的有效措施。

第四章　增注技术

第一节　分层注水技术

在中低含水期，主要是单油层、单方向见水，一般通过把高渗透的主要吸水层单卡出来（汤宏平等，2011），其他油层按性质和吸水能力组合在一起，就可以满足油田开发的需要，但是这种方法对于注水层段划分得比较粗。

进入高含水期后，油井由单油层、单方向见水，发展到多油层、多方向见水，并且随着见水层含水率的不断升高，层间、平面和层内矛盾不断加剧。这就要求分层注水技术向更细的方向发展（戴家才等，2006），同时为解决厚油层的层内矛盾，需要发展层内细分注水技术。

一、层间细分注水

1. 层间细分注水的原则

（1）优先细分动用程度低的井。这类井注采强度较小，含水率也不很高，要及时细分层段注水，在提高注采强度的同时，防止单层突进，努力做到均衡开采，实践证明这类井细分后吸水状况改善程度最明显。

（2）优先细分周围油井含水率上升速度快的水井。油井含水率上升速度快，反映了周围水井注水层间矛盾大。细分注水前含水率上升越快，细分注水以后含水率上升速度减缓幅度越大。

（3）优先细分周围油井含水率高的注水井。通常情况下，油井含水率高，说明只有少数高含水层被动用。通过细分调整，可以改善大部分低含水率、未动用油层的动用状况，扩大注入水波及体积。细分前油井含水率越高，注水井细分后油井产量上升及含水率下降幅度越大。

（4）单卡限制高含水层。细分层注水的首要条件是搞清高含水层位，因此要坚持长期的、制度化的、客观的、及时的油水分布动态研究，限制高含水层注水强度，合理提高低含水层的注水强度。

（5）层间细分注水要兼顾平面调整。油层的非均质性和注采的不均衡造成了油层平面上的动用差异，对一口油井的某一层，单卡限制主要来水方向上的注水井，次要来水方向平衡注水，加强受效较差方向井注水，使层间细分注水效果更佳。

（6）尽可能缩小层段内渗透率级差（或渗透率变异系数）。

2. 层间细分注水的做法

（1）以层段内小层数和渗透率级差（或渗透率变异系数）确定细分注水层段组合的标准。

（2）细分注水与差油层压裂改造相结合。

（3）充分利用各套层系的互补关系，搞好细分注水。

（4）层段重组与周期注水相结合，增加细分注水潜力。

二、层内细分注水

1. 层内细分注水的条件

（1）油层厚度在 2m 以上的厚油层，层内发育结构界面，结构单元间渗透率级差在 1.5 以上，并且吸水差异较大，无效循环严重。

（2）结构界面发育稳定，延伸范围大。研究结果表明，结构界面延伸范围越大，分层作用越好，对细分效果越明显，当结构界面长度延伸到井距的 1/2 时，基本可以满足细分注水的需要。

（3）结构单元砂体注采连通较好。

（4）结构界面的厚度在 0.2m 以上。

（5）层内细分段封固质量好。

2. 层内细分注水的做法

1）利用测井、动态监测等资料，寻找低效、无效循环部位

（1）多期河道叠加的厚砂体。上部受底部无效循环层干扰，油层动用程度相对较差，利用沉积单元间较稳定界面的渗流遮挡作用，封堵无效循环部位，加强吸水差部位注水。

（2）低弯曲分流河道砂体。低弯曲分流河道砂体底部与周围井连通较好，无效循环严重，而顶部连通较差，油层动用程度较差，利用较稳定侧积夹层进行层内细分，封堵底部无效循环部位，加强顶部注水。

（3）点坝砂体。点坝砂体是侧向迁移加积形成，层内沉积夹层具有上部多、底部少且倾斜分布的特点，顶部剩余油富集而底部无效循环严重。因此，在搞清不同点坝砂体内部沉积特征、夹层发育状况的基础上，分析剩余油与无效循环部位，封堵无效循环部位，提高油层动用程度。

2）利用长胶筒封堵无效循环部位，实现层内细分注水

针对厚油层内部高、低渗透部位之间仅存在物性夹层或结构界面、隔层薄（小于 0.5m）、常规细分注水工艺不适应的问题，利用长胶筒封隔器（胶筒长度 1～3m）将无效循环部位的炮眼封堵停注，其他差油层继续注水，实现层内细分注水。

第二节　注水井堵塞原理及技术

一、堵塞原理与原因分析

1. 堵塞原理

常规油气层的伤害存在内外两种因素，内因是储层被伤害的客观条件，称为储层的潜在伤害因素或潜在可能性，这些潜在可能性只有在一定外因的作用下才会发生，从而使潜在伤害成为真实伤害（李宁等，2017）。储层伤害内因与外因的综合作用主要是外来流体与储层岩石的相互作用以及外来流体与地层流体的相互作用。它们之间的相容性、配伍性、适应性等的匹配程度，决定着产生什么样的伤害和多大程度的伤害。只有充分认识到这些伤害的类型、程度，才能有力地保证注水井解堵增注的有效率。

2. 原因分析

注水开发过程中，注水目标地层的吸水能力将不断下降，主要有以下原因。

1）地层微粒运移堵塞

流体流速高或压差波动大，地层中的固结颗粒脱落导致随流体发生移动，在孔隙中逐渐地堆积，从而阻碍流体的流动。

在成岩过程中，随温度、压力和流体性质的变化，不断发生岩石-水的作用，使体系能量降低，当孔隙流体与矿物不平衡时，就会发生矿物的溶解和沉淀，这个原理对于打开油层作业同样适用，当钻井、完井、开采、增产措施等作业中使用的流体与油层中的矿物或孔隙中的流体不配伍时，则发生地层伤害。黏土矿物表面积大，又常常处于孔隙系统中与流体接触的敏感部位（张芳和王新海，2012），且具有一定的阳离子交换能力，表面带有负电荷，因此对流体的流速、化学性质变化十分敏感，它是注水保护储集层技术研究中的重点对象，黏土矿物引起的损害类型和程度除与黏土的类型、含量有关外，其产状和微结构对它的稳定性也具有较大的影响。储层速敏性评价有两个指标，分别为临界流速和渗透率伤害值。临界流速与黏土的微结构类型及其稳定性有关；渗透率伤害值则主要由能启动的地层微粒数量、粒度分布及与孔喉的级配决定。储层的速敏性是指当流体在储层中流动时，引起储层中微粒运移并在一些细小的孔喉窄小处堵塞造成储层渗透率下降的现象。对于特定的储层，由储层中微粒运移而造成的储层损害主要与储层中流体的流动速度、地层微粒的润湿性以及地层中流体的性质有关。

在注水过程中，因平台设备原因，注水井突然停滞，地层砂粒随水流反吐，部分进入井筒或充填于防砂砾石孔隙之中，使得近井地带渗透率下降，注水阻力增大。对于疏松砂岩储层，储层微粒具有速敏的特性，反吐过程中敏感的地层微粒容易产生运动，堵塞近井地带的储层喉道。

2）外来悬浮物机械堵塞

外来悬浮物机械堵塞的危害可总结为以下 5 个方面：

（1）在井筒表面形成滤饼，使井筒变窄。在其他措施作业过程中尤其固体颗粒较大时，不能通过筛管，往往堵塞在筛管外或井筒内。长时间注入的堵塞物会在井筒周围形成滤饼结构，减小井筒内径。

（2）细小微粒侵入地层，形成内部滤饼，堵塞住地层孔隙及喉道，入侵半径是孔隙大小、喉道尺寸、流速及微粒大小的函数。在钻、完井作业过程中使用的钻井液中存在多种固相颗粒，如膨润土、加重剂、堵漏剂、暂堵剂、钻屑和处理剂的不溶物等。钻井液中小于储层孔喉直径或裂缝宽度的固相颗粒，在钻井液有效液柱压力与地层孔隙压力的压差作用下，进入储层孔喉和裂缝中形成堵塞，造成储层损害。

（3）沉积在射孔的孔眼内，在局部堵塞水流的通道，部分堵塞物容易堵塞在筛管附近及射孔孔眼附近，从而造成注水压力升高注水困难。

（4）在重力作用下，沉积在井底，致使井底抬高，产层厚度变小。

（5）沉积在注水管路管壁，给细菌提供较好的繁殖环境，细菌的繁殖加快（张旋，2017）。

3）污油堵塞

注入水中普遍含油，且含量不太稳定，该油污以多种形式损害堵塞地层：

（1）截流于井眼周围岩石的孔隙中，以“乳化块”的形态堵塞地层孔隙；

（2）分散油及游离油对固相微粒有悬浮的作用，将强化悬浮固体的堵塞；

（3）油进入地层，细菌得到了极好的营养物质，繁殖加速，导致地层渗透率下降、注水量随之降低。

4）化学堵塞

化学堵塞主要包括以下 4 类。

（1）铁氧化物堵塞：由于管线和设备的腐蚀，注入水中含铁量逐渐增加，铁离子逐渐被氧化，形成了 $Fe(OH)_3$或 $Fe(OH)_2$。在溶液中有两种存在状态，一是以颗粒为晶核形成较大颗粒，呈现“软颗粒”形态；二是以絮状物或胶体状态游离于溶液中。

（2）结垢堵塞：地层水与注入水混配后的水有明显轻微的碳酸钙结垢趋势和硫酸钡结垢趋势，注入水可造成地层温度下降从而产生有机垢。当地层水与注入水以不同比例混合均产生结垢现象，当地层水和注入水等比例时结垢量最大。结垢是油田水质控制中的严重问题，结垢可以发生在井筒和地层多个部位。

（3）水敏性堵塞：注入水与岩石接触后，引起黏土分散、脱落、矿物水化、膨胀、运移。由于储层岩石喉道细小，极易造成渗流通道阻塞。

（4）酸敏性堵塞：各种酸液（酸性工作液介质或酸化措施）与岩石接触后，生成沉淀，化学反应及岩石被酸溶解解体后产生微粒，也可引起地层渗透率降低。

5）污水回注过程中聚合物堵塞

对于渤海油田，随着注聚作业的不断开展，油田逐渐实施污水回注，含聚污水通过水处理工艺后与水源井水按照一定比例进行回注，尽管检测结果认为注入水的注水指标能够达到水质要求，但往往清污混注的注水井存在问题较多。回注污水中会含有部分聚合物，聚合物随注入水进入储层，往往也会造成储层伤害形成聚堵。在渤海油田注水井检泵过程中也曾出现过大量聚合物堵塞在泵吸入口周围的情况。目前渤海油田注聚区有大量的含聚油泥滞留在油水处理设备中，不仅增加了油水的处理难度，也严重影响了设备的处理能力。产出液中含有聚合物，聚合物在换热器/加热器中易聚集堵塞，原油系统温度提升不上去，导致油水分离效果不佳。不仅在加热器中，在其他设备如电脱水器中的实际处理温度都远远小于设定温度，导致处理效果受到影响。同时，聚合物与清水剂可能存在不配伍，阳离子型聚合物与阴离子型清水剂产生难以处理的含聚油泥。在水处理流程中含聚油泥会在设备中滞留、吸附，基本不会带入注入水中，但设备中含聚油泥会严重影响对注入水的处理能力，可能导致注入水中水质存在问题。根据前面研究成果表明含聚污水中一般含油量较高而测定含油较低，且大部分油以乳化油为主，注入水黏度相对较高，易挟带悬浮物、固体颗粒等。聚合物这种难溶的、高黏度胶体状化合物，使得其对污水中油和悬浮物颗粒均具有较强的吸附性，且乳状液稳定性好，这种乳状油就是形成含聚油泥的基础，在储层或近井筒附近高温高压作用下，聚合物、乳状油、悬浮物等不及时排出，经过物理化学反应，很容易形成含聚油泥。尤其受金属离子的影响，这种成胶聚集作用更明显。

6）工程堵塞

工程堵塞主要包括以下 4 类。

（1）钻、完井过程中的各种堵塞。近年来，各油田采用的钻、完井液体系中大部分含有聚合物，钻、完井液对储层产生的伤害主要包括分散相造成的堵塞伤害，滤液与地层流体及岩石之间不配伍造成的伤害，钻、完井液中聚合物造成的伤害及压差等工程因素造成的储层伤害。

钻、完井液中分散相造成的堵塞伤害既包括固相颗粒伤害也包括乳化液造成的液滴堵塞，通常形成的固相伤害程度与钻、完井液中固相颗粒的含量、粒径等密切相关，而形成的乳化液液滴会在孔隙喉道中发生滞留吸附作用，造成储层的堵塞。一般钻、完井液产生的固相伤害在返排条件下可部分得到解除，受固相颗粒与储层喉道的匹配关系及侵入深度的影响，通常现场返排会使在储层入口端的固相颗粒部分随返排液排出，渤海油田选用的完井液隐形酸体系也能解除部分固相颗粒的伤害。而形成的乳化液滴在岩石表面可能会造成润湿反转，一旦形成润湿反转，后期排液处理基本不能有效解除。钻、完井过程中必定会造成液体的滤失，滤液会与储层流体之间产生不配伍形成沉淀，也可能对低孔、低渗气层存在水锁的伤害，但对渤海油田高孔高渗的疏松砂岩储层基本不考虑水锁影响，钻、完井液滤液与储层岩石不配伍也可能存在水敏、盐敏、碱敏及润湿反转等伤害，当滤液与储层流体、岩石之间不配伍产生了沉淀及敏感性伤害则很难通过返排处理得到有效解除，尤其是敏感性伤害。部分形成的沉淀及悬浊物滞留在储层喉道中通过返排能得到一定的解除，返排作业将滤失的大量液体排出有利于降低后期对储层产生的伤害，这与钻、完井液的吸附滞留伤害密切相关。

目前多数钻、完井液体系中均含有聚合物，聚合物造成的储层伤害是钻、完井液产生的主要伤害之一，在储层多孔介质中会发生吸附滞留作用而造成伤害。通常滞留伤害主要由于高分子聚合物在孔喉中发生了渗滤作用及机械捕集作用，在机械力作用下分子尺寸相对较小的聚合物分子在多孔介质中发生滞留，滞留量与钻、完井液性质、储层多孔介质特征均相关，滞留伤害通过前期返排处理可以得到解除，属于可逆过程。聚合物型钻、完井液体系产生的另一种伤害为吸附伤害，含聚钻、完井液进入储层后在多孔介质中聚合物分子与储层岩石表面物质发生相互作用，主要受氢键的作用，同时也受到静电力的影响，使得聚合物分子滞留在岩石表面，形成吸附伤害，但与滞留伤害不同，吸附伤害属于一种不可逆的过程，并不能通过返排得到有效解除。

（2）在转注前原油生产过程中，地层压力、油气水相平衡被打破，使得原油重质组分（主要为沥青质）沉淀出来，并附着在地层孔隙壁上造成堵塞。此种方法尤其对储层近井地带含油饱和度较高，原油中重质组分较高的储层作用较大。

（3）注入水温度较低，近井地带的油藏温度下降，从而导致原油降黏以及蜡从原油中析出附着在孔道而造成堵塞。尤其对注水井前期未排液井，如果储层近井地带含油量较高，储层流体蜡、胶质沥青质含量较高且析蜡点温度较低，前期未返排直接注水往往造成注水冷伤害。因为，注入水进入地层并运移一定距离后，水的温度才慢慢接近地层原始温度。研究认为，当注入冷水时，温度只在井筒附近的范围内低于析蜡温度，而且要视石蜡凝固点温度的高低而变化，即当地层温度较低甚至低于原油石蜡的凝固点温度时，会导致大量蜡析出在地层中，从而使原油失去流动性产生“凝固”。在注水过程中对储层造成冷伤害，产生析蜡现象，必须具备两个条件：储层温度低于石蜡凝固点温度；油层中必须有一定的含油饱和度。

（4）注水井长时间进行注水作业后，不仅注水管柱会出现不同情况的问题而需要动管柱作业，同时由于堵塞、大孔道等问题需要进行酸化、调剖/调驱等措施作业，在注水井动管柱、酸化解堵、调剖/调驱作业过程中也会产生注水井的堵塞。

7）生物堵塞

生物堵塞主要包括两种类型。①细菌堵塞：细菌随注入水进入地层，若条件适宜，就会繁殖生成黏液和菌落，堵塞地层。②细菌代谢物堵塞：细菌代谢腐蚀产物可导致地层损害。

8）电化学腐蚀

注入水对注水系统具有电化学腐蚀效应，腐蚀主要发生在金属表面。注入水含盐度较高，是良好的电解质，由于金属表面的电荷差异，油管钢材和注入水形成了电池，使得电子在两极间流动。注入水对注水系统不仅具有腐蚀性，腐蚀过程中还会释放出铁离子，生成铁垢，其腐蚀产物，如氢氧化铁、硫化铁都不溶于水，因此常常造成堵塞，降低吸水能力。

二、注水井酸化解堵技术原理

目前我国大部分油田解决注水井堵塞都是采用酸化解堵。

砂岩储层酸化的实质就是酸液进入储层后，酸液与储层矿物以及孔隙堵塞物发生的化学反应，是一个液相与固相的界面反应。因此为了更好地选择酸液体系指导酸化施工，需要了解砂岩储层酸化酸岩反应机理。

1. *砂岩矿物组成*

砂岩油藏一般是由石英、长石、燧石、硅酸盐颗粒及云母骨架构成，在原生孔隙空间充填的次生矿物是颗粒胶结物和自生黏土，而外来黏土等物质又不同程度地增加了原砂岩储层矿物和结构的复杂性。与碳酸盐岩储层相比，砂岩储层的岩石矿物结构（图 4-1）是比较复杂的。

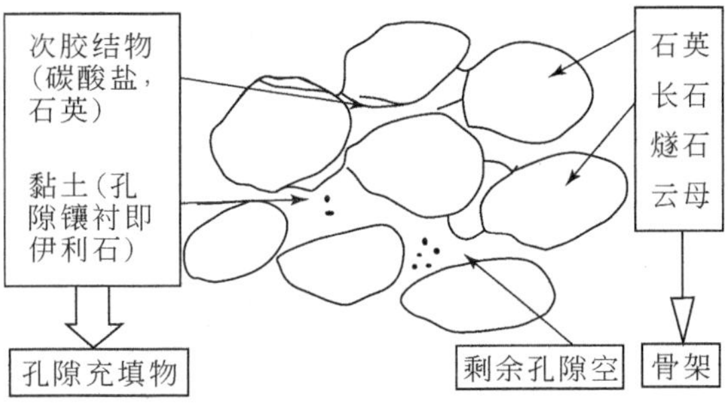

图 4-1 砂岩的典型结构图

砂岩主要是由骨架和胶结物组成，骨架主要是由石英、长石和少量云母等组成；胶结物主要为黏土和碳酸盐类及硅质、铁质胶结物，通常砂岩成分 70% 以上是石英和长石，剩下的是黏土、碳酸盐、铁化合物和盐等。地层中的黏土矿物都属含水的铝硅酸盐，Al_2O_3、SiO_2和 H_2O 都是不同黏土矿物的主要成分，次要成分主要由含铁、镁、钙、钾、钠的氧化物组成。不同的矿物之间不但主要成分的比例不同，而且次要成分的含量也有明显的差异。表 4-1 是常见砂岩矿物的化学式。

表 4-1 常见砂岩矿物的化学式

矿物	化学式
石英燧石	SiO_2
长石	钾长石 $K[AlSi_3O_8]$，钠长石 $Na[AlSi_3O_8]$，钙长石 $Ca[AlSi_3O_8]$
方解石	$CaCO_3$
白云石	$CaMg[CO_3]_2$
铁白云石	$Ca(Fe,Mg,Mn)(CO_3)_2$
菱铁矿	$FeCO_3$

续表

矿物	化学式
云母	白云母 $KAl_2[AlSi_3O_{10}](OH)_2$，黑云母 $K(Mg,Fe)_3[AlSi_3O_{10}](OH,F)_2$
高岭石	$Al_4(Si_4O_{10})(OH)_8$
蒙脱石	$(1/2Ca,Na)_{0.66}(Al,Mg,Fe)_4[(Si,Al)_8O_{20}](OH)_4 \cdot nH_2O$
伊利石	$K_{1-1.5}Al_4(Si_{7-6.5}Al_{1-1.5}O_{20})(OH)_4$
绿泥石	$(Mg,Al,Fe)_{12}[(Si,Al)_8O_{20}](OH)_{10}$
氧化铁	FeO, Fe_2O_3, Fe_3O_4
盐类	NaCl
石膏	$CaSO_4 \cdot 2H_2O$
硬石膏	$CaSO_4$

从砂岩矿物的化学成分看出，参与砂岩酸化化学反应的矿物成分可简写为 M-CO_3，SiO_2，M-Al-Si，Fe-O。

2. 酸岩反应机理

砂岩酸化的施工顺序为前置液→处理液→后置液→顶替液等。前置液的主要成分是 HCl；处理液种类繁多，几乎所有用于砂岩酸化处理的酸液体系都是含有 HF 或者在地层产生 HF 的酸液体系，其实质是 H^+和 HF 参与矿物反应。

1）前置液-砂岩反应机理

酸化施工过程中最先进入储层的酸液是前置液，因此发生的化学反应是 HCl 与矿物之间的反应，主要参与反应的矿物成分为 M-CO_3、Fe-O 等。

HCl 是强酸，所以在反应过程中 HCl 是完全电离出 H^+参与地层矿物反应。反应方程如下。

方解石：$2H^+ + CaCO_3 \longrightarrow Ca^{2+} + CO_2 + H_2O$

白云石：$4H^+ + CaMg(CO_3)_2 \longrightarrow Ca^{2+} + Mg^{2+} + CO_2 + H_2O$

菱铁矿：$2H^+ + FeCO_3 \longrightarrow Fe^{2+} + CO_2 + H_2O$

氧化铁：$2H^+ + FeO \longrightarrow Fe^{2+} + H_2O$

$6H^+ + Fe_2O_3 \longrightarrow 2Fe^{3+} + 3H_2O$

$8H^+ + Fe_3O_4 \longrightarrow Fe^{2+} + 2Fe^{3+} + 4H_2O$

前置液进入储层所发生的化学反应对酸化施工是有利的，是储层中固相溶解的化学反应。同时在处理液进入储层之前前置液优先与这些盐酸可溶矿物反应，减少处理液进入后 HF 与这些矿物发生沉淀反应。在前置液反应过程中，生成的金属离子容易发生沉淀反应影响酸化效果，特别是 Fe^{m+}，改善这个问题的方法通常是在酸液中加入一些能稳定金属离子的配合物，最常见的就是酸液添加剂中的铁离子稳定剂。

2）处理液-砂岩反应机理

砂岩储层酸化用处理液都是含 HF 或者地下生成 HF 参与矿物反应，也就是说处理液

参与化学反应的是 H^+ 和 HF。

参与反应的矿物成分主要是 M-CO_3，SiO_2，M-Al-Si，Fe-O 等。

H^+ 进入储层后继续参与前置液没有反应完的化学反应，同时维持低 pH。

HF 参与的化学反应：

$CaCO_3+2HF \longrightarrow CaF_2\downarrow+H_2O+CO_2$ 伤害反应（有 H^+ 的存在，少量参与反应）；

$Fe\text{-}O+HF \longrightarrow Fe\text{-}F_m\downarrow+H_2O$ 伤害反应（有 H^+ 的存在，少量参与反应）；

H^+ 与 $CaCO_3$ 反应出的 Ca^{2+} 等也会继续参与 HF 的反应：

$Ca^{2+}+2F^- \longrightarrow CaF_2\downarrow$ 伤害反应（pH<2 极少发生反应）；

上述三个反应都可通过维持低 pH 来控制。

三、注水井酸化解堵工艺技术

目前的酸化工艺主要有常规土酸（氢氟酸，HF）酸化、缓速酸酸化、分流酸化、振动酸化复合解堵、爆燃酸化等。在实际应用中，需对各种酸化工艺的适应性及特点作深入分析，选择适宜于目标区储层注水井酸化工艺。

1. 常规土酸酸化解堵技术

常规土酸酸化是使用时间最早，在油田中应用十分普遍的酸化工艺。1933 年 3 月，J. R. 威尔逊与印第安纳的标准石油公司一起对氢氟酸处理砂岩工艺提出专利申请，1940 年道威尔公司首次工业性应用盐酸与氢氟酸混合液进行酸化改造，并取得一定的效果。后来随着酸化的不断发展，逐步形成土酸酸化的典型工序，即注前置液→注土酸液→注后置液→注顶替液。

酸化施工程序：常规土酸酸化是用常规土酸作为处理液的酸化工艺。它是使用时间最早，也是最为典型的砂岩酸化工艺。该酸化工艺用液包括前置液、处理液、后置液和顶替液，一般注液顺序为注前置液→注处理液→注后置液→注顶替液。

前置酸一般用 3% ~15% HCl+添加剂。具有以下作用。

（1）前置酸中盐酸把大部分碳酸盐溶解掉，减少 CaF_2 沉淀，充分发挥处理液对黏土、石英、长石的溶蚀作用。

（2）前置液将地层水向地层深部顶替，隔离、减少处理液与地层水的接触，从而防止处理液与地层水中的 Na^+、K^+ 与 H_2SiF_6 作用形成氟硅酸钠、钾沉淀，减少由氟硅酸盐引起的储层污染。

（3）维持酸化过程中的低 pH，减少各种无机盐沉淀的产生。

（4）清洗近井带胶质、沥青等油垢（需添加有机溶剂进行溶解）。

处理液一般用 3% ~15% HCl+0.5% ~3% HF+添加剂。主要实现对储层基质及堵塞物质的溶解，沟通并扩大孔道，提高渗透性，酸液作用机理主要是盐酸与氢氟酸共同对储层矿物的溶解作用。

后置液一般用 3% ~15% HCl+添加剂或 2% ~4% NH_4Cl 水溶液。主要作用在于将处理液驱离井眼附近，否则残酸中的反应产物沉淀会降低油气井产能。

顶替液一般是盐水或淡水加表面活性剂组成的活性水，其作用是将井筒中的酸液顶入储层。

土酸是砂岩酸化最常用的酸液体系，因其是最简单的砂岩酸化酸液体系，所以也是成本最低的酸液体系。目前常用砂岩酸化酸液体系中，土酸对矿物的溶蚀能力最强，因此其反应速度快，作用时间短，穿透距离短，存在二次反应、三次反应，容易造成储层的二次伤害。

酸化施工过程中，有时也使用有机土酸酸液体系，处理液的组成为 3% ~10% HCl+0.5% ~3% HF+2% ~6% 有机酸（常见有机酸包括甲酸、乙酸、乙二酸、柠檬酸、磷酸等）+添加剂，这样做的目的主要是降低处理液体系的酸液浓度，从而减少酸液对管材的腐蚀。

2. 氟硼酸–土酸复合酸化解堵技术

所谓复合酸酸化解堵技术主要指复合应用土酸（HF）与氟硼酸（HBF_4）等作为处理液进行酸化的酸化技术。氟硼酸是一种缓速酸，Thomas 和 Crowel 于 1981 年推荐其作为土酸的代用品。它能缓慢水解生成 HF，其反应速度低于常规土酸，因而在酸液耗尽之前可以深入地层内部较大范围。此外，HBF_4还可使黏土微粒产生化学凝聚作用。凝聚后的微粒在原地胶结，使得处理后因流量加大而引起的微粒运移受到限制。

酸化施工程序：常规氟硼酸酸化是用常规氟硼酸酸液体系作为处理液的酸化工艺。一般注液顺序为注前置液→注处理液→注后置液→注顶替液。该酸化施工工艺与土酸相同。

处理液一般用 3% ~15% HCl+4% ~12% HBF_4+添加剂，有时也使用有机氟硼酸酸液体系，其组成为 3% ~10% HCl+4% ~12% HBF_4+2% ~6% 有机酸（常见有机酸包括甲酸、乙酸、乙二酸、柠檬酸、磷酸等）+添加剂。

该酸化工艺的作用机理是通过氟硼酸逐步水解生成 HF，HF 再参与地层矿物发生反应，因此酸液中 HF 的浓度一直较低，与地层矿物的反应速度较慢。随着 HF 被消耗，氟硼酸继续水解产生更多的 HF，从而可以实现酸液的深穿透。利用电镜扫描观察发现，氟硼酸酸化处理过的砂岩孔隙中，高岭石像是被“熔结”在矿物表面，从而有利于稳定处理后的黏土矿物，防止分散运移带给地层的损害。同时，氟硼酸体系还可以控制黏土膨胀、抑制黏土的水敏性膨胀。现场作业表明，土酸敏感的储层在用土酸酸化之前用氟硼酸溶液作为前置液，可改善酸化效果。氟硼酸的水解作用是一个多级水解反应，氟硼酸水解步骤依次为：

$$BF_4^- + H_2O \longrightarrow BF_3OH^- + HF$$

$$BF_3OH^- + H_2O \longrightarrow BF_2(OH)_2^- + HF$$

$$BF_2(OH)_2^- + H_2O \longrightarrow BF(OH)_3^- + HF$$

$$BF(OH)_3^- + H_2O \longrightarrow H_3BO_3 + HF$$

现场试验表明，含钾的硅铝酸盐多，如伊利石的储层中，用氟硼酸酸化处理，比土酸处理能更好地减少生成六氟硅酸钾沉淀，生成对地层具有轻微伤害的氟硼酸钾沉淀。

总之，该酸液体系缓速性能较好，能起到深度酸化的效果，具有较好的稳定黏土效果。因此常将其用作黏土矿物含量高地层酸化处理，特别是水敏及强水敏储层。

3. 自生土酸酸化解堵技术

自生土酸的作用原理是不直接向地层注入土酸酸液体系，施工中是向地层注入含有氟盐的液体，进入地层后随着 HF 的消耗，氟盐逐步电离出 F^- 与酸液电离的 H^+ 结合产生 HF 再对地层矿物作用。在行业中也称其为缓速酸化工艺、砂岩深部酸化工艺。作用机理如下：

$$HCl = H^+ + Cl^-$$

$$NH_4F = NH_4^+ + F^-$$

$$H^+ + F^- = HF$$

酸化施工程序有两种方式，一种是与土酸工艺相同，注液顺序为注前置液→注处理液→注后置液→注顶替液；一种是交替注入方式，注液顺序为注盐酸→注氟盐溶液→注盐酸→注氟盐溶液→注盐酸→…→顶替液，该工艺也称为 SHF 工艺，注酸交替级数视具体情况而定。

常规工艺用处理液为 3% ~15% HCl+2% ~6% $NH_4F/NH_4F \cdot HF$+0 ~6% 有机酸（常见有机酸包括甲酸、乙酸、乙二酸、柠檬酸、磷酸等）+添加剂。该工艺是砂岩酸化工艺中比较常用的工艺，因为该酸液相对土酸而言有反应速率低、对储层伤害低、对设备腐蚀低的优点。西南石油大学提出的多氢酸酸化工艺就属于该类。

SHF 工艺所用盐酸为 3% ~15% HCl+添加剂，氟盐溶液为 2% ~6% NH_4F+添加剂。该工艺利用黏土的天然粒子交换性能，当 NH_4F 进入储层后就被吸附在黏土表面，HCl 与其相遇后就在黏土表面生成 HF 而就地溶解黏土。该方法主要使用于黏土造成的污染储层处理。

4. 多氢酸酸化解堵技术

多氢酸是由一种特殊复合物代替 HCl 与氟盐发生氢化反应。多氢酸作为一种中强酸，是一类多元酸，能够在不同化学计量条件下通过多级电离而释放出氢离子，因此被称为多氢酸。多氢酸结构通式如图 4-2 所示。

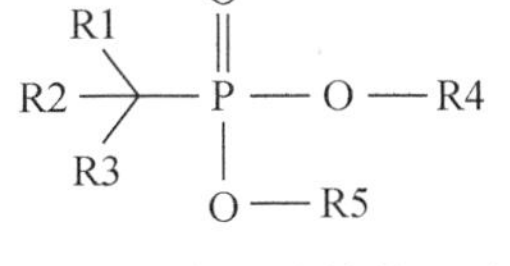

图 4-2 多氢酸结构通式

其中，R1、R2、R3 可能是氢、芳基、烷基、磷酸酯、膦酸酯、胺、酰基、羟基、羟基基团等，R4、R5 可能是由氢、钠、钾、铵或有机基团组成。

多氢酸通过逐步电离的氢离子来控制 HF 生成的速度。当酸液的 pH 较低的时候，多氢酸电离受到反应平衡的限制，所以其电离的氢离子浓度比较低。多氢酸酸液体系中的有机酸和氟盐形成缓冲调节体系，酸岩反应过程中，当 H^+ 与岩石矿物发生化学反应而被消耗掉时，其电离平衡就会被打破，这时反应将朝生成 H^+ 的方向进行，直到溶液中重新建立起新的平衡。所以，只要溶液中酸的浓度足够大，酸液中 H^+ 的浓度就基本上保持恒定，这样就能实现深部酸化。

多氢酸体系与砂岩矿物作用的物质实质上仍是 HF。反应过程中，首先由多氢酸逐步电离出氢离子与氟盐反应，缓慢生成 HF，再由 HF 继续与砂岩作用。因此该酸液在酸化施工中能达到缓速、深穿透的目的。多氢酸的电离过程如下：

$$H_5R \longrightarrow H^+ + H_4R^- \qquad PK_1 \approx 1.0$$

$$H_4R^- \longrightarrow H^+ + H_3R^{2-} \qquad PK_2 \approx 2.5$$

$$H_3R^{2-} \longrightarrow H^+ + H_2R^{3-} \qquad PK_3 \approx 7.0$$

$$H_2R^{3-} \longrightarrow H^+ + HR^{4-} \qquad PK_4 \approx 11.4$$

$$HR^{4-} \longrightarrow H^+ + R^{5-} \qquad PK_5 > 12.0$$

该酸液体系具有以下特点：

（1）新酸液与地层矿物发生反应时，通过化学吸附在黏土上形成磷酸硅铝膜，这层膜在 HCl（强酸）中能快速溶解，但在水和 HF 等弱酸中溶解度很小，从而减小了酸与黏土的进一步反应，因而具有良好的缓速作用。

（2）有机磷酸具有良好的吸附和润湿性能，可以加速 HF 与石英的反应。

（3）有机磷酸具有优良的分散性和防垢性，可以减少井眼附近的地层伤害，抑制二次沉淀等副作用。

（4）与常规土酸等相比，多氢酸腐蚀性较低（初始 pH 约为 3），可减少缓蚀剂的用量。

5. 分流酸化解堵技术

对于油层物性差、纵横向非均质性强、多层、渗透率分布范围大的储层，在酸化时必须考虑不同层均匀吸酸的问题，也就是酸液的分流问题。全井笼统酸化工艺技术是把处理层的各小层视为一层考虑，没有考虑各小层渗透率的贡献大小，造成的损害程度不同以及泥质含量的差异。在酸化设计上按平均值来设计施工参数。这种工艺设计简单，施工方便，施工程序少。虽然能获得一定的酸化效果，但对于多层非均质严重的油藏（张利军等，2018），由于酸液绝大部分进入渗透性高、阻力小的油层，其获得产量的贡献主要来自高渗层。而低渗层和污染严重的储层阻力大，酸液很难进入。其结果会导致以下问题：一是高渗层注酸过多，但仅起到进一步扩大渗流通道的作用；二是低渗层或污染层进酸少或没有进酸，失去酸化改造的作用。

要充分发挥这类油层的生产能力，采用全井笼统的酸化工艺技术，显然达不到改善这类油层的目的，其对低渗层和中渗层的解堵远远不够。因此，要提高酸化效果，除了优选酸液体系外，还应优选分流工艺技术。目前的分流工艺技术主要有机械分层酸化、化学微粒暂堵分流酸化、转向酸化等。

1）机械分层酸化工艺技术

一般是通过机械手段，如封隔器、压力挡圈、堵球等方法将高渗透层完全封堵住，使其不受酸化措施的影响。这种方法要求改变酸化管柱结构，根据地层井段的不同利用封隔器、压力挡圈或堵球封隔分层。这种方法成功的关键是能完全有效地将高渗层封堵住。这种方案如果能实现，将是一种有效的分流酸化措施。然而，现实中机械技术不仅笨重，而且常常需要现场装置设备并且工程实施难度较大，酸化时间及周期将延长。此外，BZ25-1注水井中，目前大多数井采用分层注水，酸化时也可以实现大段分层酸化。对于层内非均质油层，它则无能为力。

2）化学微粒暂堵分流酸化工艺技术

化学微粒暂堵分流酸化工艺技术可以实现一次酸化同时解开各层污染堵塞的效果，其技术难点在于分流剂的类型、粒径分布确定，以及化学上与地层流体的溶解性。即要实现在酸液中保持惰性，在地层流体中能全部溶解，且物理上能有效封堵储层，形成各层均匀进酸的效果。该技术比较成熟，国内外都有很多成功的实例。该技术在渤海SZ36-1、JZ9-3、QK17-2、QHD32-6油田和四川、广西百色、吐哈、华北、塔里木等油田实施，都取得了满意的酸化效果，是目前分流酸化技术中较成功的技术。

截至2009年12月底，化学微粒暂堵分流酸化工艺技术在SZ36-1油田已推广应用了55井次，工艺成功率100%，效果显著。渤海油田多数注水井注水层位存在严重的非均质性，各小层之间渗透率差异达到几倍甚至几十倍。采用笼统酸化，酸液易进入高渗透层，低渗透层改善力度很小甚至得不到改善，机械分流酸化应用范围窄且工艺复杂。化学微粒暂堵分流酸化工艺技术可以有效地解决酸化不均的难题，通过泵入暂堵剂在高渗透层形成低渗透滤饼，从而使酸液转向中、低渗透层，可以更加有效地清除中、低渗透层伤害，提高酸液利用率，是一种有效、简单易行的酸化工艺技术。

3）转向酸化工艺技术

转向酸化工艺技术是20世纪80年代国外发展起来的新型缓速酸。它是利用胶体化学中表面活性剂的胶团化原理，在一定浓度下形成胶团分散体系，将酸化液分子包裹在胶团中而达到缓速的目的。处在胶团状态的表面活性剂分子溶液的表/界面张力、电导率、密度和洗涤与增溶能力等物理性质发生剧变，故与常规酸相比，胶束酸具有良好的悬浮挟带、防乳破乳和降低毛细管阻力等特性，适合油气井酸化作业。最典型的是黏弹性表面活性剂转向酸又称VES转向酸，它的表面活性剂一般为pH较小的双子季铵盐类。该酸液是一种小分子表面活性剂，相比其他酸液类型，该酸不会造成高分子残留伤害。黏弹性表面活性剂基自转向酸由酸液、黏弹性表面活性剂、酸液添加剂等组成。国外在2000年左右将黏弹性表面活性剂引入基质酸化中，取得了较好的效果。黏弹性表面活性剂基酸液体系摩阻低，泵入速度高，清洗压力低，在水平井和直井中都可以应用，并且能够用于含硫井的酸化，不需要Fe^{3+}和Zr^{4+}交联剂，消除了酸液消耗后金属氢氧化物的沉淀以及含硫化氢井中金属硫化物的沉淀。

黏弹性表面活性剂基自转向酸注入待处理地层后，鲜酸黏度较小，优先进入高渗透层，与储层岩石发生反应；随着酸岩反应的进行，酸的浓度降低，pH 上升，酸液体系中的黏弹性表面活性剂开始形成球状胶束；当 pH 达到该黏弹性表面活性剂的等电点后，并且在酸岩反应生成物 Ca^{2+}、Mg^{2+}反离子的作用下，球状胶束开始向蠕虫状胶束转变，使得酸液的黏度急剧增加，降低酸液中 H^+的传质速度，减慢酸岩反应速度，减少了酸液向地层的滤失；随着酸岩进一步反应，大量的蠕虫状胶束形成，进而互相缠绕形成三维空间网状结构，体系黏度达到最大，暂时封堵高渗透层，将酸液流入低渗透层，实现酸液转向。另外，大孔道的堵塞会使注酸压力升高，压迫鲜酸进入没有形成堵塞的小孔道和低渗透储层，直到鲜酸发生酸岩反应变成残酸，形成新的堵塞作用，进一步增加了注酸压力，最终冲破原有堵塞，继续酸液的推进，循环往复就达到了对高渗透储层和低渗透储层共同酸化和均匀布酸的目的。在地层中，VES 转向酸遇到烃类时黏度将会迅速降低，接近水的黏度，这样既有利于返排，又减少了储层的伤害。VES 转向酸的酸压施工工艺简单，VES 转向酸液在施工现场容易制备，并且在施工中不占用单独的转向施工阶段，这样就可以大大降低施工操作的复杂性（图 4-3）。VES 转向酸还可以分几个阶段进行泵注，包括常规或者延迟酸化阶段，图 4-4 为转化酸性状态。

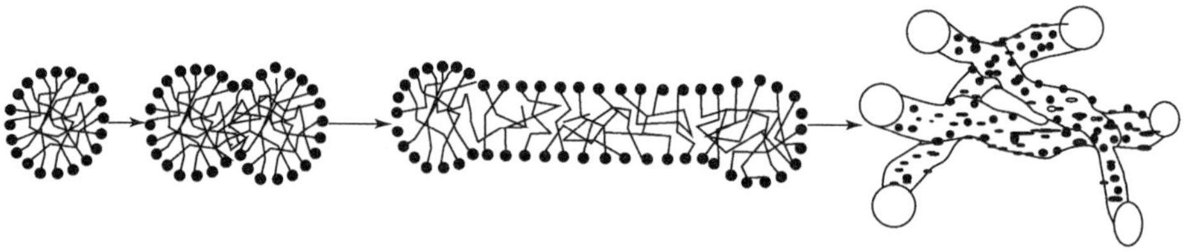

图 4-3　VES 自转向酸体系的变黏过程

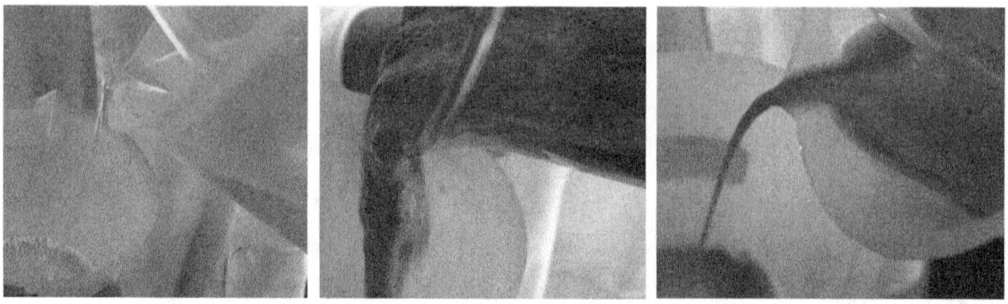

(a) 初配　(b) 转向　(c) 破胶

图 4-4　转向酸变化状态

国内外表面活性剂主要产品简介如下。

目前，国内用于自转向酸的黏弹性表面活性剂有 VES-1、VDA-08、SDVA、SAP-BET、BNS、VDA-SL、VDA 等，这些表面活性剂中以两性表面活性剂居多，兼有阳离子表面活性剂和非离子表面活性剂。从发展趋势来看，用于自转向酸化处理的黏弹性表面活性剂有向两性表面活性剂侧重的趋势。最常见的为芥子酰胺丙基甜菜碱。其分子结构如图 4-5 所示。

应用于自转向酸中的两性表面活性剂绝大多数为甜菜碱类两性表面活性剂。两性表面

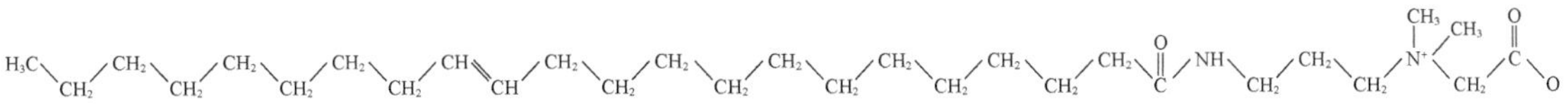

图 4-5 芥子酰胺丙基甜菜碱分子结构图

活性剂是指在同一分子结构中有可能同时存在被桥链连接的一个或多个正负电荷中心（或偶极中心）的表面活性剂。典型的甜菜碱结构如下：

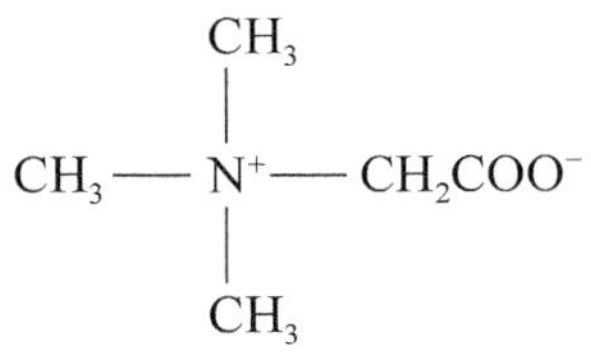

当该结构中的一个甲基被一个 C_8 ~ C_{20} 的疏水基所取代时，该结构才具有表面活性。具有表面活性的甜菜碱被统称为甜菜碱类两性表面活性剂。从椰油中得到的具有椰油基碳链分布的甜菜碱应用较为普遍：

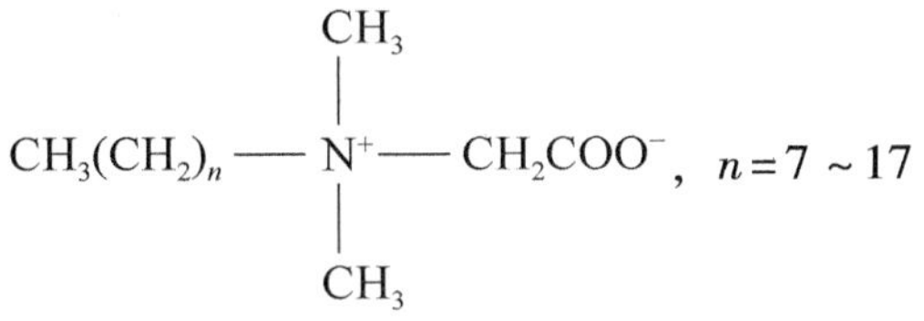

甜菜碱分子中的特定基团被其他取代基取代，通过将连接正负电荷中心的碳桥增长等方法可以得到其他类别的甜菜碱结构。目前烷基酰胺甜菜碱的地位越来越重要，最普遍的是烷基酰胺丙基甜菜碱：

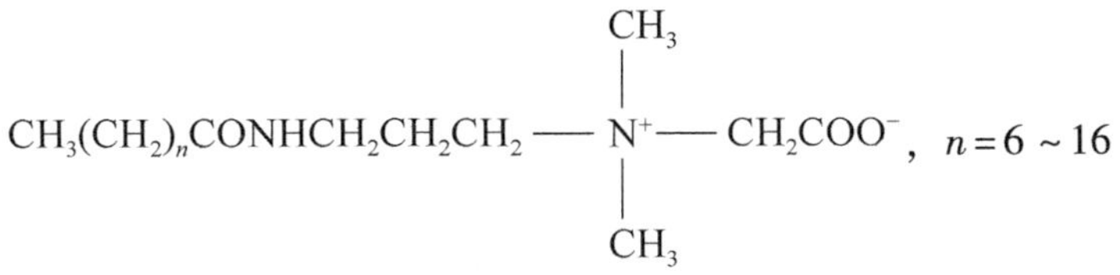

甜菜碱两性表面活性剂与其他两性表面活性剂的区别在于分子中季铵氮的存在，使其在碱性溶液中不会以阴离子型表面活性剂的形式存在。在不同的 pH 范围内，甜菜碱类两性表面活性剂只会以两性离子或阳离子表面活性剂的形式存在。

目前比较常用的两性表面活性剂及甜菜碱有：

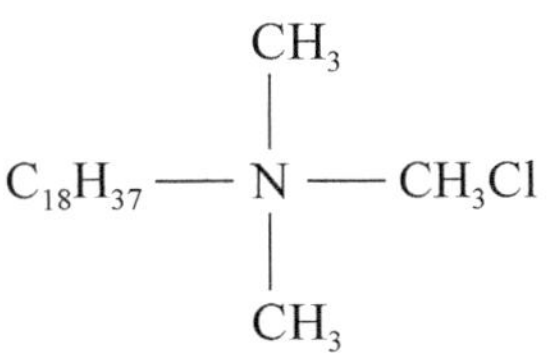

氯化十八烷基三甲铵

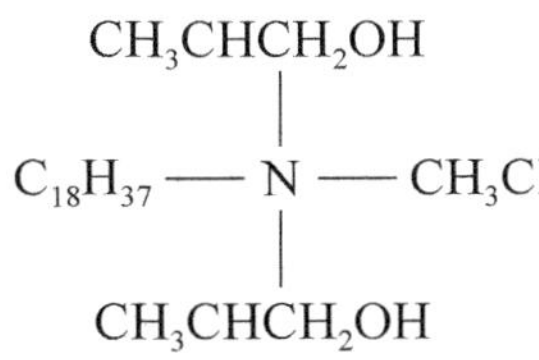

氯化十八烷基二羟丙基甲铵

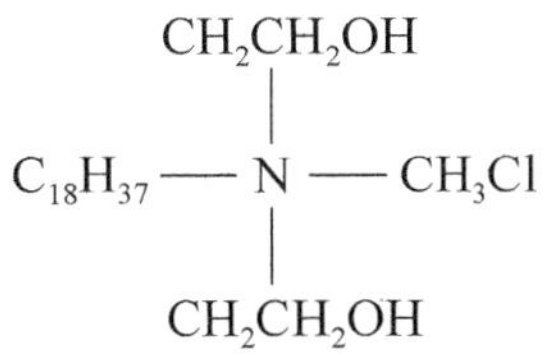

氯化十八烷基羟乙基甲铵

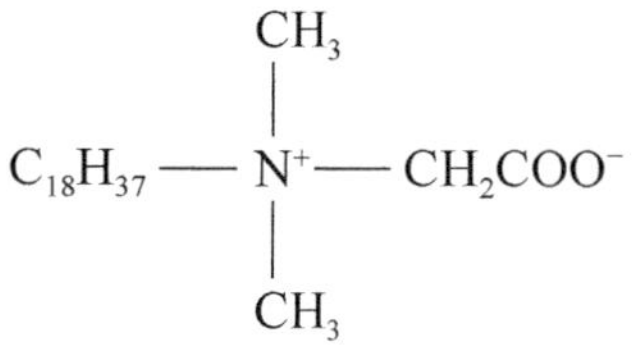

十八烷基二甲基甜菜碱

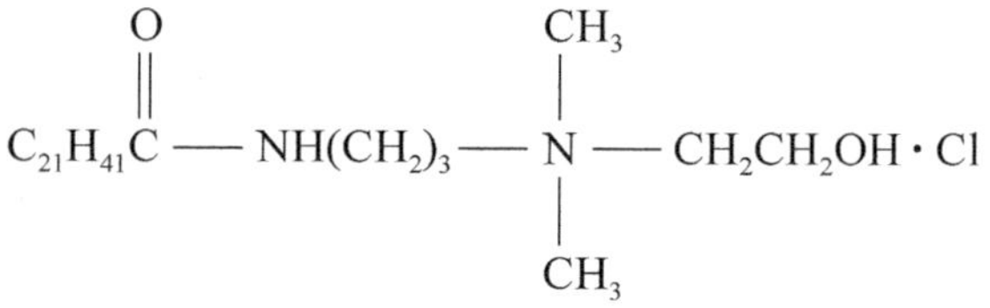

氯化芥酰胺丙基二甲基羟乙基铵

另外还有椰油酰基丙基二甲基甜菜碱、油基甜菜碱、月桂基甜菜碱、硬酯基甜菜碱、十六烷基甜菜碱、椰油酰胺丙基甜菜碱、油基胺丙基甜菜碱、十六烷基磺基甜菜碱、月桂酰胺丙基甜菜碱、芥酸酰胺丙基甜菜碱、十八烷基二甲基甜菜碱、芥酸酰基丙基羟磺基甜菜碱。

6. 振动–酸化复合解堵技术

水力振动波能对地层进行剧烈和局部的强化处理，在致密岩层井底附近地带形成了大量的微裂缝。当多次重复进行水力冲击处理，同时结合注入酸液作为挟入液时，裂缝的深度和酸液渗入渗透油层的范围明显增大，并改善吸水剖面，提高工作厚度系数及注水波及系数，既有利于注水，又减少或抑制了堵塞物的二次形成，保持了化学处理效果，延长增注有效期。

国内最早应用该技术的是莫北油田，该油田具有低渗、强敏感性储层注水井欠注问题，陈晓明等在莫北油田先后进行了多口注水井的振动–酸化复合解堵增注措施，取得了较好的解堵增注效果。振动–酸化复合解堵技术工艺效果比单纯的酸化工艺效果要好，振动–酸化复合解堵技术的应用可以解决重复酸化无法解除远井地带的堵塞，以及酸化规模逐步扩大，有效期明显缩短等技术问题。

7. 爆燃–酸化复合解堵技术

所谓爆燃–酸化复合工艺技术是利用爆燃压裂的物理作用（造缝）及酸化液的化学作用（侵蚀扩缝、延缝）相结合的综合改造储层的增产增注措施。其作用机理是利用火药燃烧产生的机械作用、热作用、化学作用以及水力脉冲和酸化侵蚀作用相互结合处理地层，排除射孔井段钻井、固井漏入地层中的泥浆、各种杂质及细菌等造成的污染堵塞，疏通油流通道，并依靠高压气体启开新裂缝挤入酸液，增加酸液的穿透深度，扩大作用范围，调节酸液侵蚀剖面，从而强化酸化效果。

其使用条件如下：

（1）砂岩、碳酸盐岩注水井酸化解堵增注措施；

（2）污染严重的高渗井解除污染；

（3）低渗透率、低孔隙度井提高储层渗流能力；

（4）多次酸化效果不明显的低效井恢复产能。

该工艺施工难度大，且易对井下管柱产生较大伤害，一般不推荐使用。

8. 电脉冲–酸化复合解堵技术

电脉冲–酸化复合解堵技术是利用高能电容在介质中被连续电脉冲所产生的空化作用，使地层产生微裂缝，剥离近井地带堵塞物，并结合酸液增强溶蚀堵塞物能力，扩大裂缝半径，改善解堵层的渗透性，从而达到增产、增注的目的。

井下低频脉动注水技术已在欧洲及美国地区成功作业200多口井，被认为是既经济又极具发展前景的提高采收率新技术。该技术目前主要由Wavefront Energy and Environmental Services公司、Halliburton公司及美国Applied Seismic Research公司垄断。其主要包含4类脉动注水工具。

(1) 深波激励工具：高压气源及供气管线是动力单元（该单元也可以采用其他方式，如机械、液压等），驱动活塞在汽缸中做往复运动，从而产生瞬时脉动压力，不足之处在于该工艺需要在地面添加动力设备（高压气源和供气管线等）。

(2) 井下低频脉动注水工具：通过高速低扭矩旋转变为低速大扭矩旋转，驱动脉动调质机构运动，周期性地改变注入水的过流面积，从而产生有规律的脉动压力。其脉动频率和脉动压力可根据注水量、减速器减速比和过流面积变化率进行调节。该工具不需要连接地面设备，可连接在普通油管或连续油管的末端，可用于任意结构井。

(3) 美国水力冲击注水工具：柱塞通过抽油杆与抽油机连接，抽油机驱动柱塞上下运动。因上柱塞直径小于下柱塞，当柱塞上行时，压缩缸容积减小，其中的液体受压缩；当下柱塞脱离下缸体时，压缩缸中流体快速冲出，产生脉动压力，实现低频脉动注水。

(4) 压力脉冲增产工具：地面控制设备通过电缆控制压力脉冲增产工具的电磁阀开闭来实现脉动注水。

国内相关研究起步较晚，目前为止并无成熟脉动注水工艺大范围应用于国内油田。截至2018年，共有3种类型脉动注水工具。

(1) 自激振荡脉动射流喷嘴式脉动注水器：在注入目的层位下置一个脉动注水器，利用注水井自身能量，将其稳定的注入水通过脉动器直接转化成周期性脉动射流，产生脉动波，建立振动场。该工具现场试验36口井，但存在水嘴适用性差、注入量小等缺点。

(2) XAPJ-1井下低频水力振源：由井口泵入高压流体，高压通过中心管小孔作用于活塞，活塞推动弹簧压缩，压缩量达到一定程度时，中心管中的流体从泄流孔流出，形成脉动压力波，脉动水进入构造。该工具仅在胜利油田和尕斯库勒油田用于油井的脉动解堵，并未在注水井中实施长期脉动注水，且单次脉动注入量较小。

(3) 井下低频脉动注水工具：由井下液压往复式增压器、气囊式蓄能器、脉动控制阀及其他辅助阀等组成。该工具通过全液压往复式井下增压组件将注入水增压，在蓄能机构中蓄能，当其中的压力达到脉动控制阀设定的开启压力时，主阀延时开启，产生高压脉动。当压力下降后，先导阀控制主阀延时关闭，以便使高压流体充分排出，蓄能腔内压力缓慢下降，该工具产生低频高振幅波，起到提高油田注水开发的效果。该工具仅处在室内试验阶段，尚未现场应用。

9. 单步法在线酸化工艺

对于传统的注水井酸化解堵使用最广泛的处理液是土酸、氟硼酸以及其他能缓慢产生HF的缓速酸液体系，通过主体处理酸液溶解固体悬浮物、腐蚀产物和结垢等。为了有效解除堵塞物，同时防止二次伤害，在实际酸化施工时，往往采用四段液体即四步法处理工艺。现有海上油田注水井酸化工艺的整个施工工序为注前置液→注处理液→注后置液→注顶替液。其中前置液用于溶解碳酸盐岩、隔离地层水、维持较低pH，防止沉淀产生；处理液为溶解堵塞物的主要酸液；后置液用以净化反应带，防止二次沉淀，保证酸化效果；顶替液用于将井筒中酸液顶替至地层深部。

然而，对于类似于SZ36-1油田注水井大规模出现近井地带堵塞、注入压力过高的情况，现有的“注前置液→注处理液→注后置液→注顶替液”施工工序暴露出一些对海上油田适应性差的弊端：①酸液体系复杂，酸液罐及其他辅助设备多，占用船舶、平台空间多，动迁麻烦，耗时耗力；②施工工序较为复杂，劳动强度较高；③作业独占性强，酸化作业时无法进行其他作业，即不可能实施交叉作业；④处理液规模优化设计难度大，规模选择不合适容易造成解堵效果不彻底或浪费酸液；⑤难以大规模实施酸化解堵作业；⑥作业费用高。

为了保证油田高效开发，注水井单步法在线酸化工艺通过在线施工，可实现海上油田注水井高效、快速、规模化解堵，降低注水压力，提高注水量。

四、注水井常用酸化解堵酸液体系

酸化是使用最普遍的化学解堵方法，它是依靠酸液的化学溶蚀作用以及向地层中挤酸时的水力作用来提高地层的渗透率，改善油气水流动状况，从而增加产量或注入量。酸液体系是酸化技术的核心部分。酸液必须适合地层岩性特点，不同的岩性采用不同的酸液，并选用合适的添加剂，才能有效地解除伤害并且不引起二次污染。国内外用于酸化的酸液越来越多，目前常用的可分为无机酸、液体有机酸、粉状有机酸、混合酸或缓速酸等。对于中、高渗透油田水井通常使用土酸、有机酸或土酸+有机酸酸化来达到解堵增注的目的；对于低渗透油田水井则以有机酸酸化为主，均取得了较好的效果。

1. 常规土酸体系

土酸是砂岩酸化中最常用的酸液体系，即盐酸与地层中铁、钙质矿物的反应，氢氟酸与地层中的硅酸盐如石英、黏土、泥质等的反应。典型的配方为9%～12% HCl+0.5%～3% HF+添加剂。常规土酸酸化主要用于解除钻井、完井造成泥浆污染的新注水井和老井的铁锈、水质中钙垢堵塞。其解堵优点在于溶蚀能力强，解堵增注效果较好，动用设备少，施工成本适中，原料来源广；其缺点是酸液有效作用距离有限，腐蚀严重，易生成酸渣，引起二次伤害。

2. 氟硼酸体系

氟硼酸是一种缓速酸，它进入地层后能缓慢水解生成HF，可以解除较深部地层的堵塞。氟硼酸与岩石反应的速度比常规土酸慢，对岩石的破坏程度比土酸小，酸化作用距离较远。

3. 有机土酸体系

有机土酸是由盐酸、氢氟酸、乙酸及多功能添加剂组成。有机酸是弱酸，电离常数比盐酸小得多。在盐酸足量的情况下，有机酸几乎不参与反应；当盐酸与储层矿物反应消耗后，有机酸才与储层矿物缓慢反应，从而使氢氟酸的反应活性延长，增加了酸液的穿透距离，达到提高酸化效果的目的。有机土酸适用于解除因黏土膨胀、微粒运移造成的油层堵塞。

4. 固体硝酸体系

固体硝酸酸化解堵增注技术是针对二次加密注水井及低渗透注水井而研究的一项酸化解堵增注技术。此类井油层有效厚度小、黏土含量高，在开发过程中，各种因素的堵塞使地层近井地带渗透率下降，导致注水井吸水能力差、吸水层比例低。

入井液包括盐酸、固体硝酸及其他添加剂。施工工艺将固体硝酸用不含水柴油作为挟带液打入地层，配合盐酸溶液分段注入储层，硝酸进入地层后在地层内遇水释放出活性硝酸，与盐酸形成多组分强酸体系并与地层中的堵塞物发生反应，能同时解除无机、有机堵塞物，从而达到增产增注的目的。

酸化作用机理就是盐酸+硝酸形成一种强酸体系对储层堵塞物以及储层矿物进行溶解，其酸液具有王水的强酸性质。该酸液与地层作用后形成的盐都是可溶性盐，不会对储层造成二次伤害，对油层伤害小；硝酸在反应中能放热，可降低高黏点原油的黏度。

如果使用该酸液一定要注意酸液的腐蚀性，硝酸与盐酸按比例组成的酸液被称为王水，具有极强的腐蚀性、溶解性，因此在注入过程中一定要注意酸液对管柱及设备的腐蚀，特别是应该避免盐酸与硝酸在管柱中的接触。该酸液对铝硅酸盐矿物的溶解性很小。

固体硝酸与其他添加剂有机结合产生协同效应，使工作液具有强酸性和强氧化性，与地层反应生成可溶性硝酸盐，可有效解除因钻井泥浆、机械杂质、黏土伤害以及有机质污染等造成的储层堵塞，不产生二次沉淀，对黏土矿物具有选择性溶解作用，并具备较好的黏土防膨性和稳定性，其防膨性比常规土酸高 2～3 倍。

5. 缓速酸

1）乳化酸

在乳化液存在下，由酸与油形成乳化酸。在稳定状态下，油外相将酸与岩石表面隔开，当达到一定条件后，乳化液被破坏，释放酸液，与岩石产生反应，从而达到使得酸液深穿透的目的。尽管已经使用过一些 O/W 型（油包水型）乳化液，但 W/O 型（水包油型）乳化液使用更普遍，而且缓速效果更好。

2）微乳酸

微乳酸是国外一种比较新颖的缓速酸（油包酸型微乳酸），其黏度很低，但其扩散速度比盐酸溶液低得多。并且其以均相方式存在，故而稳定性远远优于乳化酸；酸颗粒更加细小，返排更加容易。微乳酸典型的酸液成分包括十二烷、盐酸溶液、阳离子表面活性剂以及丁醇。微乳酸在北海低渗白垩灰岩的酸化中取得了较好的增产增注效果。

3）三相乳化酸

三相乳化酸中三种组分的比例为气：酸：油 = 25：52：23。它其实是乳化酸和泡沫酸结合，具有以下优点：

（1）由于气体存在，增加了酸液体积，从而增加了酸的溶解体积；

（2）气体作为内相，界面张力的作用使乳化酸的结构更加稳定，乳化液不易破乳，因此，使酸液保持稳定的时间更长；

（3）地层压力使内相气体被压缩，从而酸液储存了压缩能量，进入地层后会快速地向压力低的地层内移动，使酸液进入地层的距离增大，延缓酸岩的反应速度，从而达到深部酸化；

（4）反应后，气体可快速地将反应产生的微小颗粒带走，从而使酸液更快地进入地层。

4）泡沫酸

泡沫酸的基本配方：含气量一般 60% ~80% 或 95%；一般加有 0.5% ~1% 的活性剂和 0.4% ~1% 的缓蚀剂；使用氮气配制泡沫酸较为广泛。

其适于一般灰岩油井、重复酸化的老井以及液体滤失性大的低压油层的处理。

泡沫酸实际上是一种酸外相的乳化酸，只是以酸为外相，气体为内相构成。不仅具有乳化酸特点，而且还具有微乳酸比重小、黏度大和机械强度等性能，进入地层后，其扩散能力低、滤失量小；另外，外相酸与地层矿物反应后，气体游离于液体中，一方面覆盖在地层岩石表面，进一步延缓酸岩反应；另一方面，可将反应产物及时清除，从而为后来的酸液清除障碍，并在返排时挟带反应产物流出井外。气体使得酸液体积增大，可增加酸液波及面积，且降低耗酸量。

5）稠化酸

采用稠化剂可以提高酸液的黏度，抑制对流及氢离子向岩石表面扩散的速度，从而延缓酸化反应。稠化酸在高温下具有较高的稳定性，得到了广泛的应用。

常用的稠化剂有黄原胶、PAM 及能在酸溶液中形成杆状胶束的活性剂。

稠化酸优点是黏度高而液体滤失量少、活性酸穿透距离大且溶蚀能力强、细砂悬浮能力强、排除析出物能力大、作业后有效期长。

6）自生酸

自生酸是利用离解或离子交换作用在地层深处产生的酸。它是在地层内通过与其他物质发生反应而产生，因此，可使酸处理的深度大为增加。国内外应用广泛且技术比较成熟的自生酸是 HBF_4。因其原料易得而比较受欢迎。

7）多氢酸

多氢酸酸液体系是一种多元中强酸体系，在酸化过程中能逐渐释放 H^+，可以保持溶液的 pH 在小范围变化，并且由于酸液体系的初始 pH 较高，可减缓对管材和设备的腐蚀速率；多氢酸酸液体系具有缓速和水湿特性，对黏土的溶蚀率低，可实现地层深部解堵；多氢酸电离速度慢，与砂岩作用反应速度慢，具有良好的防垢和分散性能，可抑制硅酸盐在近井地带沉淀，有效避免解堵过程中的二次伤害，现场试验结果表明，多氢酸解堵增注效果明显。

6. 有机螯合酸液体系

Philrae 等在 2007 年进行了砂岩酸化单步法的研究。研究中应用新型高 pH 的 HF 酸液体系，其酸液体系可以解决土酸酸化时存在的许多问题。此酸液体系具有缓速性，同时 pH 较高，一般在 3.2～4.8 之间，而一般的土酸体系具有较低的 pH（一般根据 HCl 与 HF 的比例，在 0～1 之间）。较高 pH 的酸液体系具有明显的优势，其腐蚀能力大大减弱并且具有缓速性，能满足深部酸化的要求。同时，加入适当的沉淀抑制剂能够抑制二次沉淀的产生，尤其是对铁离子具有较好的抑制能力。截至 2018 年，此酸液体系已经进行过 35 井次矿场试验，均获得很好的效果。

Nasr-El-Din 等在 2007 年发表的“Investigation of a New Single-Stage Sandstone Acidizing Fluid for High Temperature Formations”中介绍了单级酸化的室内实验研究。单级酸液体系适用于高含黏土和碳酸钙储层，为螯合剂+HF 酸液，溶于水后可以产生相当于浓度为 0.75% 的 HF 酸，pH 为 2～4，但需要缓蚀剂浓度较低。岩心流动测试实验证明单级酸化体系不会破坏砂岩的强度，在地层温度为 250～300℉（1℉=1℃×1.8+32）时，不但可以溶解岩心中的铝、铁、钙、镁和硅等矿物成分，还可以同时保持砂岩本身的完整性，降低酸岩反应过程中对储层的二次甚至三次伤害。而且酸液体系腐蚀性较低，温度在 325℉以上时可以控制低碳钢和铬 13 的腐蚀率。

这类酸液体系主要依靠螯合剂的特殊功能，即能够利用螯合剂自身的化学结构，“钳住”常规酸液中难溶的、容易形成二次伤害的金属离子；同时在高 pH 条件下，能够抑制与钙盐的反应，避免产生难溶的氟化钙沉淀，同时清除硅铝酸盐沉淀。通过结合地层特性的酸液配方的调整，该酸液体系能够达到预期的酸化效果，并能够有效抑制二次沉淀。这种酸液体系的主酸，一般是一种酸或者多种酸的混合，包括 HCl、HF、甲酸、乙酸等，根据实际地层需要选用合适的酸液。

在这种酸液体系中，可供使用的螯合剂多种多样。其中包括氨基多羧酸盐和聚氨基聚羧酸酯螯合剂，如 NTA（次氮基三乙酸）、EDTA（乙二胺四乙酸）、CyDTA（亚环己基二胺四乙酸）等和这些物质相应的盐。这些新型的酸液体系既可以独自应用，也可以和 NH_4Cl 混合使用。

第三节 微压裂增注技术

一、微压裂增注机理研究

1. 岩样破裂与壁面粗糙度

实施微压裂可能产生以下作用。

（1）微压裂使裂缝周边的岩石在压力超过门槛压力后，即发生滑移破坏，两个裂缝粗糙面上滑动脱落下来的碎屑形成自撑式支撑缝。停泵后，张开的粗糙面使它们不能再滑回到原来的位置，从而使剪切膨胀的裂缝渗透率得到保持，如图 4-6 所示。

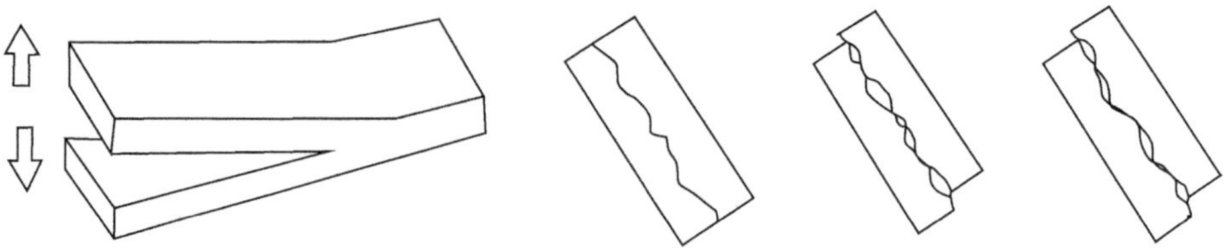

(a) 张开破坏　　(b) 剪切滑移

图 4-6　微压裂下裂缝发生张开破坏与剪切滑移

（2）由于岩石中裂缝面具有一定的表面粗糙度，闭合后仍能保持一定的缝隙，就可对低渗储层形成足够的导流能力（图 4-7）。

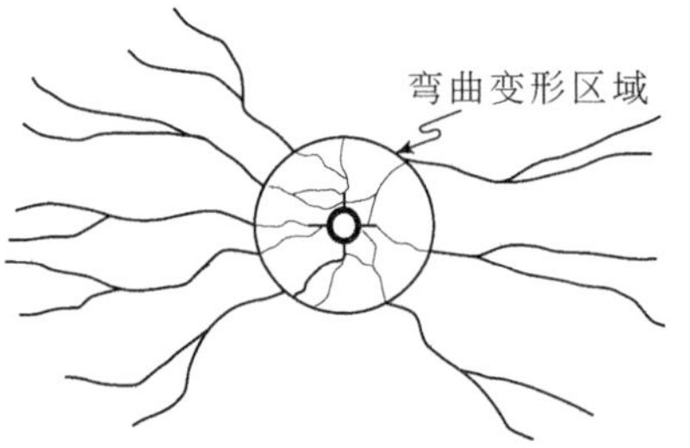

图 4-7　利用滤失作用开启天然裂缝并延伸

2. 破裂岩样流动能力测试与分析

1）储层张、剪破坏区渗透率

随着流体介质液注入地层，地层压力增加，将导致天然裂缝发生剪切和张性破坏，引起裂缝开度的变化（缪立南和邸士莹，2017），因而改变了裂缝渗透率，裂缝开度的变化主要是由裂缝正变形和裂缝剪切变形所致，包括剪应力引起的剪切膨胀开度和张性破坏引起的法向开度变化。

如图 4-8 所示，随着流体注入地层，裂缝内的流体压力升高，因此改变了裂缝周围的应力分布。当裂缝面上的剪应力超过裂缝的抗剪强度时，裂缝发生剪切滑移。由于裂缝表面具有一定的粗糙度，当裂缝发生剪切滑移之后，裂缝面不能很好地啮合而增加了裂缝开度，形成具有一定导流能力的裂缝。停泵之后，粗糙裂缝表面阻止其滑移回到初始位置，这样由剪切膨胀效应增加的裂缝渗透率得以保持。

根据线弹性理论，天然裂缝的剪切位移与有效剪应力成正比，即剪切位移 U_s 为

$$U_s = \frac{\Delta\tau}{K_s} \tag{4-1}$$

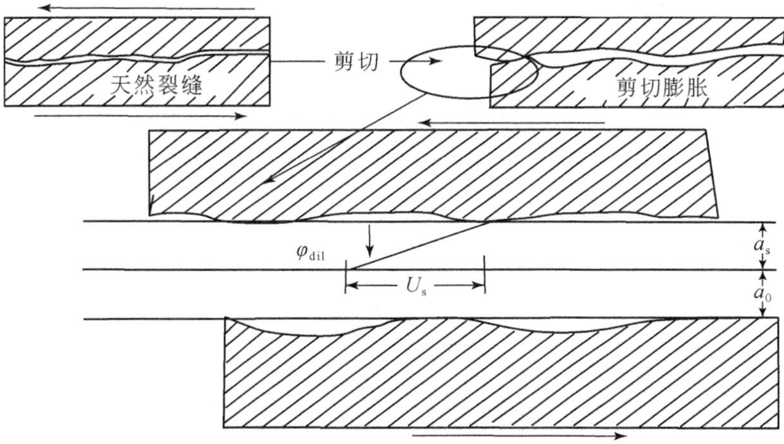

图 4-8 天然裂缝剪切膨胀现象

U_s 为剪切位移；a_s 为受激缝隙开度；a_0 为原始缝隙开度；φ_{dil}为剪切扩张角

有效剪应力 $\Delta\tau$ 定义为

$$\Delta\tau=\tau_n-\sigma_{eff}\tan\ (\varphi_{basic}+\varphi_{dil}^{eff}) \tag{4-2}$$

式中，τ_n 为裂缝的剪切应力，MPa；σ_{eff}为有效正应力；φ_{basic}为缝面基本摩擦角；φ_{dil}^{eff}为有效剪切扩张角。

K_s表示裂缝剪切刚度，可以采用下式表示为

$$K_s=\frac{7\pi G}{24L_f} \tag{4-3}$$

式中，G 为储层岩石剪切模量；L_f 为裂缝半径，m。

当天然裂缝内的孔隙流体压力增加到大于裂缝面正应力时，天然裂缝发生张性破坏，天然裂缝会张开而不再接触，裂缝面的剪应力全部用于裂缝剪切滑移，在这种情况下剪切位移为

$$K_s=\frac{7\pi G}{24L_f} \tag{4-4}$$

根据相关研究，裂缝剪切滑移增加的裂缝宽度即受激缝隙开度 a_s，可以根据下式表示为

$$a_s=U_s\tan\ (\varphi_{dil}^{eff}) \tag{4-5}$$

$$U_s=\frac{\tau_n}{K_s}$$

当裂缝发生张性破坏之后，天然裂缝将完全打开，裂缝的原始开度和裂缝内的流体压力受到破坏，裂缝面的正应力和裂缝的正刚度发生了变化，可以采用以下方程计算（Guo and Liu，2014）：

$$a_s=U_s\tan\ (\varphi_{dil}^{eff}) \tag{4-6}$$

对于天然裂缝张性破坏区，当天然裂缝面存在剪应力时，该区域事实上是一个包含张性破坏和剪切破坏的重叠区域。根据线弹性理论，总的裂缝开度包括天然裂缝张开的法向

开度、剪切膨胀开度及原始裂缝开度，其表示为

$$a_f = a_0 + a_n + a_s = a_0 + \frac{P-\sigma_n}{K_n} + \frac{\tau_n}{K_s}\tan(\varphi_{dil}) \tag{4-7}$$

式中，a_f 为总的裂缝开度，mm；P 为天然裂缝压力，MPa；a_n 为剩余裂缝长度，m；K_n 为裂缝正刚度，MPa/m；σ_n 为天然裂缝面正应力，MPa；a_0 为原始裂缝开度，m；τ_n 为天然裂缝面上的剪切应力，MPa；φ_{dil} 为剪切扩张角，(°)。

对于只发生剪切滑移的天然裂缝带，其开度即剪切膨胀开度和原始开度，可以表示为

$$a = a_0 + \frac{\Delta\tau}{K_s}\tan\ (\varphi_{dil}^{eff}) \tag{4-8}$$

式中，a 为天然裂缝带，m。

天然裂缝所在网格块的等效体积渗透率可以由立方定律得

$$K_f = \frac{a^3}{12S_f} \tag{4-9}$$

式中，K_f 为等效体积渗透率，mD；S_f 为单位体积岩石孔隙等效截面，m^2。

2）岩心渗透率变化实验测试

渤南海上油田没有足够的实际岩心供实验测试，因此采用模拟岩心按照劈裂造缝和剪切造缝形成微压裂裂缝，分别测试岩心流动能力。

a. 裂缝形态

裂缝形态见表 4-2。

表 4-2　裂缝形态

情况 1	无错动（原位闭合）	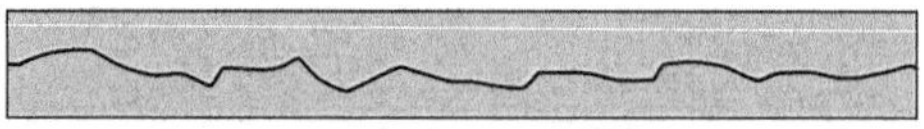
情况 2	有错动（错位闭合）	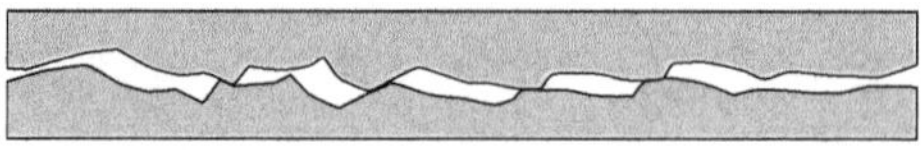

b. 张性裂缝渗透率实验

张性裂缝渗透率实验结果见表 4-3。

表 4-3　张性裂缝岩心渗透率变化实验结果

编号	基质渗透率/mD	错位 1mm 闭合裂缝		原位闭合裂缝	
		渗透率/mD	渗透率比	渗透率/mD	渗透率比
KL10-T1	42.66	55	1.29	—	—
KL10-T4	30.43	48.9	1.607	—	—
KL10-T7	12.73	29.37	2.307	—	—
错位平均	28.607	44.423	1.735	—	—
ATT-01	36.53	—	—	33.43	0.915
ATT-02	34.47	—	—	54.51	1.581
ATT-03	45.2	—	—	52.01	1.151
原位平均	38.733	—	—	46.65	1.216

实验结果表明，岩心产生人工张性裂缝原位闭合后渗透率仍有较大幅度的提高，渗透率增加幅度在 0.915 ~ 1.581 倍，平均提高 1.216 倍。错位 1mm 后渗透率增加幅度在 1.29 ~ 2.307 倍，平均提高 1.735 倍。这表明在清水微压裂过程中，一旦产生人工裂缝，即使没有支撑剂填入，仍然可以改善地层的渗流条件，增加地层的渗透率。

跟原位闭合裂缝渗透率相比，错位闭合裂缝渗透率总体不一定总是增加，这与裂缝面的粗糙度和相互错位程度有极大关系。裂缝面粗糙度的分布具有一定的不确定性，导致其错位后闭合状态的复杂性，凹凸点之间相互支撑和穿插、裂缝面脱落残渣的运移堵塞等都使缝面之间的残余宽度难以准确描述，但对渗透率有重要影响（图 4-9）。

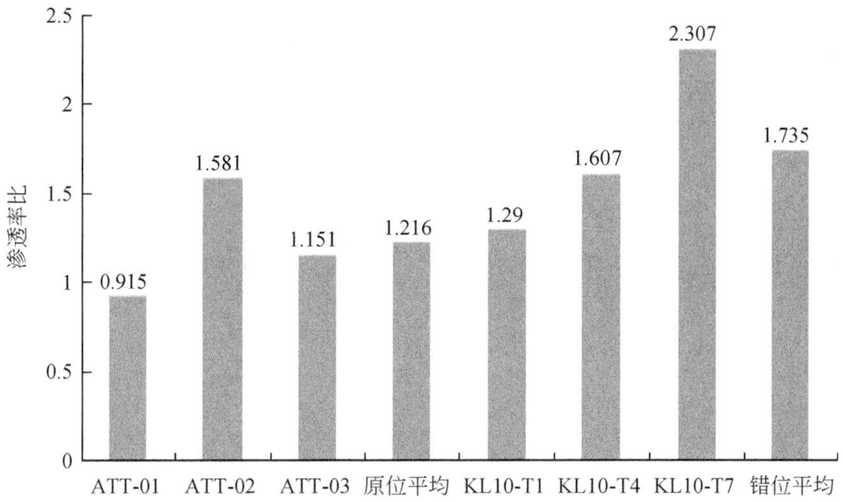

图 4-9 张性裂缝渗透率变化

c. 压剪裂缝渗透率实验

采用的岩心参数见表 4-4，实验结果如图 4-10 所示。实验表明，岩心产生人工剪切裂缝原位闭合后渗透率仍有较大幅度的提高，渗透率增加幅度 1.461 ~ 2.692 倍，平均提高 2.016 倍。错位 1mm 后渗透率增加幅度在 1.197 ~ 2.889 倍，平均提高 1.762 倍。压剪裂缝流动能力与张性裂缝完全类似，只是程度略有差异。

表 4-4 压剪裂缝岩心渗透率变化实验结果

编号	基质渗透率	错位 1mm 闭合裂缝		原位闭合裂缝	
		渗透率	渗透率比	渗透率	渗透率比
KL10-S1	38.49	46.19	1.2	—	—
KL10-S4	51.32	61.47	1.197	—	—
KL10-S7	28.77	83.11	2.889	—	—
错位平均	39.53	63.59	1.762	—	—
ATS-01	36.18	—	—	68.56	1.895

续表

编号	基质渗透率	错位 1mm 闭合裂缝		原位闭合裂缝	
		渗透率	渗透率比	渗透率	渗透率比
ATS-02	30. 6	—	—	82. 37	2. 692
ATS-03	23. 97	—	—	35. 03	1. 461
原位平均	30. 25	—	—	61. 99	2. 016

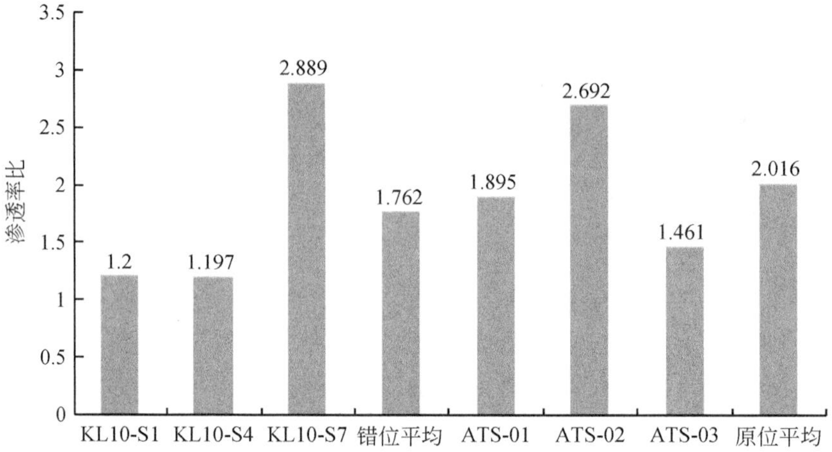

图 4-10　压剪裂缝渗透率变化

3. 岩板裂缝导流测试

渤南海上油田没有实际岩心，因此采用模拟岩心分别按照劈裂造缝和剪切造缝形成微压裂裂缝，在西南石油大学油气藏地质及开发工程国家重点实验室“压裂酸化裂缝导流能力测试分析系统”进行。测试结果如图 4-11 所示。

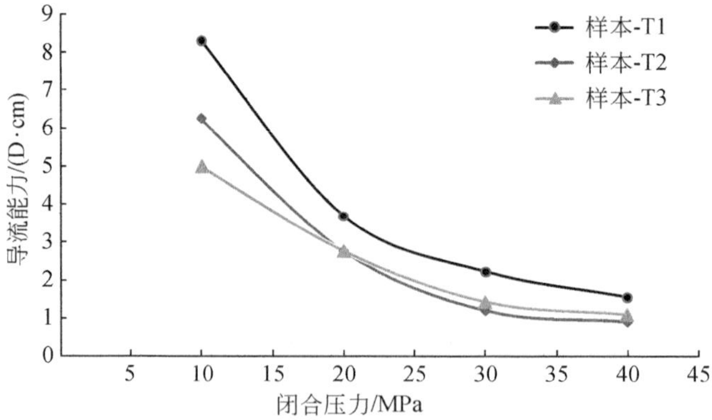

(a) 张性裂缝导流能力随闭合压力变化

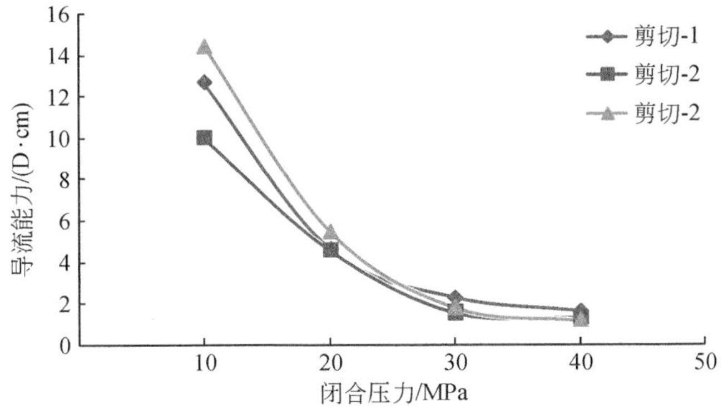

(b) 压剪裂缝导流能力随闭合压力变化

图 4-11　张性裂缝和压剪裂缝导流能力随闭合压力变化

压剪裂缝导流能力随闭合压力增加而迅速下降，尤其是当闭合压力超过 20MPa 以后非常明显。但是不同样品的实验测试结果有较大差异，而且其导流能力总体较低。

图 4-12 展示了张开（支撑与不支撑）裂缝导流能力对比结果。加砂支撑裂缝显著增加了裂缝导流能力，尤其在低闭合压力下更明显。

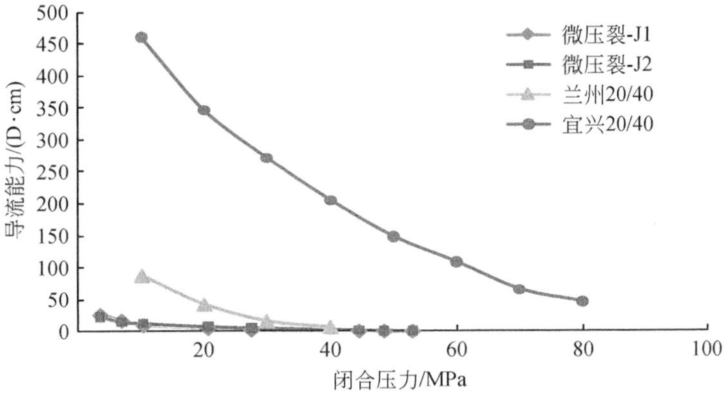

图 4-12　张开裂缝导流能力比较

对于所谓“自支撑”裂缝的导流能力，目前国内外主要是针对脆性较好的页岩、砂岩储层开展了大量实验研究（图 4-13）。

这些实验结果揭示了导流能力变化的共同规律：导流能力随闭合压力增加迅速减小；岩石的力学性质和粗糙度显著影响“自支撑”裂缝导流能力。

4. 理论模拟计算

定义增注比为措施后与措施前相同工作制度下的日注水量之比。以此衡量措施后的增注能力，若增注比大于 1 表明措施有效，增注比越高则增注效果越好。

1）无伤害井微压裂增注比计算

考虑注水井单相流体渗流，注入能力按下式计算：

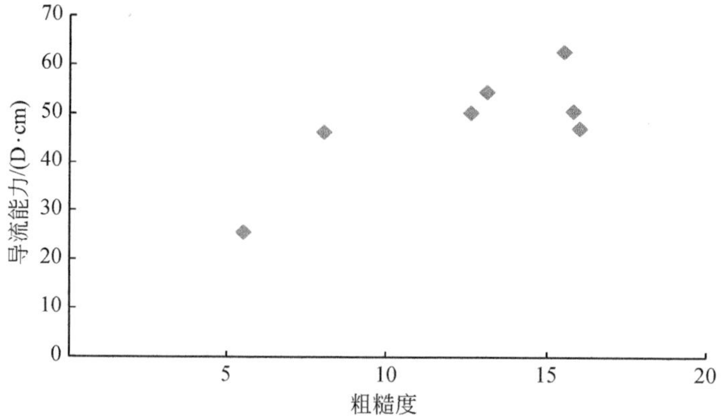

(a) 粗糙度对裂缝导流能力的影响

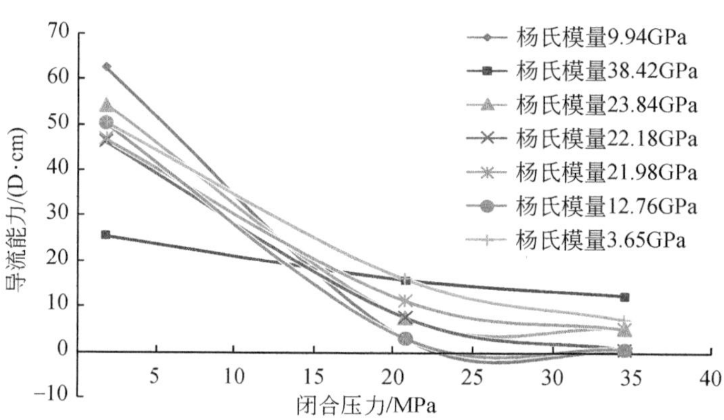

(b) 杨氏模量对裂缝导流能力的影响

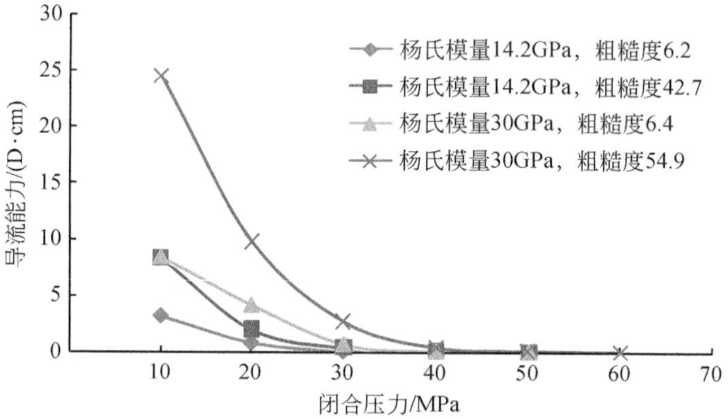

(c) 杨氏模量和粗糙度对裂缝导流能力的影响

图 4-13　不同条件下对裂缝导流能力的影响

$$q_i = \frac{0.543Kh\ (p_{wf} - p_r)}{\mu_w B_w\ [\ln\ (r_e/r_w)\ -3/4 + S]} \tag{4-10}$$

式中，q_i为日注水量，m^3；K 为储层渗透率（尽量应用试井解释的结果），mD；h 为储层有效厚度，m；μ_w、B_w分别为注入水黏度（1mPa·s）及体积系数（1）；p_r、p_{wf}分别为井区平均地层压力和井底注入压力，MPa；r_w、r_e分别为井眼半径和井控半径，m；S为表皮系数（与完井方式、井壁污染或增产措施有关，无伤害井$S=0$）。

考虑储层有效渗透率分别为25mD、50mD和500mD，微压裂裂缝导流能力分别为1D·cm、3D·cm、5D·cm、10D·cm，模拟得到微压裂增注比如图4-14所示。

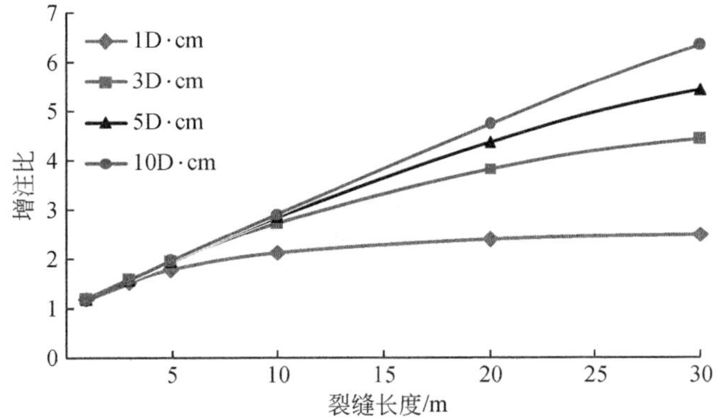

(a) 25mD无伤害条件下增注比计算结果

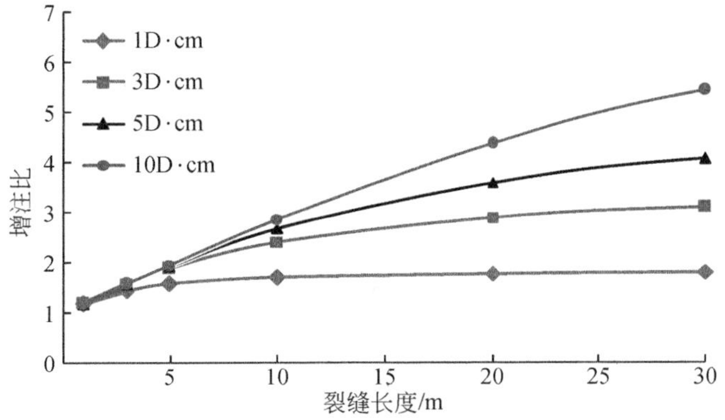

(b) 50mD无伤害条件下增注比计算结果

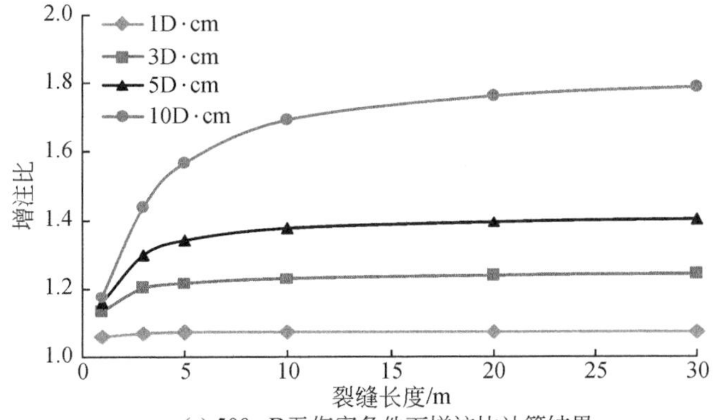

(c) 500mD无伤害条件下增注比计算结果

图4-14 不同有效渗透率无伤害条件下增注比计算结果

模拟结果表明：

（1）增注比随裂缝长度增加或/和随裂缝导流能力增加而增加；

（2）地层渗透率越高，裂缝参数对增注比影响越小；

（3）无伤害条件下，微压裂（缝长和导流能力均较小）的增注比仅 1 ~2 倍。

2）伤害井微压裂增注比计算

伤害井示意图如图 4-15 所示。其表皮系数为

$$S=(K_0/K_d-1)\ln(r_d/r_w)$$

式中，K_0、K_d分别为储层伤害带和未伤害带渗透率，mD；r_d为伤害带半径，m。

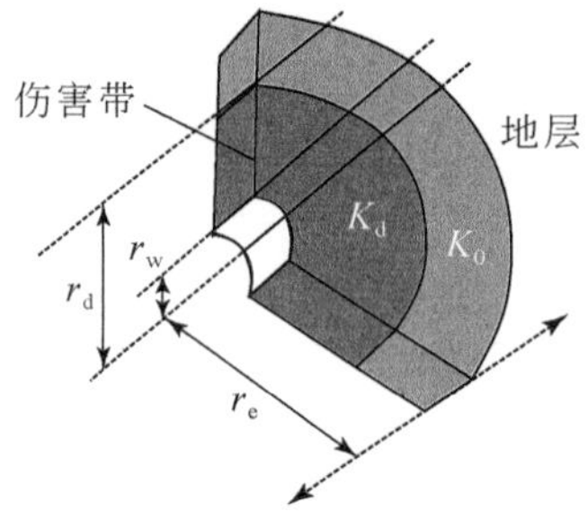

图 4-15　伤害井示意图

Raymond 和 Binder 假设：①水平油藏充满单相、常黏度、压缩性小的流体；②井位于圆形泄油面积中心，垂直裂缝沿井眼对称地向储层延伸；③在整个泄油面积上，等压线是以井轴为中心的同心圆。

增注比 J_f/J_0 可以表征为

$$J_f/J_0=\frac{\dfrac{K}{K_d}\ln\left(\dfrac{r_d}{r_w}\right)+\ln\left(\dfrac{r_e}{r_d}\right)}{\dfrac{K}{K_d}\ln\dfrac{r_d+\dfrac{w}{\pi}\left(\dfrac{K_f}{K_d}-1\right)}{r_w+\dfrac{w}{\pi}\left(\dfrac{K_f}{K_d}-1\right)}+\ln\dfrac{L_f+\dfrac{w}{\pi}\left(\dfrac{K_f}{K}-1\right)}{r_d+\dfrac{w}{\pi}\left(\dfrac{K_f}{K}-1\right)}+\ln\left(\dfrac{r_e}{L_f}\right)} \tag{4-11}$$

式中，K、K_d、K_f分别为储层原始、伤害带和微压裂裂缝区域渗透率，mD；r_w、r_d、r_e、L_f分别为井眼半径、伤害带半径、井控半径和微压裂裂缝半长，m。

结合渤南海上油田 BZ34-1WHPF-F8 井注水层测井解释渗透率高 1700mD 以上（表 4-5），采用措施前的日注水量不足 100m^3，推算表皮系数应该较高。如表 4-6，2017 年 2 月压降试井解释地层渗透率仅 6. 03mD、表皮系数达 11. 9；2016 年 7 月的解释地层渗透率和表皮系数更高。配注方案下渗透率与表皮系数的关系如图 4-16 所示。

表 4-5　BZ34-1WHPF-F8 井注水层（明化镇组 1D1506 砂体）测井解释结果

斜深/m			垂深/m			孔隙度/%	渗透率/mD	烃饱和度/%	泥质含量/%	解释结果
起	止	厚	起	止	厚					
2023.1	2025.1	2.0	1487.0	1488.4	1.4	21.5	44.5	37.1	26.6	差油层
2059.1	2068.3	9.2	1514.3	121.4	7.1	31.6	1770.4	70.4	9.3	油层
2069.5	2082.5	13.0	1522.4	1532.5	10.1	31.5	2124.8	67.9	9.6	油层

表 4-6　BZ34-1WHPF-F8 井注水层（明化镇组 1D1506 砂体）试井解释成果

测试时间	2016 年 7 月		2017 年 2 月
解释模型	复合油藏	反褶积	复合油藏
地层系数 KH/(mD · m)	333	406	68.2
渗透率 K/mD	29.5	35.9	6.03
表皮系数 S	23.7	30.6	11.9
复合半径 R_i/m	45.9	49.4	41.6

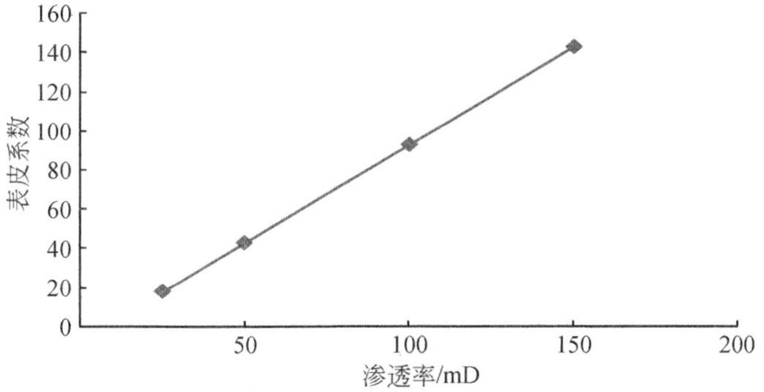

图 4-16　配注方案下渗透率与表皮系数的关系

不同表皮条件下的增注比如图 4-17 所示。如果表皮系数达到 5、10 和 20，则完全解除伤害的增注比相应下降到 0.586、0.414 和 0.261。说明储层受到伤害后的增注比会显著下降；反过来，如果通过某种措施完全解除表皮伤害，其增注比会有显著提高，如图 4-18 所示。

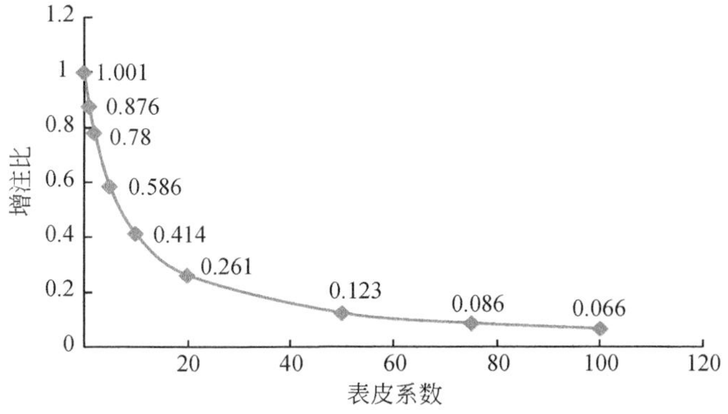

图 4-17　增注比随表皮系数变化情况

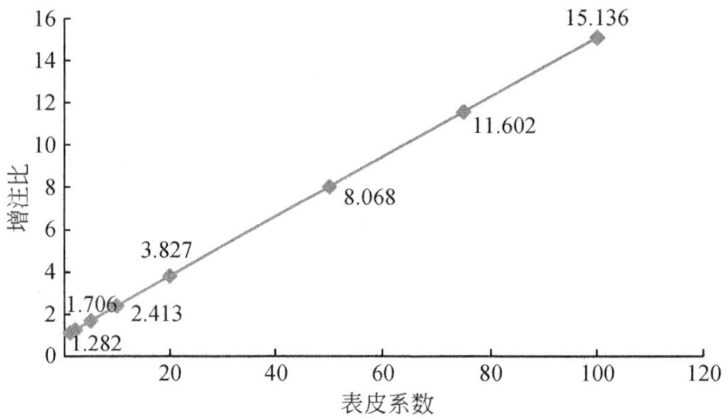

图 4-18　完全解除表皮的增注比变化关系

例如，措施前表皮系数为 5、10 和 20，完全解除表皮后的增注比分别可达 1.706、2.413 和 3.827。部分解除表皮的增注比如图 4-19 所示，同初始表皮下改善表皮系数对增注能力影响程度不同，对于采用措施前具有高表皮（<10）的井，解除表皮伤害的增注能力有限。

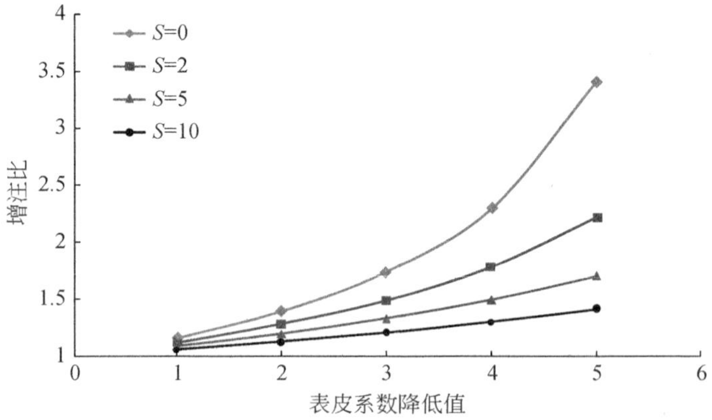

图 4-19　部分解除表皮的增注比变化关系

事实上，该井被判断有严重的表皮伤害，微压裂措施后的增注比变化如图 4-20 所示。

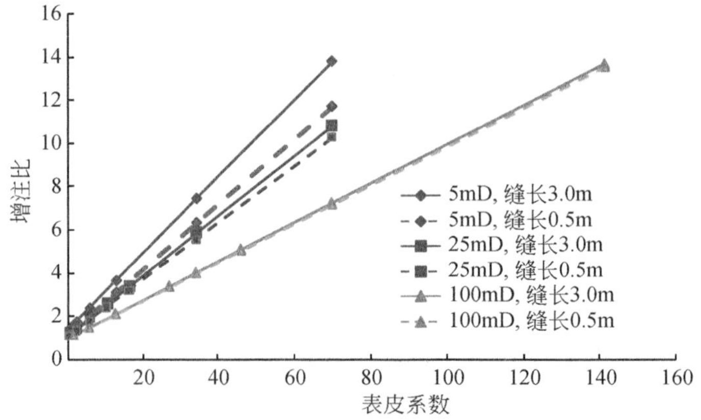

(a) 裂缝导流能力2.5D · cm

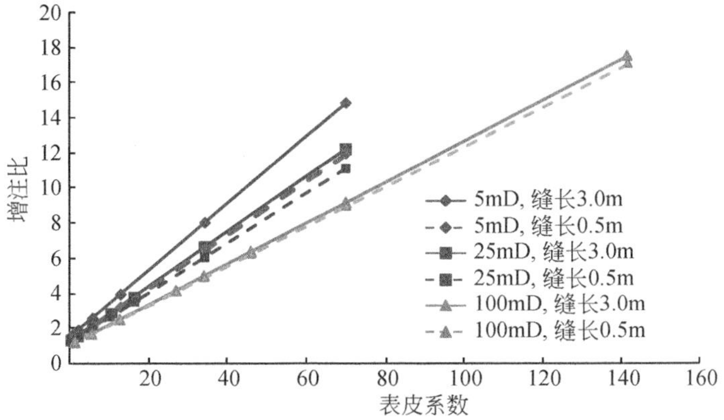

(b) 裂缝导流能力5.0D·cm

图 4-20　不同储层渗透率下微压裂的增注比变化

模拟结果表明：

（1）对于伤害井，采用微压裂均有一定增注能力，且显著高于无伤害井；

（2）相同表皮系数下，低渗储层微压裂增注比高于高渗储层；

（3）裂缝穿过伤害带后，近井裂缝长度对增注比影响较小（尤其对于高渗储层）。

二、微压裂增注工艺参数研究

微压裂增注工艺参数研究的重点在于优选微压裂注水管柱沿程摩阻计算模型，结合水嘴节流模组和孔眼局部摩阻计算模型形成微压裂解堵设计方法（陈元千和郭二鹏，2014），通过模拟研究确定渤南海上油田微压裂极限注入参数。

1. 注水管柱沿程压力损失

考虑到页岩储层水平井多簇压裂难以下入井下传感器和封隔器（王惠，2014），这里建立了包括连续性方程、压降方程、状态方程构成的压裂管柱流动摩阻计算模型。从理论上可以方便地利用地面施工压力更为精细地计算井底施工压力。

1）连续性方程

压裂施工过程中，流体在井筒中的连续性方程为

$$\rho\frac{\partial v}{\partial z}+v\frac{\partial p}{\partial z}+\frac{\partial \rho}{\partial t}=0 \tag{4-12}$$

式中，p 为压力，MPa；v 为压裂混砂液流速，m/s；ρ 为压裂混砂液的密度，kg/m^3。

2）压降方程

流体压降方程为

$$\frac{\partial p}{\partial z}=\rho-f\frac{\rho v^2}{2Dg}-\frac{\rho v}{g}\frac{\partial v}{\partial z} \tag{4-13}$$

式中，g 为重力加速度，取值为 9.81m/s^2；f 为井筒的摩阻系数，MP/m；D 为井筒（套

管）内径，m。

3）状态方程

压裂施工压力通常较高，导致压裂液具有一定的压缩性，因此流体状态方程为

$$\rho=\rho_0\exp[C_t(p-p_0)] \tag{4-14}$$

式中，C_t 为压裂液压缩系数，MPa^{-1}；ρ_0 为标准大气压下的压裂液密度，kg/m^3；p_0 为标准大气压力，MPa。

工程实际计算中压裂液可视为不可压缩流体，即密度近似为常数。

4）数值计算模型

由式（4-12）～式（4-14）联立可得

$$\frac{\partial p}{\partial z}=\rho-f\frac{\rho v^2}{2Dg}-\frac{\rho v}{g}\frac{\partial v}{\partial z} \tag{4-15}$$

$$\frac{\partial v}{\partial z}=\frac{\rho vg-\rho f\frac{v^3}{2D}+g\frac{\partial v}{\partial t}}{\rho v^2-g/C_t} \tag{4-16}$$

联立式（4-15）和式（4-16）可求解压裂工作液在井筒中的流动摩阻。其中摩阻系数按表4-7进行计算。采用ϕ62和ϕ88.9N80油管的微压裂管柱摩阻计算结果如图4-21所示。

表4-7　摩阻系数计算经验公式

流态类别		*Re* 范围	常用的经验公式
层流		$Re\leqslant2000$	$\lambda=\frac{64}{Re}$
紊流	水力光滑	$2000<Re\leqslant\frac{59.7}{\varepsilon^{8/7}}$	$\lambda=\frac{0.3164}{\sqrt[4]{Re}}$
	混合摩擦	$\frac{59.7}{\varepsilon^{8/7}}<Re\leqslant\frac{665-765\lg\varepsilon}{\varepsilon}$	$\frac{1}{\sqrt{\lambda}}=-1.8\lg\left[\frac{6.8}{Re}+\left(\frac{\Delta}{3.7d}\right)^{1.11}\right]$
	水力粗糙	$Re>\frac{665-765\lg\varepsilon}{\varepsilon}$	$\lambda=\frac{1}{\left(2\lg\frac{3.7d}{\Delta}\right)^2}$

注：λ 为摩阻系数；d 为测试管直径，mm；Re 为雷诺数；ε 为收缩系数。

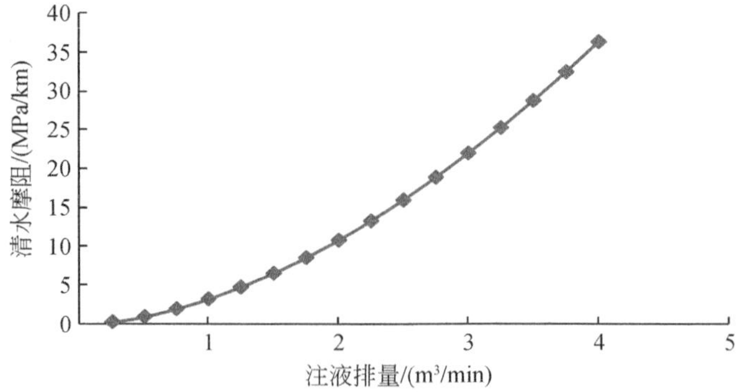

(a) ϕ62油管注入光滑油管清水摩阻计算结果

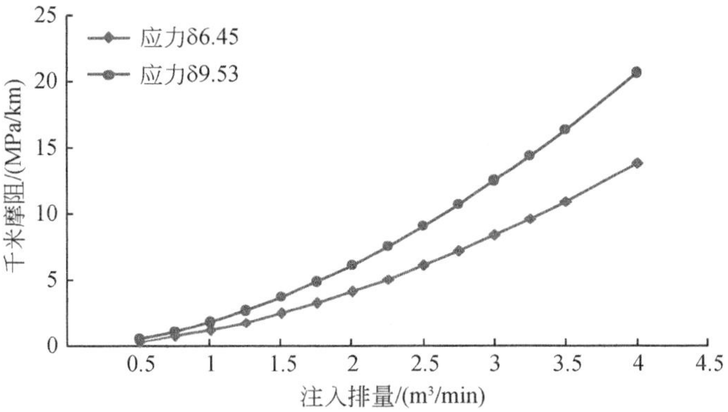

(b) ϕ88.9N80油管注液沿程摩阻计算结果

图 4-21　不同情况下摩阻计算结果

从模拟结果看，在目前渤南海上油田微压裂注液（<1.0m^3/min）条件下的管柱沿程摩阻均不大（即便在油管粗糙度达到 0.5，注液速度达到 1.0m^3/min 时的沿程摩阻才小于 3MPa/km）。事实上，使用中的油管很难获得较为准确可靠的粗糙度数据，而且沿程摩阻本身数值相对较小，无须过多考虑。

以 BZ34-1-F8 井微压裂井为例，实验的计算井底压力与实测井底压力对比结果见表 4-8。可见，前述理论计算模型较为准确，可以用于微压裂设计计算。

表 4-8　计算井底压力和实测井底压力对比

注入流量/(m^3/d)	井口压力/MPa	计算井底压力/MPa	实测井底压力/MPa	绝对误差/MPa
80	9.9	26.59	26.65	0.06
200	20.8	37.45	37.35	0.1
274	20.3	37.13	37.3	0.17

2. 配水器水嘴摩阻计算

微压裂注入水通过配水器水嘴（实施微压裂可能去掉水嘴）产生局部节流损失，渤南海上油田采用如下经验公式进行计算。水嘴节流压力损失图如图 4-22 所示。

$$\Delta p_n = \left(\frac{1}{4.178}\frac{Q}{A}\right)^2 \tag{4-17}$$

式中，Δp_n 为水嘴节流损失压降，MPa；Q 为注入压裂工作液排量，m^3/d；A 为水嘴过流面积，m^2。

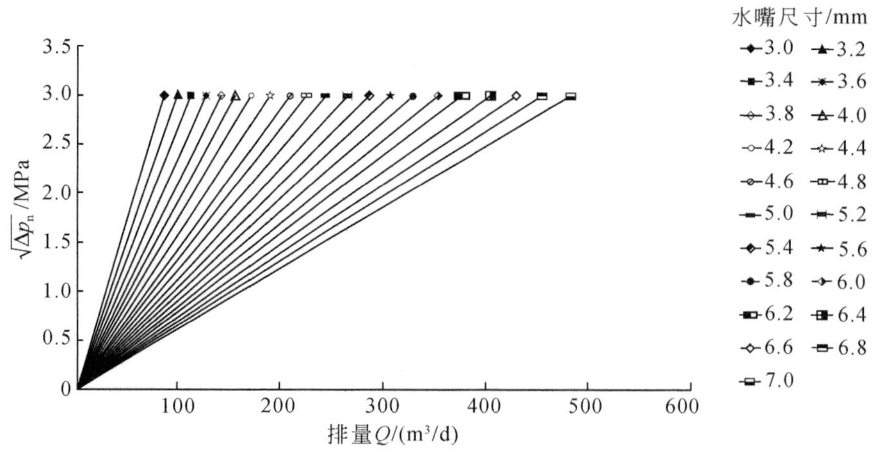

图 4-22　水嘴节流压力损失图

渤南海上油田 BZ34-1WHPF-F8 井使用的水嘴嘴损曲线如图 4-23 所示。

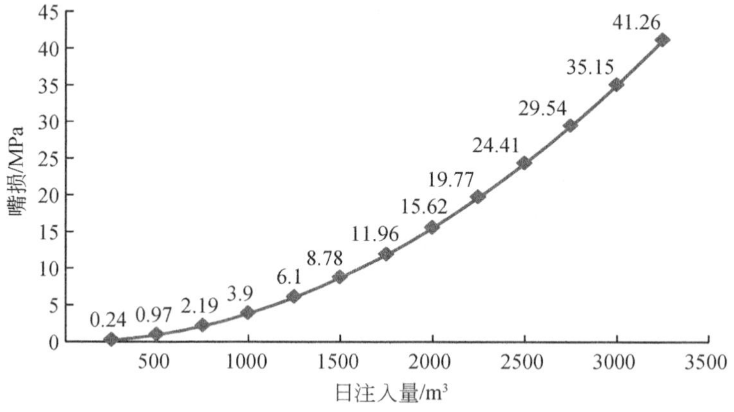

(a)

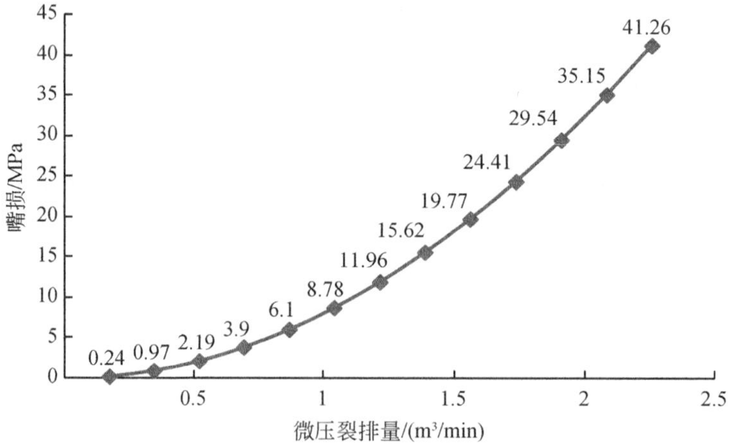

(b)

图 4-23　渤南海上油田微压裂注水的嘴损经验关系计算结果

3. 射孔孔眼节流摩阻计算模型

计算孔眼节流损失（压力降）的传统方法是假设水嘴为圆柱状通道，根据水力学原理可得

$$p_{\mathrm{per}}=\frac{2.232\times10^{-10}\rho_{\mathrm{f}}Q^2}{N_{\mathrm{p}}^2D_{\mathrm{p}}^4C_{\mathrm{d}}^2} \tag{4-18}$$

式中，p_{per}为孔眼摩阻，MPa；ρ_{f}为压裂液密度，kg/m^3；Q 为施工排量，m^3/min；N_{p}、D_{p}分别为有效射孔孔数和射孔孔眼直径，m；C_{d}为流量系数，一般为0.56～0.9。

典型计算结果如图4-24所示。

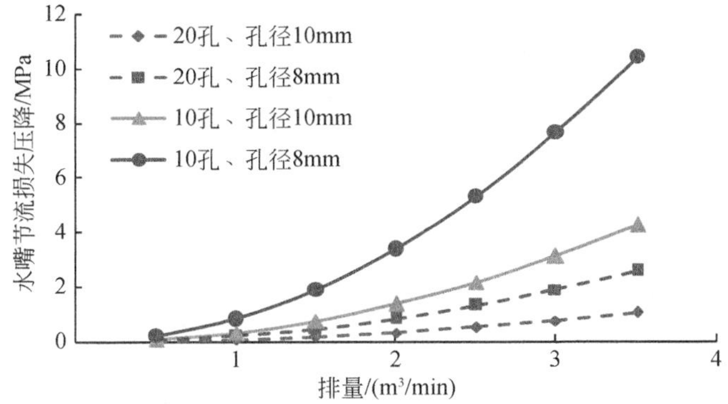

(a) 流量系数为0.8时配水器水嘴节流压力损失图

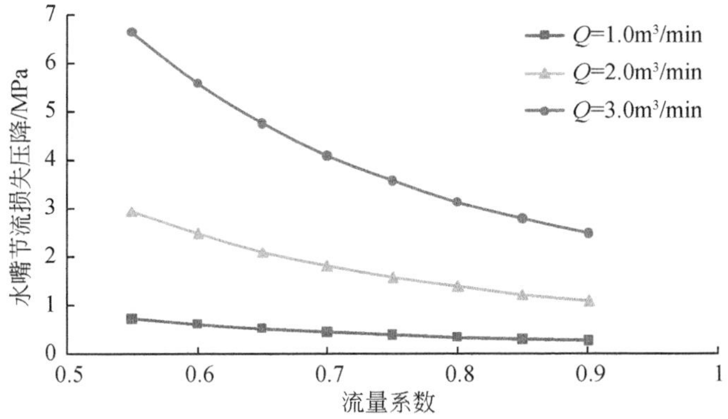

(b) 10孔、孔径10mm时配水器水嘴流量系数对节流压力损失影响

图4-24　典型计算结果

其实，无论是配水嘴还是射孔孔眼，本质上都是短的小孔道产生局部压力降（压力损失），均可采用射孔孔眼摩阻计算公式，只不过有各自的流量系数而已。计算结果对比如图4-25所示。

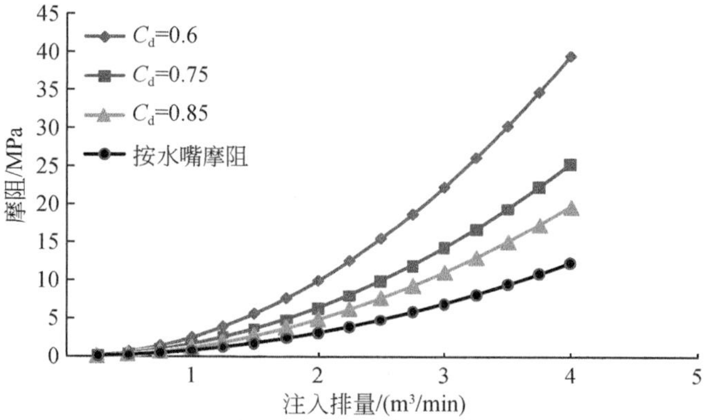

(a) 5孔、孔径10mm时孔眼压力损失图

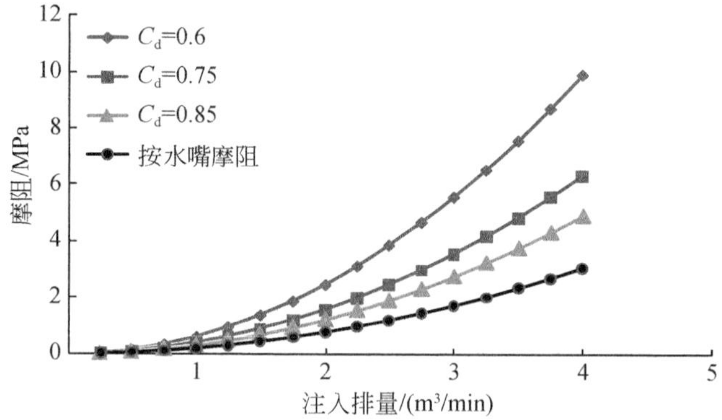

(b) 10孔、孔径10mm时孔眼压力损失图

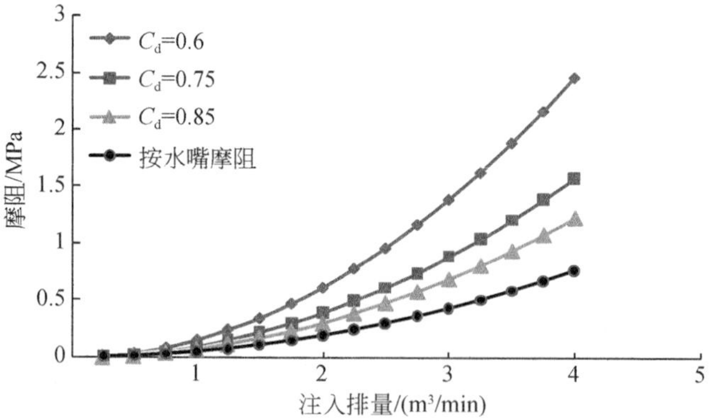

(c) 20孔、孔径10mm时孔眼压力损失图

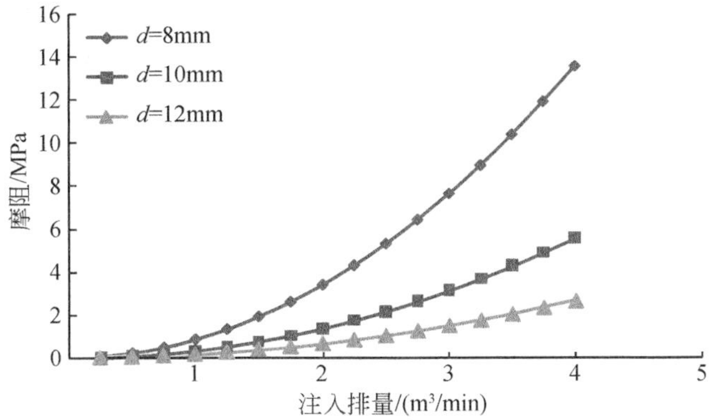

(d) 孔径10mm时孔眼(流量系数0.8)压力损失图

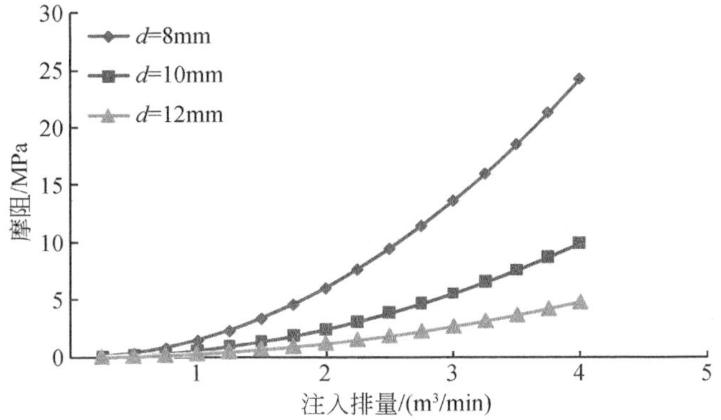

(e) 孔径10mm时孔眼(流量系数0.6)压力损失图

图 4-25 不同孔眼压力损失图

C_d 为流量系数；d 为孔眼直径

4. 微压裂极限注入压力确定

微压裂极限注入压力按下述关系确定。

$$p_{inj}=p_F-\Delta p_h+\Delta p_{fr-pipe}+\Delta p_{per} \tag{4-19}$$

式中，p_{inj}为微压裂施工极限井口压力，MPa；Δp_h为井筒静液柱压力，MPa；p_F 为地层破碎压力，MPa；$\Delta p_{fr-pipe}$为微压裂注入井筒摩阻压力，MPa；Δp_{per}为微压裂过程（水嘴、孔眼）局部摩阻，MPa。

三、微压裂施工破裂特征识别

1. 典型曲线识别

微压裂是一种注液规模很小且无须挟砂的特殊压裂改造模式，是利用高压泵组以超过地层吸液能力的排量将具有适当高黏度的压裂液泵入井内而在井底产生高压，当该压力增加到井壁岩石满足破坏准则，便在井壁处地层产生裂缝。继续注入压裂液促使水力裂缝逐渐延伸。停泵后依靠解除近井伤害、不规则壁面裂缝“自支撑”作用实现注水井增注。

微压裂裂缝的形成和延伸是一种力学行为。施工泵压变化的典型示意曲线如图 4-26 所示。F 点对应于地层破裂压力（即使地层破裂所需要的井底流体压力）；E 点为瞬时停泵压力（即压裂施工结束或其他时间停泵时的压力），反映裂缝延伸压力（即使裂缝延伸所需要的压力）；C 点对应于闭合压力（即裂缝刚好能够张开或恰好没有闭合时的压力）；S 点为地层压力。压裂过程中的施工泵压变化是地应力场、压裂液在裂缝中流动摩阻和井筒压力的综合作用结果。

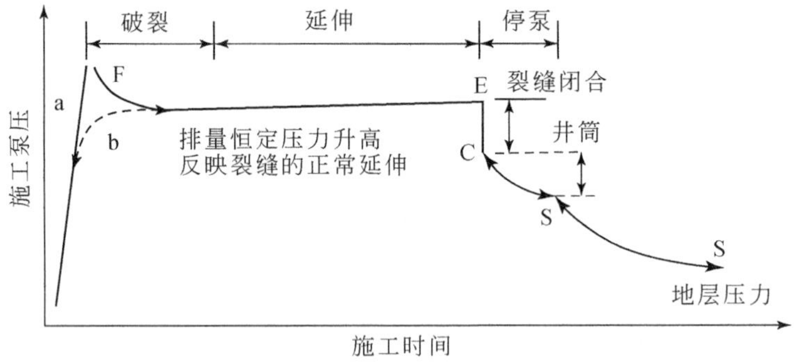

图 4-26　水压致裂泵压典型示意曲线

a 为致密地层；b 为微缝高渗地层

在致密地层，首先向井内注入压裂液使地层破裂，然后不断注液使压裂缝向地层远处延伸。显然，地层破裂压力最高，反映出注入流体压力要克服由于应力集中而产生的较高井壁应力以及岩石抗张强度。一旦诱发人工裂缝，井眼附近应力集中并很快消失，裂缝在较低的压力下延伸，裂缝延伸所需要的压力随着裂缝延伸引起的流体流动摩阻增加使得井底和井口压力增加。停泵以后井筒摩阻为零，压裂缝逐渐闭合，井底压力逐渐降低。对于高渗透地层或存在裂缝带，地层破裂时的井底压力不出现明显的峰值（图 4-27）。

以渤中 BZ34-1-F8 为例选择恒定排量 $Q=0.25m^3/min$（折算 $360m^3/d$）和 $Q=2.5m^3/min$（折算 $3600m^3/d$）注入研究排量对破裂的影响（图 4-28）。模拟表明，无论是 25mD 还是 100mD 地层，采用低排量注入时难以出现明显的破裂点，本算例中即使累积注入 $75m^3$ 液体，地层仍未破裂；采用高排量注入时更容易出现明显的破裂点并形成人工裂缝，本算例中累积注入 $5m^3$ 液体，地层就已破裂。

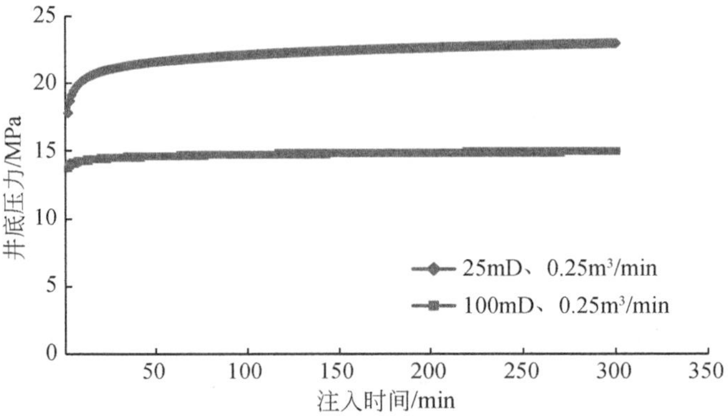

(a) 致密地层

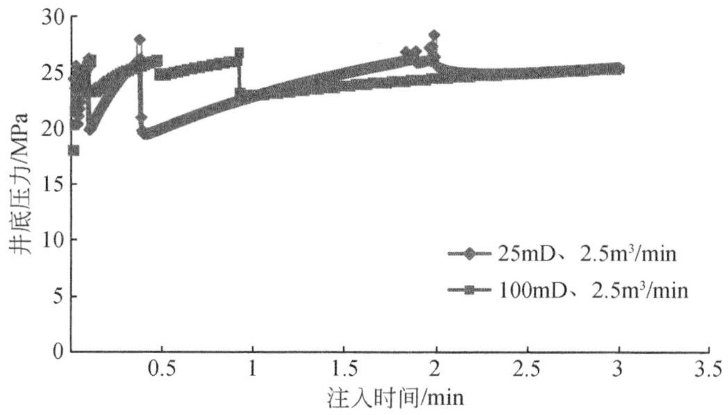

(b) 微缝高渗地层

图 4-27　施工排量对微压裂破裂影响

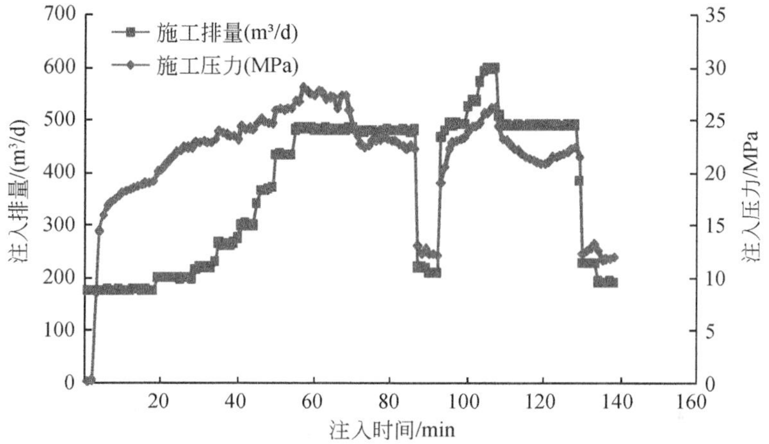

(a) BZ34-1F8井(2016年9月15日13:20~15:40)微压裂破裂特征容易识别

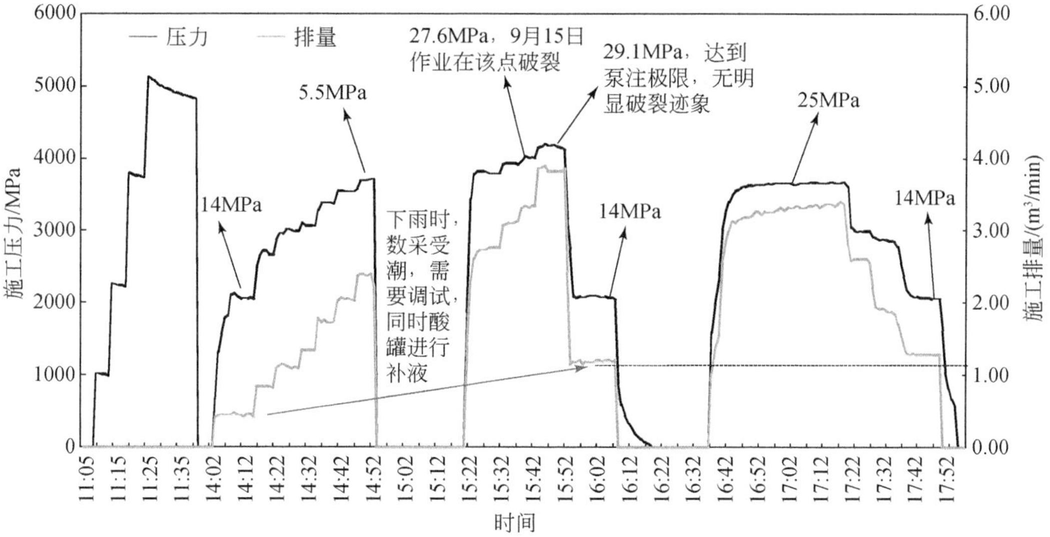

(b) BZ34-1F8井(2016年12月12日)微压裂破裂特征不易识别

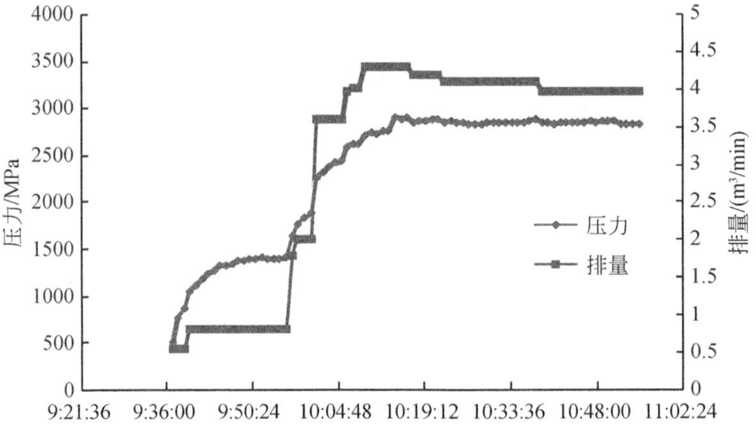

(c) BZ34-1-A34井(2017年4月28日)微压裂破裂特征不易识别

图 4-28　各井不同时间微压裂破裂特征识别情况

由图 4-28 可见，从 2016 年 9 月 15 日 BZ34-1F8 井的施工曲线很容易判别，但同年 12 月 12 日微压裂和 2017 年 4 月 8 日 BZ34-1-A34 井的微压裂施工曲线不易识别破裂点。

2. 注入能力倒数判别法

如图 4-29 所示，对于渤南海上油田注水井，多采用ϕ76 油管注入，相应地注入介质沿程摩阻近似采用如下关系描述：

$$\Delta p=1.281q^2+0.12q-0.003 \tag{4-20}$$

式中，Δp 为管柱沿程摩阻，MPa/km；q 为地层速度，m^3/min。

根据不稳定渗流原理，注入量与注入压差的关系可近似表示如下：

$$q_i=\frac{Ckh(p_{inj}-p_r)}{\mu B\left[\lg(t)+\lg\left(\frac{k}{\varphi\mu c_t r_w^2}\right)-3.23+S\right]} \tag{4-21}$$

式中，q_i为瞬时注入速度，m/s；k 为地层渗透率，μm^2；h 为地层有效厚度，m；μ 为注入流体黏度，mPa · s；B 为注入流体体积系数；φ 为地层孔隙度；c_t为综合压缩系数，MPa^{-1}；S 为表皮系数；t 为注入时间，min；C 为单位换算系数；p_{inj}为瞬时注入压力，MPa；p_r为地层压力，MPa。

对于给定的井，其流体参数和井参数是确定的，令

$$A=\frac{Ckh}{\mu B}$$

$$F=\lg\left(\frac{k}{\varphi\mu c_t r_w^2}\right)-3.23$$

式（4-21）可进一步简化为

$$\frac{p_{inj}-p_r}{q_i}=A\{\lg(t)+F+S\} \tag{4-22}$$

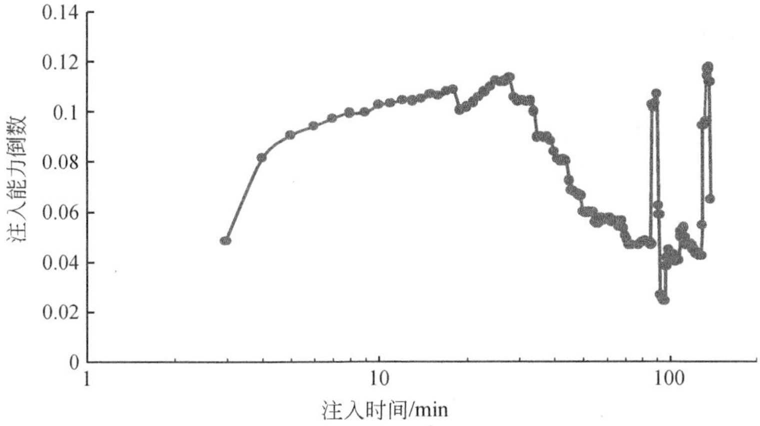

(a) BZ34-1F8井(2016年9月15日13:20~15:40)
微压裂破裂点——注入能力倒数识别

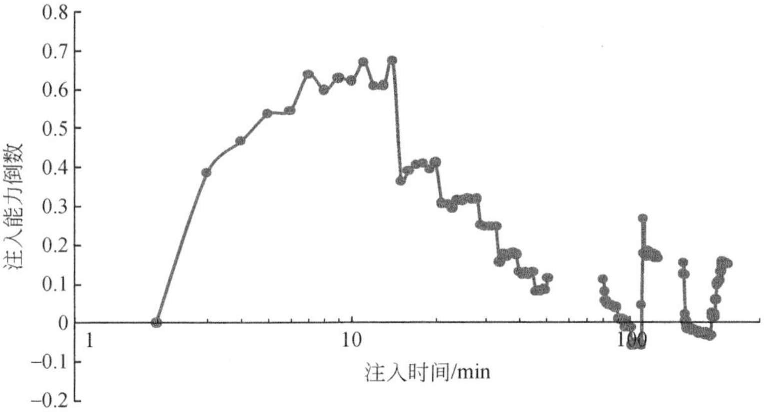

(b) BZ34-1F8井(2016年12月12日14:03~17:53)
微压裂破裂特征——注入能力倒数识别

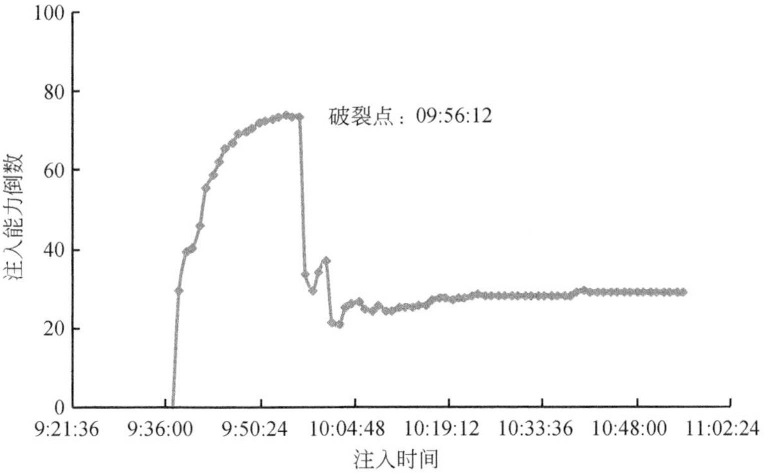

(c) BZ34-1-A34井(2017年4月28日)微压裂破裂点识别

图 4-29　微压裂破裂点识别

四、微压裂增注工艺体系完善

在注水井实施微压裂增注矿场试验中，发现某些井的微压裂或高压激动解堵增注有效期不长。例如，BZ34-1F8 井微压裂措施后增注非常明显，但恢复注水后注入能力持续下降，有效期短。统计 2011 年 5 月至 2016 年 5 月的微压裂增注措施效果，有效期短的井占有效井数的 27%。分析认为微压裂增注主要机理在于在近井筒附近形成了微小“自支撑”裂缝，但未能完全解除近井筒附近带的伤害带，而且在注水过程由各种原因引起的新的储层伤害会加剧甚至“堵死”微压裂形成的微小“自支撑”裂缝。为此，通过注水井水质伤害调查分析和伤害机理研究进一步发展了微压裂增注工艺体系，提出了一系列以微压裂为核心技术思想的解堵增注技术构想：

（1）微酸压/酸化解堵技术；

（2）有机堵剂+微压裂解堵技术；

（3）螯合酸+微压裂解堵技术；

（4）微压裂复合解堵技术。

其中微酸压/酸化解堵技术和有机堵剂+微压裂解堵技术已在现场应用取得较好效果。

五、微压裂增注工艺适应性

注水井微压裂增注机理主要是依靠解除近井带伤害，辅以靠在地层中形成高于地层渗透能力的短裂缝而实现。必须正确选择微压裂对象，综合考虑储层地质特征、岩石力学性质、孔/渗/饱特性、油层油水接触关系、岩层间界面性质与致密性、井筒技术要求。通过对候选井层进行压前评估，分析油气井低产的原因，筛选出适当的微压裂井层，并确定部分压裂设计参数。

1. 储层评估

（1）储层地质特征决定了井的泄油面积，从而也决定了压裂规模。断层发育的区块，必须确定出其断层体系的走向和断层性质，从而确定水力裂缝走向。

（2）黏土矿物分析储层中总充填有黏土，黏土矿物类型、含量与分布方式严重地影响了储层渗透性。常用伽马射线测井、自然电位测井等测井方法或扫描电镜实验分析方法测定。

（3）岩石力学性质主要包括储层、盖层和底层的杨氏模量、泊松比和断裂韧性值，它们对裂缝延伸有很大的影响。岩石力学性质参数可通过取心在实验室测试。

（4）岩心分析评估油气藏储层基本参数，可采用岩心常规分析或岩心特殊分析技术。后者能模拟地层条件，因而分析结果更可靠。

（5）注水伤害分析主要包括水质分析、伤害机理分析与伤害程度分析，以及影响微压裂工作液组成与配方分析。

（6）进一步评价地层，确定储层的渗透率、表皮系数、地层压力及其他性质。

2. 选井选层原则

基于注水井微压裂增注机理分析和增注能力模拟分析，微压裂候选注水井应具备下列条件。

（1）高伤害井：解堵是微压裂的主要任务，需根据储层伤害原因采取针对性措施。

（2）产层应具有一定的渗流能力且连通性好，邻井满足配注而本井注入能力低的井应优先选择。

（3）油、气、水边界清楚。

（4）低渗透地层：渗透率低，应实施更大规模微压裂。

（5）硬脆性地层：有利于形成有效“自支撑”人工裂缝。

（6）井筒技术条件：固井质量和井况好的井，满足微压裂作业短期和长期安全性要求。

此外，是否适合微压裂还需要分析注水井的伤害原因和伤害机理，通过室内实验分析评价微压裂工作液组成和配方。

微压裂增注工艺选井基本原则如图 4-30 所示。

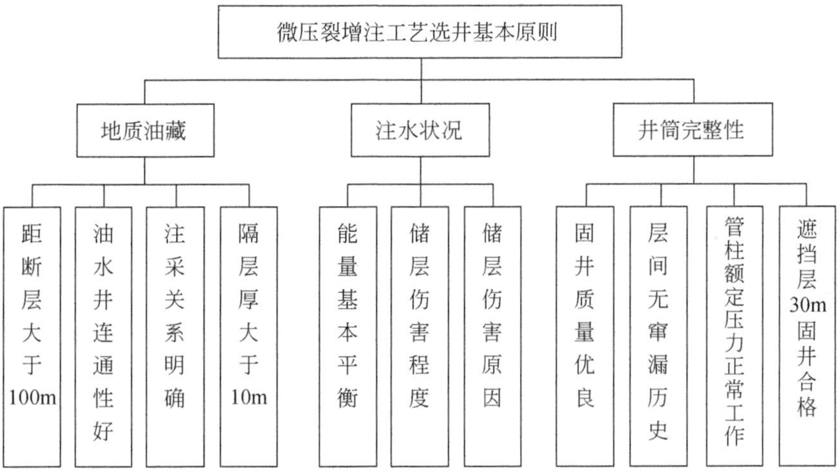

图 4-30　微压裂增注工艺选井基本原则

3. 微压裂/增压激动时机

从注水井增注原理上讲，微压裂可以形成穿过近井筒附近伤害带的微小裂缝（系），增压激动则难以形成这种穿过近井筒附近伤害带的微小裂缝（系）。因此，前者的增注效果无论是增注倍数还是增注有效期必然优于后者，更能满足增注要求。在设备能力允许条件下应优选考虑采用微压裂（包括微酸压/酸化）增注工艺解堵技术。

4. 微压裂增注工艺建议

微压裂增注工艺建议见表 4-9。

表 4-9　微压裂增注工艺建议

破裂压力	伤害特征	建议措施	备注
高	伤害	增压激动	破裂压力以当前实施条件为基础决定
低	未伤害	无措施	—
	有机伤害	有机堵剂+微压裂	—
	无机伤害	微酸压/酸化	—

第五章　调剖/调驱技术

第一节　大孔道识别

在材料学中，大孔道结构是一种广泛存在于各种不同类型晶体之中的特殊结构。在油田开发中类比和借用了材料学领域的大孔道结构概念。大孔道是一种特殊孔隙，是流体渗流的优势通道，是一个相对的概念，属层内非均质的范畴。在油田开发中，对大孔道的定义多为对地质、开发现象的描述，还不是非常明确，但这一概念已经在生产中约定俗成。

在油田开发中，后天形成的大孔道是河流相储层自身向上变细的旋回性和渗透率的差异性，加上油水的重力分异作用，造成油田开发中注入水优先沿着河道砂岩主体带底部向油井突进；在长期注水冲刷条件下，黏土矿物被冲走或冲散，岩石中胶结物减少，颗粒表面油膜剥离，导致孔隙半径增加，流动通道迂曲度发生改变，渗透率提高，岩石吸附能力减弱和极性物质脱附，岩石表面向亲水方面转化，逐渐形成油水井间相互连通的高渗透和特高渗透强水洗通道。这种高渗透、特高渗透层条带在油田生产实践中被称为大孔道，开发中表现为低效无效水循环。大孔道不利于纵向上、平面上水洗厚度的提高和水洗波及体积的扩大，水驱油效率降低，油井含水率急剧上升，开发效果明显变差，对油田可持续开发构成了极大的威胁。

油田大孔道类型，可分为三种，第一种是层间矛盾形成的大孔道；第二种是层内部矛盾形成的高渗透条带；第三种是储层平面非均质性、注采不平衡形成的大孔道。根据试验井组、静态资料分析，大孔道在油田开发中低效无效水循环主要表现特征为注水压力和油层启动压力低，吸水指数大；油层水驱速度快，存水率低；吸水剖面差异大，强吸水动层厚度与总油层厚度之比远远小于对应吸水量之比；注水井压力指数（pressure index，PI）小。

利用填砂玻璃板模型对疏松砂岩油层大孔道形成机理进行物理模拟。根据物理模拟普遍接受的长宽比例，物理模型尺寸长宽比为2.5∶1的玻璃板填砂模型，按照孤东油田的渗透率和油砂粒度中值，确定实验使用油砂粒径为100～120目，气测渗透率为1.21D，孔隙度为30.8%。分别采用低黏度水和孤东稠油作为介质，在不同的渗流速度下进行模拟实验，研究沉积特征、油层物性（渗透率、胶结程度、原油黏度）、开发过程等因素对大孔道形成和发展的影响。研究结果表明，大孔道的形成主要有以下几个影响因素：

（1）油层渗透率（层间渗透率差异大易形成）；

（2）岩石胶结程度（胶结不好易形成）；

（3）原油黏度（黏度小易形成大孔道）；

（4）开采速度（长期强注、强采易形成），出砂时的临界开发速度正比于砂岩渗透率、砂岩胶结程度，反比于流体黏度。

一、注水井压降试井识别方法

存在大孔道的注水井压降试井数据反映了特殊的流动现象。实际生产中，存在大孔道的注水井在较低注入压力下就具有较高的注水量，井口瞬间关井测压，在井底常常会存在较强烈的井筒与地层之间的反复吸水和吐水现象，试井曲线表现出极为复杂的特殊性。为了判断注水井或配注层段中是否存在大孔道，需要开展存在大孔道储层的注水井试井曲线特征和试井解释分析方法研究。

1. 注水井压降试井资料特征分析

存在大孔道的注水井段中，大孔道层是主要吸水层，因此这些层段是开发中的限制注水层段。在全井关井测试时，井筒压力降低，注水压差减小，使得原来的配注关系重新调整，绝大部分水则在较小的注水压差下顺利注入限制层段，这样测试的压降曲线将显示出某些特殊性。

1）压降曲线特征分析

多年来注水井压降测试经验表明，关井压降曲线表现如图 5-1 所示。一般低渗透注水井关井后压降速度缓慢，中、高渗透注水井则压降相对较快。而对于存在大孔道的注水井，一般在关井后的 5min 内，完成测试全过程压降幅度的 50% 以上，关井末点压力值接近井组内连通比较好的油井地层压力值。

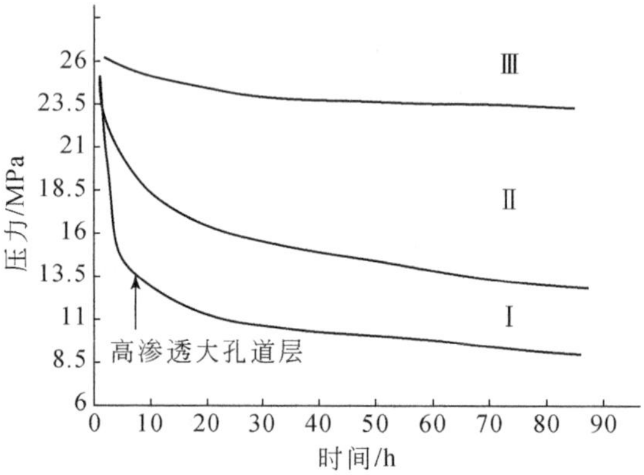

(a) 注水井压降曲线

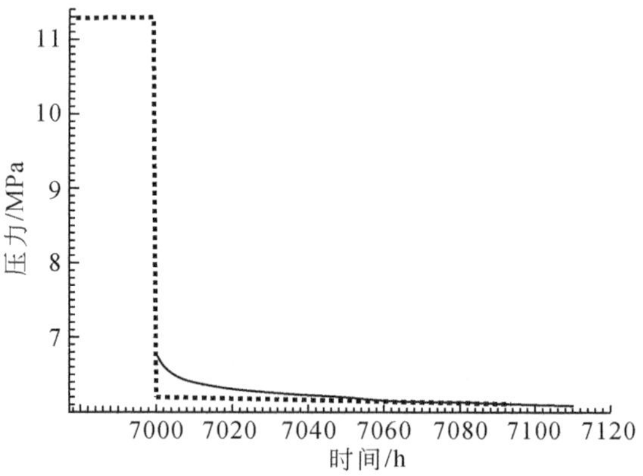

(b) 全历史拟合图

图 5-1　注水井压降曲线类型

Ⅰ. 大孔道；Ⅱ. 中、高渗透地层；Ⅲ. 低渗透地层

2）压降解释参数特征分析

储层形成了注入水的优势流动通道，使得存在大孔道储层的注水井试井解释流动系数大于区块的平均值。

大孔道地层是相对于区块平均渗透性和注水开发效果而言的，只要单井测试解释地层流动系数大于区块平均值，或者单层解释流动系数大于各层平均值，经过长期注水，就有可能形成大孔道，即在注采井之间形成优势注入水通道，尤其是显示出关井后短期内压降幅度已达到关井时间内压降幅度50%以上的井，很有可能已经产生无效注水循环。

在曲线形态上，主要表现为以下几点。

（1）压降曲线早期段降落速度远大于区块平均水平，当曲线在关井后短期内完成压降幅度50%以上，且关井2～3d的末点压力临近油井地层压力时，形成大孔道的概率会大幅度增加。

（2）压降曲线的双对数曲线呈现出如下特点之一或兼而有之：早期段缺失，双孔介质（拟稳态、板状不稳态）特征、双渗特征、复合介质特征、均质油藏均有严重的变井储影响特征、井间干扰引起的边界特征。

（3）双重介质模型的试井解释地层流动系数之比大于4以上时形成注水通道的概率会很高。

2. 压力指数PI决策识别大孔道方法

经过广泛的试井资料特征分析研究，虽然从试井曲线形态、解释模型特征、解释地层参数范围可以大致区分大孔道井层和普通井层，但要达到绝对定量化，难度很大。另外，具有大孔道井关井测试初期压降速度都比较快，而且关井末点压力接近油井地层压力，因此研究压降速度将可以得到定量关系，从而便于实际操作。

1）压力指数PI技术

压力指数PI定义为注水井关井t时间内注水井井底压力下降平均速度。对于同一区块内的两口井，相同时间内的压力指数PI越大，则地层吸水能力越强，即地层渗透率越高。

对于合层注水井，在同一开发区块，储层沉积特征在平面上的差异，使井与井之间的实际注水层位地层渗透性存在差异，但又在一定的范围之内，因此通过试井测试可以得到开发区块平均的地层渗透性参数值。注水井关井后，地层流压逐渐降低，也就是说随着关井时间的延长，PI逐渐减小，地层渗透性也逐渐减小，那么在关井过程中，随着关井时间的延长，地层实际吸水指数在逐步降低，吸水强度也在逐渐降低。以注水井关井后的压力指数PI（其几何意义见图5-2）来表征注水井的地层吸水能力。对于同一开发区块的注水井，在相同时间内压力指数PI值与地层渗透率或流动系数呈反相关，对于注水开发油藏，其注水井压力指数PI值是对压降的速度和压力变化幅度的量化，地层渗流特性越好，吸水能力就越强，解释数据中流动系数就越大，PI值就越小，反之PI值就越大。

在注水开发的油藏中，当测试注水井的压力传播规律符合均质无限大地层系统平面径向渗流条件时，水井关井井底压力的变化规律如下式（Darcy混合单位制）：

$$p(t)=p_{\mathrm{i}}-\frac{q\mu}{4\pi kh}\ln\left(\frac{2.25\eta t}{r_{\mathrm{w}}^{2}}\right) \tag{5-1}$$

式中，$p(t)$为注水井井口压力p随关井时间t变化的函数；p_{i}为注水井井口压力，MPa；η为油层导压系数，cm^2/s；r_{w}为油田半径，m；h为有效厚度，m；q为产量，t；k为比例

常数；t 为注水时间，s；μ 为污水的黏度，Pa · s。

定义压力指数 PI 表达式为

$$PI = \frac{1}{t}\int_0^1 p(t)\,dt \tag{5-2}$$

$$PI = \frac{1}{t}\int_0^t p_i - \frac{q\mu}{4\pi kh}\ln\left(\frac{2.25\eta t}{r_w^2}dt\right)\Big] \tag{5-3}$$

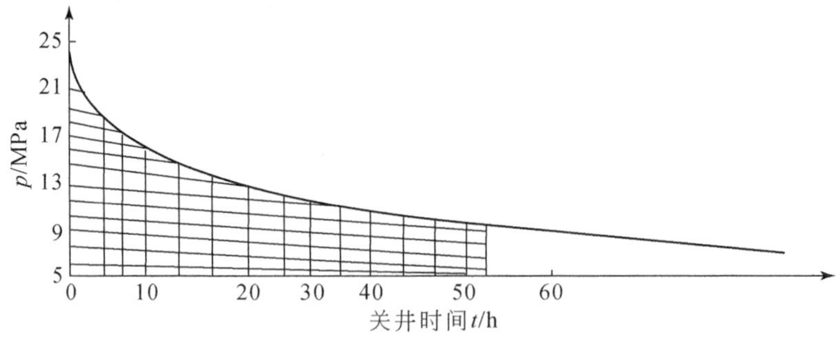

图 5-2　注水井 PI 几何意义图

由图 5-2 可以看出，压力指数 PI 代表了注水井压降曲线与坐标轴围成的面积。在 PI 值表达式中，关井时间 t 的确定应满足以下原则：在关井时间 t 内，测试井要完成主要的压降幅度，曲线信息能反映出井筒、井壁区以至近井地带一定范围内的地层信息。

2）PI 校正方法

针对现场实际情况，PI 取值范围具有区域性，并且与注水状况相关，这在应用时考虑的不确定因素就太多了，不利于广泛推广应用，因此将应用实践中的主要影响因素——区块地层平均渗透率，表现为区块平均注水压力的大小，以及单井注水压力大小（是否控制注水）。根据实践经验和组合关系，发现将 PI 值进行如下校正，更加具有普遍代表性。

校正公式为

$$PI_{校正值} = PI\,\frac{\bar{Q}}{q}\frac{p_{注}}{\bar{p}} \tag{5-4}$$

式中，$\bar{Q}$ 为测试区块平均注水量，m^3/d；$\bar{p}$ 为测试区块平均注水压力，MPa；q 为测试区块试验井单井注水量，m^3/d；$p_{注}$ 为测试区块试验井单井注水压力，MPa。

3）注水井压降时间推移分析方法识别大孔道地层

大孔道是长期注水冲刷形成的注水无效流动通道，因此这类井的形成是经过一个长期生产历程的，可以通过分析研究总结研究区块内注水井生产历程中的定期压力监测来识别。对于开发初期的注水井一般都是达到地层的自然吸水能力来注水，而且注水井周围介质都是水，如果测试时间足够长，则可以测到注入水的推进前沿，因此注水开发初期的注水井压降曲线应呈现均质地层或复合地层特征。经过长期注水以后，如在地层中形成了大孔道，则其形成过程也是漫长的，是逐步形成的。

经过长时间的注水冲刷，渗透率相对较大的地层形成了主要吸水层，从而对应层的采油井也首先见水而且产水率逐步升高，为了延缓油井产水上升速度，对于高渗透层必须采取控制注水，或者在注水井对高含水层实施堵水措施。此时历史分析试井曲线形态及解释参数时，绝对值关系将产生偏差，具体应用时一定要密切关注生产历史的变化。

二、注水井段生产测井识别方法

1. 注入剖面五参数侧井识别方法

在同位素示踪流量、涡轮流量、磁性定位、温度和压力五个参数中，压力参数主要用于测井过程的质量控制，其关键在于两种不同方式测得的流量对比分析和综合解释。在生产测井中，如果同位素示踪流量、涡轮流量一致，只能反映出测量流量是准确的，对大孔道识别没有帮助；如果测量结果不一致，甚至出现矛盾，此时就需要深入地分析其中挟带的信息。涡轮流量是测量流体流动速度，同位素示踪流量是测量吸液层的同位素载体滤积量，两种流量的测量原理不同，导致其受环境影响敏感性不同。涡轮流量主要受流体勃度、流动截面积的影响；同位素示踪流量主要受放射性统计起伏、沾污、压裂、深穿透射孔以及地层大孔道的影响，可见两种流量测量结果的差别包含了大孔道的信息。

分析合层注水井的综合解释方法表明，如果同位素示踪流量、涡轮流量一致，则正常解释各层的吸液量；如果测量结果不一致，在同位素示踪流量大于涡轮流量时，分析是否受到流体黏度、流动截面积、沾污、放射性统计起伏的影响，在同位素示踪流量小于涡轮流量时，首先调查地层是否压裂、是否采用了深穿透射孔方式，然后分析地层的大孔道特征。

分析分层配注井的综合解释方法表明，在分层配注井中，涡轮流量计只能测量配注管中的流量，以涡轮流量计算每个配注段的流量；同位素示踪只能检测流体从配水器通过油管、套管环形空间进入地层的流量，以同位素示踪流量计算各储层的吸液量。正常解释过程中，对于配水器 1、2 两个配注段，可视为两口井进行解释，配水器的流量 $Q_{配i}$ 由涡轮流量测得，再将这一流量通过同位素曲线分配到该配水器对应的吸液层流量 Q_j。如果没有涡轮流量，所有吸液层的绝对吸液量按照井口流量进行分配，层数较多，增加涡轮流量后，各“井”的层数减少，解释进一步细化，解释的准确性也得到提高。为分析大孔道，按照全井流量对同位素示踪曲线再进行单独解释的同位素示踪流量 Q_j'，对比配水器流量与对应的地层吸液量之和的差别，如果 $Q_{配i}<\Sigma Q_j'$，即配水器流量小于对应层同位素示踪流量之和，则说明存在同位素沾污等现象，需要具体情况具体分析；如果 $Q_{配i}=\Sigma Q_j'$，即流量解释无差别，则说明不存在同位素载体进层现象，大孔道可能性较小或没有；如果 $Q_{配i}>\Sigma Q_j'$，即配水器流量大于对应层同位素示踪流量之和，则说明在该层段存在同位素载体进层现象，大孔道可能性较大。在实际资料解释过程中，考虑仪器测量误差的存在，一般在配水器流量与对应层位同素示踪流量之和差别大于10%情况下，才进行上述分析。

2. 注入剖面其他侧井识别方法

除了从测井方法上分析大孔道的特征外，同样的测试技术在不同的测试工艺情况下，也能反映储层的大孔道特征。利用注入剖面五参数测井识别方法研究储层的吸液情况主要有三种测试工艺：一是随开发进程的时间推移测井工艺；二是测井过程中不同替注量下同位素载体是否进层的跟踪工艺；三是不同粒径同位素载体的对比施工工艺。

三、注采井井间监测识别方法

在用于大孔道识别的技术中，压降试井主要反映在单井周围地层的压力变化，注入剖面测井主要反映近井地层的吸液状况，而起主要作用的大孔道常常贯通于注水井与产出井间的地层。因此，要准确描述大孔道，还需研究注入流体在注采井之间的流动特征。

1. 井–地电位方法

井–地电位方法井间监测技术是以传导类电法勘探的基本理论为依据，主要包括两种监测技术，即井–地电位成像测量技术和电位法井间监测技术。

两种技术基本原理如下。

井–地电位成像测量技术是通过地表向井中套管施加一个大电流，电流大多通过地表无水泥胶结井段和射孔井段流向地层，在地下地层中形成一个非均匀电场，利用在地表P1、P2等电极测得的电位分布反映地下的电阻率分布，测量原理如图5-3所示。野外现场施工中，以被测量注水井为中心，在半径为400m的范围、径向间距为50m的圆环形布置8圈测量电极，回流电电极选在距被测量供电电极井1000m左右，电极布置的平面分布，如图5-4所示。实施测量时，以供电套管附近的参考点作为公共点，得到各圈电极与参考点的电位差。通常情况下，经过多年的注水开采，地下地层中表现出极强的非均匀性，尤其在孔渗性较好的大孔道中，油藏本身的边水、底水的突进及注入水（清水或污水）饱和度增大，使含水饱和度大的通道上的电阻率与含油饱和度大的区域有较大差别，岩性致密层段及剩余油饱和度大的层段电阻率相对较高。因此，结合地下地层的沉积相分布、岩性信息和地层水矿化度等资料，能用电阻率差异定性和半定量地研究地下储层的剩余油气分布和注水推进前沿与优势走向。

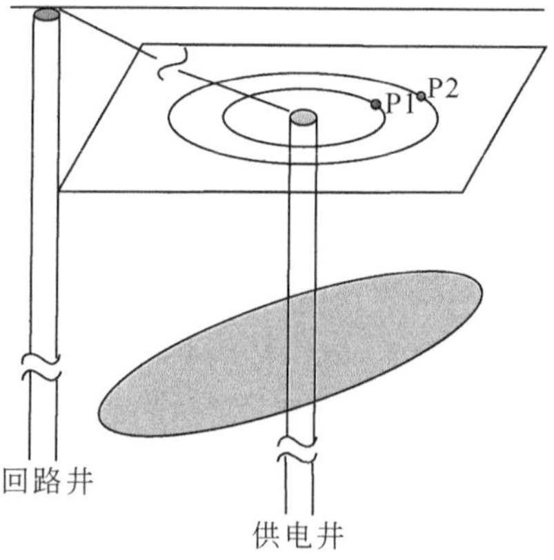

图5-3　井–地电位成像测量技术监测原理示意图

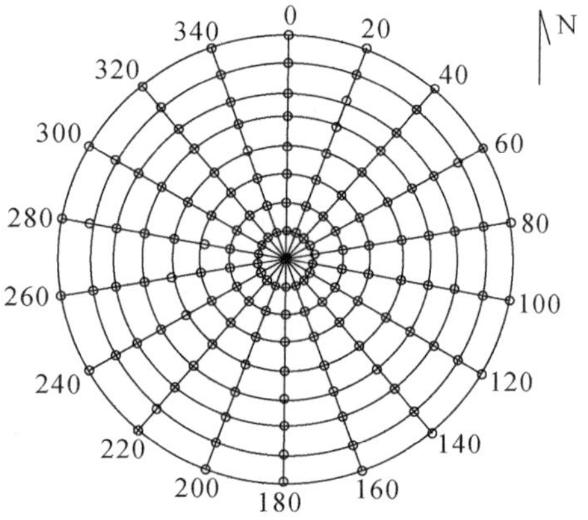

图5-4　井–地电位成像测量技术地面接收电极的平面布置方式

电位法井间监测技术通过在地下地层中加注高矿化度的导电流体，如高矿化度卤水，扩大井周围高渗透和低渗透分布区电阻率的差异，以及通过测量注入目的层（压裂层位或注水层位）的高电离能量的工作液（盐水）所引起的地面电场形态的变化，确定监测井的优势注水方向，进一步明确注水井与周围井的注采关系，了解储层平面非均质状况。现场施工中，以被测注水井为圆心环行布置内、外呈放射状对应的两圈或多圈测点，测点间夹角为15°，先测量接收电极M、N之间的电位差，作为测量的本底值。向注水井中注入浓度为5%的盐水，注入量视吸液层位等具体情况而定，一般注入至200m左右，注入的工作液电阻率与地层介质的电阻率相比差异较大，在被测井套管向地层供以高稳定度电流情况下，这部分液体在地层中即可看作一个场源，它的存在将使原电场的分布形态发生变化，即大部分电流集中到低阻体带，造成地面的电流密度减小，相应地面电位也会发生较大的变化，测量接收电极M、N之间的电位差，给出实时监测注入施工过程中的地面电位变化，其原理如图5-5所示。通过数据处理，解释给出注入盐水实时推进方位等有关参数。

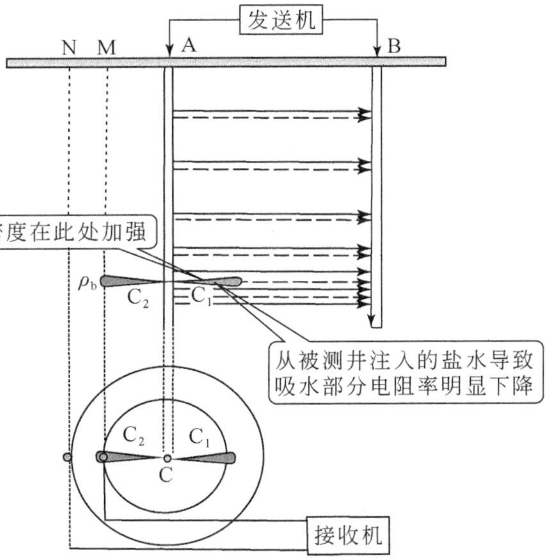

图5-5　电位法井间监测技术原理示意图

N为正电极；M为负电极；A、B为发送机左右两边界；C为圆心；C_1、C_2为测点；ρ_b为电流密度

2. 井间微地震方法

井间微地震方法水驱前缘监测技术基于地球物理、岩石力学、信号处理及震波传输等理论，通过监测注入引起微裂缝重新开启及造成新的微裂缝时产生的微震波，确定微震震源位置，进一步确定监测井的注入液前缘、注入液波及范围和优势注入方向。该方法基本原理如下。

现场施工中，先将注水井停注，使原来已有的微裂缝闭合，待监测仪器设备布置好后，开始监测时再将注水井打开，在注入液进入相应的地层过程中，会引起流动压力前缘移动和孔隙流体压力的变化，并产生微震波；同时，原来闭合的微裂缝会再次张开，并诱发产生新的微裂缝，从而引发微地震。在孔隙流体压力变化和微裂缝的再次张开与扩展时，将产生一系列向四周传播的微震波，微震波被布置在地面监测井周围的 A、B、C、D、E、F 监测分站接收到，监测技术原理如图 5-6 所示。系统对接收到的微震信号，采用微地震波及其导波的波幅、包络、升起、衰减、拐点、频谱特征和不同微地震道之间的互相关等 13 个判别标准对其进行真实性判别，然后进行空间微地震震源（微震点）的精确定位，结合地质信息给出注入液前缘，确定注水优势方向、水驱前缘位置及水驱面积等。

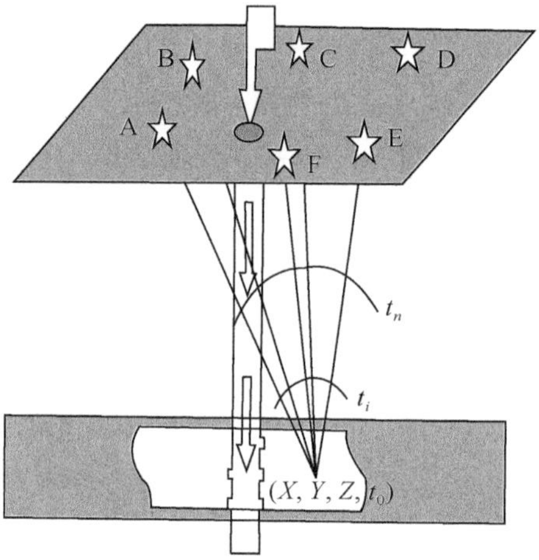

图 5-6　井间微地震监测技术原理图

3. 井间示踪方法

井间示踪监测技术从注水井注入示踪剂段塞，然后在周围生产井监测其产出情况，并绘出示踪剂产出曲线，不同的地层参数分布和不同的工作制度导致示踪剂产出曲线的形状、浓度、到达时间等不一样，示踪剂产出曲线里面包含了井间地层的相关信息。通过处理，不仅可定性地判断地层中、高渗透条带（大孔道）、天然裂缝、人工裂缝，而且可定量地求出高渗条带、天然裂缝的高渗层厚度、渗透率等有关地层参数。微量物质示踪监测原理如下。

微量元素井间示踪技术中，以油田水体中微量物质作为示踪剂，使其在地层中作为一种痕量标识物，筛选合成地层中没有或含量极少的标识反映地下流体的运动状态。微量物质示踪剂可选种类多，无放射性，不污染环境，安全稳定性好，用量少，加入时间短，可分层、分阶段地直接从井口加入，不用起下管柱作业。在监测井组的注水井中加入示踪剂，然后按照一定的取样制度，在周围观察井上取样、制样，并利用电感耦合等离子体质谱仪对样品进行分析，得出生产井中示踪剂的产出曲线。井间示踪解释主要基于统计方法、解析方法、数值方法和半解析方法四类方法，解释成果中主要包括水驱驱替的方向、速度，注入流体的波及体积，油层平面、纵向的非均质性，井间大孔道发育状况等。

四、综合识别方法及其标准化

利用压降试井技术可判断注水井段、层段内是否存在大孔道，利用注入剖面测井技术可识别并细分大孔道，利用井间监测技术可分析大孔道平面上的展布情况，高含水层产出剖面测井技术可在产出井中验证大孔道的表现，这些技术从不同的侧面描述了大孔道特征，但单一的测试技术在描述大孔道时存在多解等局限性。

地质专家从大孔道的形成机理和其在开发中的表现两个方面，对大孔道的概念进行了描述，但为达到大孔道层识别的目的，地质概念的可操作性不强。

1）测试定义

从动态监测技术的角度上看，大孔道是一个相对的概念，表现出吸液能力强，纵向上层间、层内吸液状态的差别大，平面上流体推进速度的不均衡。在注入剖面测井资料、试井资料、井间监测资料中响应特性研究的基础上，摸索总结出利用测试资料识别大孔道的经验公式，将其定义为广义吸液强度，根据所采用计算参数的不同，广义吸液强度又细分为单井平均广义吸液强度及储层广义吸液强度，而将二者的比值定义为吸液差别倍数。

a. 单井平均广义吸液强度

从注水井地质静态、开发动态以及注入压力三个方面信息出发，定义单井平均广义吸液强度 $\bar{v}$ 为

$$\bar{v}=\sqrt{\frac{Q_{全井}}{h_{有效}}\cdot\frac{\Delta p_{全井}}{\Delta t}\cdot\frac{1}{p_0}} \tag{5-5}$$

式中，$\bar{v}$ 为单井平均广义吸液强度，表征流体进入地层后单位时间推进的距离，m/s；$Q_{全井}$为全井注水量，由生产动态提供，m^3；$h_{有效}$为全井射开有效厚度，由地质静态数据提供，m；p_0为油层中部流压，由试井资料提供，MPa；$\Delta p_{全井}$为 Δt 时间内的压降差值，由试井资料提供，MPa；Δt 为关井时间，从试井资料压降曲线中读取，h。

分析上式可以看出，在注水井各层均匀吸液理想状态下，$\bar{v}$ 越大，表明注入液在地层中突进的速度越快，驱替效率越低，存在大孔道的可能性越大。

b. 储层广义吸液强度

从注入剖面测井、压力试井以及井间监测三个方面信息出发，定义储层广义吸液强度 v_{ij}为

$$v_{ij}=\sqrt{\frac{Q_i}{h_i}\cdot\frac{\Delta p_i}{\Delta t}\cdot\frac{1}{p_{0i}}\cdot A_{ij}} \tag{5-6}$$

式中，i 为第 i 层段或第 i 个储层；j 为周向 360°划分中第 j 个方向范围，对于井间电位监测资料，周向分 24 个方向范围，对于脉冲试井以井组反应井的个数确定方向范围的数量；v_{ij}为第 i 层段或第 i 储层第 j 个方向范围的广义吸液强度，m/s；A_{ij}为第 i 层段或第 i 储层在平面上第 j 个方向范围吸液强度与周向平均吸液强度之比，从井间电位监测或脉冲试井资料中得出；Q_i 为第 i 层段或第 i 储层吸液量，由注入剖面测井资料给出，m^3；h_i 为第 i 层

段或第 i 层实际吸液厚度，由注入剖面测井资料给出，m；Δp_i 为第 i 层段或第 i 储层 Δt 时间内的压降差值，由分层测压试井资料提供，MPa；Δt 为关井时间，从试井资料压降曲线中读取，h；p_{0i}为储层中部流压，由分层测压试井资料提供，MPa。

上式表明，第 i 层段或第 i 储层在平面上第 j 个方向范围内，v_{ij}越大，表明注入液在地层中突进的速度越快，驱替效率越低，存在大孔道的可能性越大。

c. 吸液差别倍数

储层吸液差别倍数为表现出大孔道概念的相对性，也为建立相应的识别量化标准，定义第 i 层段或第 i 储层在平面上第 j 个方向范围与全井平均广义吸液强度的吸液差别倍数 D_{ij}为

$$D_{ij}=\frac{v_{ij}}{v'} \tag{5-7}$$

式中，v'为吸液速度。

吸液差别倍数可定量反映层段或储层吸液状况差异的大小，其值越大，说明层间矛盾越大或厚层内部纵向非均质越严重。吸液差别倍数可指示大孔道是否存在及其程度，同时还可指示注入流体突进的方向。

大孔道定义：对于多层注水（气、聚合物、三元液等）开发的油田，注水井各层、层内纵向以及周向不同方向范围，注入液在地层中推进速度存在差异，储层广义吸液强度较大，吸液差别倍数较大的部位，就称为大孔道。

2）综合识别标准的建立

按照大孔道的测试定义，当 $v_{ij}>v_0$（初始速度），$D_{ij}>X$（经验值）时，表明第 i 层段第 j 个方向范围存在大孔道现象。v_0、X 值如何确定以及与哪些因素有关是大孔道测试识别标准建立的关键。

对于多层注采的油田，如果注水井采用分层配注方式，各储层的注入量是需要根据油田开发人为控制的，储层广义吸液强度 v_{ij}和吸液差别倍数 D_{ij}也是受人为措施的干扰，不能表明原始地层的层间或层内吸液状态的差别。如果注水井采用合层注入方式，各储层的注入量不受人为等因素影响，此时储层广义吸液强度反映地层自身的吸液能力，地层吸液差别倍数 D_{ij}反映原始地层的层间或层内吸液状态的差别。因此，依据测试信息识别大孔道，需要针对合层注水井进行，如果是分层配注井中，必须将所有配注水嘴全部取出，在自然吸液状态进行测试，这样才能建立起一个统一的识别标准。

不同的区块、不同的开发需要对储层的层间或层内吸液状态的要求也不同，有些油田和区块对层内、层间矛盾要求较为宽松，特别是在开发的初期或中期，在产出井含水率不是很高的情况下，$v_0>1.2$，$D_{ij}=X<1.0$ 时还能够实现开发目标，则不认为存在大孔道；有些区块采取精细开采方式，$v_0>1.0$，$D_{ij}=X>8.0$ 就认为存在大孔道现象，需要采取调剖等治理措施，以实现既定的开发目标。因此，识别标准 v_0和 X 是经验值，而不是一成不变的。

大孔道识别标准 v_0、X 是经验值，需要针对不同开发目标、在注水井自然吸液状态下通过测试现场试验给出。对于式（5-5）只需要一项普通的合层压力测试就可确定 $\bar{v}$；对于

式（5-6）需要注入剖面测井、分层压力试井以及井间监测测试资料才能确定 v_{ij}，从识别成本上看费用较高，从识别技术的实施上看也较为复杂；要确定式（5-7）定义的吸液差别倍数 D_{ij}需要的成本也较高，因此针对不同的开发条件和技术条件，从提高识别技术的使用性角度出发，需要对式（5-6）进行简化。

如果进行注入剖面测井和分层压力试井，而不进行井间监测测试，就需要假设储层在平面上各个方向吸液强度与周向平均吸液强度一致，地层在平面上是均质的，即式（5-6）中的 $A_{ij}=1$，此时的 v_{ij}则简化为 v_i，仅考虑层间矛盾和层内纵向上非均质问题，有

$$v_i=\sqrt{\frac{Q_i}{h_i}\cdot\frac{\Delta p_i}{\Delta t}\cdot\frac{1}{p_{0i}}} \tag{5-8}$$

由上述定义，式（5-7）则简化为

$$D_i=\frac{v_i}{v'} \tag{5-9}$$

如果利用合层压力试井代替分层压力试井，需要假设压降过程主要受到高渗透层控制，特别是在压降初期，v_{ij}主要反映高渗透层的吸液特征，此时对于识别大孔道不会有太大的影响，即

$$v_{ij}=\sqrt{\frac{Q_i}{h_i}\cdot\frac{\Delta p_i}{\Delta t}\cdot\frac{1}{p_{0i}}} \tag{5-10}$$

由上述定义，式（5-7）则简化为

$$D_{ij}=\sqrt{A_{ij}\frac{Q_i}{Q_{全井}}\cdot\frac{h_{有效}}{h_i}} \tag{5-11}$$

式（5-11）中，地层吸液差别倍数 D_{ij}只包含注入剖面测井和井间监测测试信息，不包含压力测试资料，大孔道识别的准确性会降低，此时只需要进行注入剖面测井和井间监测测试，现场实施的可行性就可增强。

对式（5-11）作进一步的简化，假设储层在平面上是均质的，即 $A_{ij}=1$，此时的 D_{ij}则简化为 D_i，表征层间和层内纵向上吸液强度的差别，有

$$D_i=\sqrt{\frac{Q_i}{Q_{全井}}\cdot\frac{h_{有效}}{h_i}} \tag{5-12}$$

对于式（5-12），确定地层吸液差别倍数 D_i 只需要注入剖面测井，在油田开发过程中，积累了大量的注入剖面测井资料，以往这些资料仅用于监测开发动态，通过式（5-12）可对其中包含的信息进行深入挖掘，利用统计分析方法识别大孔道，虽然识别的准确性会降低，但技术实施的可行性更强。

上述分析表明，在掌握的信息较少时，可对大孔道进行分析，拥有的信息量越多，大孔道识别越准确，但所需的测试成本也随之增加，因此在设计区域大孔道识别方案时，需要针对实际情况进行优化。

第二节　调剖/调驱决策技术

目前调剖/调驱决策技术主要包括压力指数（PI）决策技术、油藏工程（RE）决策技术和数值模拟（RS）决策技术。

一、压力指数（PI）决策技术

1. 压力指数

压力指数值是由注水井井口压降曲线和PI值的定义求出的用于调驱堵水决策的重要参数。调驱堵水区块的筛选，需要用到这个参数。关井后测得的注水井井口压力随时间变化的曲线叫注水井井口压降曲线。PI值按下式定义：

$$\mathrm{PI} = \frac{1}{t}\int_0^t p(t)\,\mathrm{d}t$$

式中，PI为注水井的压力指数；$p(t)$ 为注水井井口压力 p 随关井时间 t 变化的函数。

若指定关井时间 t（通常为90min），就可由注水井井口压降曲线算出该曲线的 $\int_0^t p(t)\,\mathrm{d}t$ 值，进而就可以计算PI值。

PI值与地层及流体物性参数的关系：

$$\mathrm{PI} = \frac{q\mu}{15kh}\ln\frac{12.5r_e^2\varphi\mu C}{kt} \tag{5-13}$$

式中，q 为注水井日注水量，m^3；μ 为流体黏度，mPa · s；k 为地层渗透率，μm^2；h 为地层厚度，m；r_e 为注水井控制半径，m；φ 为地层孔隙度；C 为综合压缩系数，MPa^{-1}；t 为关井时间，min。

从式（5-13）可以看出，注水井的PI值与地层渗透率反相关，与地层厚度成反比，与注水井日注水量成正比，与流体黏度成正相关。因此，如果储层渗透率越高、厚度越大、流体的黏度越小，则储层内流体的流动能力越强、吸水能力越强、PI值越小；反之，储层的吸水能力越弱、PI值越大。

2. 注水井井口压降曲线的测试步骤

（1）将注水井的日注水量调至指定的数值，稳定注水一天。

（2）测定前，井口压力表要经过校正。

（3）测定时，记下注水压力（油压、套压、泵压）和实际注水量，迅速关井，记下关井开始的时间，从这一时间起读井口压力数值，一直至压力变化很小为止。在读数期间，若压力下降快则加密读数（如0.5min或1min一次）；若压力下降慢，则延长时间读数（如5min或10min一次）。

（4）以时间为横坐标，以压力为纵坐标，画出注水井井口压降曲线。

3. PI 改正值

为使注水井的 PI 值可与区块中其他注水井的 PI 值相比较，应将各注水井的 PI 值改正至相同的条件下。由式（5-13）可以看到，若将 PI 值改正至相同的 q/h 值下，PI 值就直接与地层渗透率 k 相关，因此可将此 PI 改正值作为 PI 决策技术中的决策参数。

为了确定区块相同的 q/h 值，可先计算区块的 q/h 平均值，然后就近归整至平均值，再按下式计算 PI 改正值。

$$\mathrm{PI}_{\text{改正值}}=\frac{\mathrm{PI}}{q/h}\times q/h_{\text{平均值的整值}} \tag{5-14}$$

4. 调驱堵水

符合下列两个筛选标准或其中之一的区块均需要调驱堵水。

1）区块注水井的平均 PI 值低

区块注水井平均 PI 值越低，地层渗透率越高，高渗透层（或裂缝）存在的可能性越大，就越需要调驱堵水。若某注水井 PI 值以及该注水井 PI 等值线某范围内的生产井 PI 值低于该区块的平均 PI 值，建议调驱堵水。

2）区块注水井的 PI 值极差大

PI 值极差是指区块注水井 PI 值的最大值与最小值之差，其值越大，地层越不均质，越需要调驱堵水。

按区块平均 PI 值和注水井的 PI 值选择调驱井。通常是低于区块平均 PI 值的注水井为调驱井，高于区块平均 PI 值的注水井为增注井，在区块平均 PI 值附近，略高或略低于平均 PI 值的注水井为不处理井。

注水井的调驱剂按 4 个标准选择：地层温度、地层水矿化度、注水井的 PI 值和成本。在选择注水井调驱剂时，先按前 3 个标准选出调驱剂。若有多种调驱剂可用于调驱，则按成本表对多种调驱剂做出选择。

5. 调驱剂用量的确定

（1）确定调驱剂的配方；

（2）由调驱剂试注算出由下式定义的用量系数：

$$\beta=\frac{W}{h\Delta\mathrm{PI}'} \tag{5-15}$$

式中，β 为用量系数，t/(MPa·m) 或 m^3/(MPa·m)；W 为调驱剂用量，t 或 m^3；h 为注水层厚度，m；$\Delta\mathrm{PI}'$为试注调驱剂前后 PI 值变化，MPa。

（3）由用量系数计算调驱剂正式施用量：

$$W=\beta h\Delta\mathrm{PI} \tag{5-16}$$

式中，$\Delta\mathrm{PI}$ 为调驱后注水井 PI 值的预定提高值，MPa，该值应考虑注水干线压力、区块平均 PI 值和注水井目前的 PI 值。

（4）若不用试注法确定用量系数，而参照其他区块用量系数选值时，则需考虑调驱剂配方、地层温度、地层水矿化度、注水井目前的 PI 值和重复施工情况。

调驱井转正常注水后 15 天测注水井井口压降曲线。由此时起，每月测一次注水井井口压降曲线。为防止漏测，应建立一个测试运行表，由不同时间测得的注水井井口压降曲线计算出相应的 PI 值。做调驱井 PI 值随时间的变化曲线，由曲线的变化趋势判断调驱剂在地层中的移动情况。若调驱剂移进地层，对近井地带的封堵作用减小，则曲线下降。曲线下降至调驱前的 PI 值或某一合理指定值的时间，即重复施工时间。

二、油藏工程（RE）决策技术

RE 决策技术是一种利用知识的不确定性表示方法将有关的静态和动态资料表示成区块整体调驱选井、选层的决策因子来优选调堵井，并利用注入动态来优选堵剂类型和堵剂用量。根据 RE 决策技术提出了最佳的施工工艺参数，并研究了一套施工效果的评价方法，它实现了区块整体调驱选井、选层决策、堵剂决策、施工设计、效果评价的一体化。其基本思路是：首先确定调驱堵水的选井依据，其次利用模糊数学的原理与方法将这些选井依据进行模糊综合评判，最后根据评判因子的大小决定调驱井。

1. 调驱井的选择指标

1）渗透率

在高含水期，高渗透层（部位）通常都是高含水层（部位），在注水开发过程中，注入水就沿着这些高渗透层（部位）突进，造成不均匀水洗。从平面上看，平均渗透率比较高的井吸水能力往往也比较大，在静态因素中，渗透率是制约注入能力的最主要因素，因此，平均渗透率越大的井越需调驱；从纵向上看，各小层渗透率差别越大，水洗的不均匀程度越高，剩余油越相对集中在低渗透部位。因此在选择调驱井点时，也应选择那些渗透率变异系数比较大的井。渗透率变异系数按渗透率的对数正态分布求取。

2）吸水剖面

吸水剖面资料能直接反映注水井纵向上单层吸水状况的差异，这种吸水状况差别越大，注入水的不均匀推进越严重。因此，选择调驱井点时也必须选择吸水剖面最不均匀的井。目前许多油田根据剖面级差的大小来选择调驱井，如某油田的做法是当强吸水层的相对吸水率是弱吸水层的 7 倍以上时，则认为该井需要调驱。这种判断方法简单，但是没有考虑吸水厚度，没有对比强吸水层的厚度与弱吸水层的厚度；另外，它仅考虑了最强吸水层与最弱吸水层，没有考虑大量其他吸水层的信息。

3）注水井注入动态

渗透率是静态资料，在某种程度上并不能完全反映注水井目前的真实吸水状况，而吸水剖面资料相对比较少，且受测试条件的限制，其准确性也并不高。利用注水井月度数据来计算单井吸水强度，可在选择调驱井时克服上述资料带来的误差。通常情况下，存在高渗透层（或条带）的井单井吸水指数会远比其他井大，吸水指数较大的井存在高渗透层（或条带）的可能性较大，可以利用吸水指数的大小选择调驱井。对于注水厚度较小的井，即使有高渗透层存在，由于总的吸水量低，吸水指数不会太高，但其每米吸水指数却较大，所以选择调驱井时，也应考虑每米吸水指数。

4）压降曲线

注水井井口压降曲线是指注水井在正常注水时关井测得的井口压力的变化曲线。PI 值是从注水井井口测得的与地层系数（渗透率与油层厚度的乘积）有关的压力平均值，若地层有大孔道或高渗透层存在，则 PI 值小（反映地层系数大），所以选择调驱堵水井点时应选择 PI 值较小的井。

5）采出程度与含水关系

存在高渗透层时，大量注入水的无效循环使得采出程度较小，生产井含水率较高。因此，采出程度越小，同时含水率越大，需要调驱可能的性就越大。

2. 隶属函数

从定性的角度利用上述指标可以选择调驱井，但是当指标与指标之间出现矛盾时，就必须将定性概念转化为定量数据，用专家系统知识的不确定性表示方法，将这些选井指标表示成选择调驱井的决策因子。

利用隶属函数（μ_A）可求得每项指标的决策因子（F）的大小。根据实际问题的特点，选用了梯形分布（图 5-7），吸水剖面、渗透率、注入动态指标采用升半梯形分布（吸水剖面和渗透率的非均匀性越大、吸水强度越大，越需要调驱），而压降曲线的压力指数采用降半梯形分布（压力指数越大，越不需要调驱）。

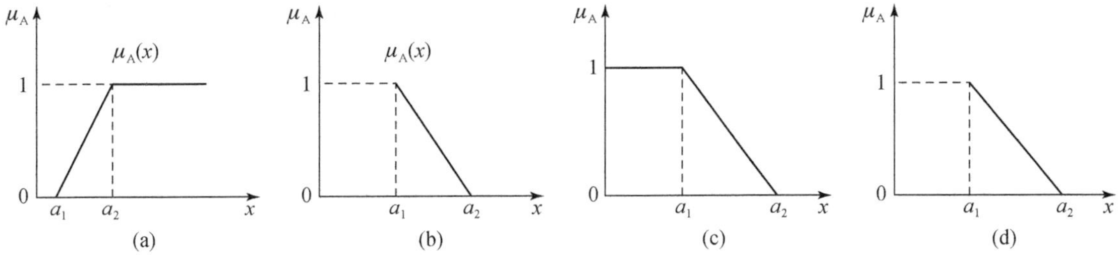

图 5-7　梯形分布图

1）升半梯形分布

升半梯形［图 5-7（a）］的数学模型为

$$\mu_A(x)=\begin{cases}0, & x\leqslant a_1\\ \dfrac{x-a_1}{a_2-a_1}, & a_1<x\leqslant a_2\\ 1, & a_2<x\end{cases} \tag{5-17}$$

根据实际问题的特点和要求，将此分布再简化［图 5-7（b）］成如下形式：

$$\mu_A(x)=\frac{x-a_1}{a_2-a_1}, a_1<x\leqslant a_2 \tag{5-18}$$

式中，a_1，a_2 为单项指标的最小值和最大值。

例如，研究注入动态的决策因子时，主要是由吸水强度来选井，因此 a_1 为区块所有井中吸水强度最小的井的吸水强度，a_2 为吸水强度最大的井的吸水强度，求出的各井决策因子介于［0，1］区间。

2）降半梯形分布

降半梯形［图 5-7（c）］的数学模型为

$$\mu_A(x)=\begin{cases}0, & x\leqslant a_1\\ \dfrac{a_2-x}{a_2-a_1}, & a_1<x\leqslant a_2\\ 1, & a_2<x\end{cases} \tag{5-19}$$

同样，将其简化［图 5-7（d）］为如下形式：

$$\mu_A(x)=\frac{a_2-x}{a_2-a_1},a_1<x\leqslant a_2 \tag{5-20}$$

式中，a_1，a_2 为单项指标的最小值和最大值。

例如，利用压降曲线的 PI 值选井时，a_1 为所有井中 PI 值最小的井的 PI 值，a_2 为所有井中 PI 值最大的井的 PI 值。

3. 单因素决策

选择调驱井的单因素决策，就是利用选择调驱井的五个方面的选井依据中的一个进行选井。其方法是将这些依据利用相应的隶属函数表达成相应的选井决策因子，并选择该因子较大的注水井调驱。其中渗透率、吸水剖面、注入动态和含水率等因素用升半梯形分布表示。压降曲线和采出程度用降半梯形分布表示。

4. 多因素综合评判

上述单因素决策方法所用资料的可靠性不完全相同，更没有同时考虑各种因素。要全面科学合理地选择调驱井，必须进行多因素综合模糊评判，求出选择调驱井的多因素模糊决策因子 **FZ**。

1）模糊评判的一般模型

设 $\boldsymbol{U}=\{u_1, u_2, \cdots, u_m\}$ 为 m 种因素构成的集合（因素集），$\boldsymbol{V}=\{v_1, v_2, \cdots, v_n\}$ 为 n 种评语所构成的集合（评判集）。各因素的权重分配可视为 $\boldsymbol{U}$ 上的模糊集，记为

$$\boldsymbol{A}=(a_1,a_2,\cdots,a_m)\in F(\boldsymbol{U})$$

a_m 为第 m 种因素 u_m 的权重，满足归一条件。由于 n 个评判并非都是绝对肯定或否定，此综合评判结果也应看作 $\boldsymbol{V}$ 上的模糊集，记为

$$\boldsymbol{B}=(b_1,b_2,\cdots,b_n)\in F(\boldsymbol{V})$$

其中 b_n 反映了第 n 种评判在评判总体 $\boldsymbol{V}$ 中所处的地位。

假设有一个 $\boldsymbol{U}$ 与 $\boldsymbol{V}$ 之间的模糊关系 $\boldsymbol{R}=(r_{ij})_{m\times n}$，则可得出一个模糊变换 T_R，从而构造一个由 3 个基本要素（因素集 $\boldsymbol{U}$，评判集 $\boldsymbol{V}$，模糊映射 f）组成的模糊综合评判模型。

$$f:\boldsymbol{U}\rightarrow F(\boldsymbol{V})$$

$$u_m\rightarrow f(u_m)\cong(r_{m1},r_{m2},\cdots,r_{mn})\in F(\boldsymbol{V})$$

由此即可得出评判模型。事实上，由f可诱导出一个模糊关系：

$$\boldsymbol{R}\cong\boldsymbol{R}_f\cong\begin{bmatrix}f(u_1)\\f(u_2)\\\vdots\\f(u_m)\end{bmatrix}=\begin{bmatrix}r_{11},r_{12},\cdots,r_{1n}\\r_{21},r_{22},\cdots,r_{2n}\\\vdots\qquad\quad\vdots\\r_{m1},r_{m2},\cdots,r_{mn}\end{bmatrix}$$

由$\boldsymbol{R}$诱导一个模糊变换：

$$T_{\mathrm{R}}:F(\boldsymbol{U})\rightarrow F(\boldsymbol{V})$$

$$\boldsymbol{A}\rightarrow T_{\mathrm{R}}(\boldsymbol{A})\cong\boldsymbol{A}\times\boldsymbol{R}$$

这意味着三元体（$\boldsymbol{U}$，$\boldsymbol{V}$，$\boldsymbol{R}$）构成了一个模糊综合评判模型。对于多元素选择调驱井，$\boldsymbol{U}$对应选井指标集，$\boldsymbol{V}$对应参与决策的井的集合，$\boldsymbol{R}$对应单因素决策因子矩阵。

2）选井的多因素综合决策

在充分考虑各选井指标的情况下，采用多因素综合评判来选择调驱井。选择调驱井的多因素模糊评判模型如下：

$$\mathbf{FZ}(i)_{1\times n}=\boldsymbol{\lambda}(j)_{1\times 4}\boldsymbol{F}(j,i)_{4\times n} \tag{5-21}$$

式中，$\mathbf{FZ}(i)_{1\times n}$为多因素决策因子矩阵，第$i$口井的多因素决策因子为$\mathbf{FZ}(i)$；$\mathbf{FZ}(i)_{4\times n}$为单因素决策因子矩阵，第$i$口井第$j$种因素的决策因子为$\boldsymbol{F}(j,i)$；$\boldsymbol{\lambda}(j)_{1\times 4}$为综合评判的权重系数矩阵。

5. RE 决策技术存在的问题

（1）选取的评判指标没有统一的标准。可以用于模糊评判的评判指标众多，但研究者往往根据经验和现有数据选择指标，因此未形成统一标准。

（2）模糊综合评判需要的数据较多。研究对象所需的生产资料较多，增加了人力物力耗费；另外有些资料的获得不仅需要耗费大量人力物力，而且不是所有研究对象都适合使用。

（3）单因素决策具有片面性。单纯地根据某一评判指标进行选井是片面的，是不科学的，该方法仅适用于生产资料较少或其他生产指标评判不明显时。

三、数值模拟（RS）决策技术

本着方法简便、易操作、精度高等原则，中国石油勘探开发研究院将油藏工程和数值模拟紧密结合起来，在多年实践基础上研制了一套适合区块整体调驱的优化决策系统——RS 优化决策系统，该系统具有选井、选层、选剂、调驱剂用量优化、施工参数优选等功能。

1. 控制因素的确定

影响调驱井选择的因素很多，各种因素对选择结果的制约程度也不同。目前现场通常采用定性或半定量的分析方法来选择调驱井，存在较大的不确定性。为此，在综合分析影响调驱井选择的各种因素基础上，将影响调驱井选择的多种因素，如注水井的视吸水指数、吸水指数、压降曲线、渗透率非均质性、吸水剖面的非均质性及对应油井的含水量、采出程度、控制储量等归结为反映注水井吸水能力、油层非均质性及对应周围油井动态的参数等三种主要因素，并以此为基础，应用模糊数学的综合评判技术，建立了调驱井选择的最优化模型，根据多级决策结果判断调驱井选择优劣次序。

2. 隶属函数的确定

影响调驱井选择的因素中，有的属于参数值越大越优型，有的属于参数值越小越优型，本节采用梯形分布法描述这种关系。用式（5-22）表示为偏大型，即越大越优型：

$$\mu_{jk}=\frac{X_{jk}-\min X_{jk}}{\max X_{jk}-\min X_{jk}} \tag{5-22}$$

用式（5-23）表示偏小型，即越小越优型：

$$\mu_{jk}=\frac{\max X_{jk}-X_{jk}}{\max X_{jk}-\min X_{jk}} \tag{5-23}$$

式中，$j=1, 2, \cdots, m$（井数）；$X_{jk}=jK_s$，K，PI 等影响调驱井选择因素，K_s 为每米视吸水指数，K 为每米吸水指数，PI 为压力指数。

3. 综合评判技术

1）反映注水井吸水能力的参数决策

根据定义分别计算每口注水井的每米视吸水指数（K_s）、每米吸水指数（K）和压降曲线平均值（PI），可得到吸水能力指标矩阵

$$\boldsymbol{C}_{ij}=\begin{bmatrix} K_{s1}, K_{s2}, \cdots, K_{sm} \\ K_1, K_2, \cdots, K_m \\ \mathrm{PI}_1, \mathrm{PI}_2, \cdots, \mathrm{PI}_m \end{bmatrix} \tag{5-24}$$

对上述指标按偏大型、偏小型处理，并经归一化处理得

$$\boldsymbol{R}_1=\begin{bmatrix} r_{11}, r_{12}, \cdots, r_{1m} \\ r_{21}, r_{22}, \cdots, r_{2m} \\ r_{31}, r_{32}, \cdots, r_{3m} \end{bmatrix} \tag{5-25}$$

对 K_s，K，PI 的权重打分为

$$\boldsymbol{A}_1=\{a_1, a_2, a_3\}$$

吸水能力的评判结果为

$$\boldsymbol{B}_1=\boldsymbol{A}_1 \mathrm{o} \boldsymbol{R}_1=\left(\sum_{i=1}^{3} a_{1i} r_{i1}, \sum_{i=1}^{3} a_{1i} r_{i2}, \sum_{i=1}^{3} a_{1i} r_{i3}\right) \tag{5-26}$$

式中，$\boldsymbol{B}_1$ 为吸水能力的评判结果，是决策集上的一个模糊子集；o 为加权符号。

2）反映油层非均质状态的参数决策

a. 非均质问题的描述方法

在描述非均质问题范围内，吸水剖面非均质性等许多问题并不符合正态分布规律，无

法采用正态分布规律进行描述。这里采用劳伦兹系数法描述有关非均质性问题，该方法的优点是既适用于随机分布，计算的系数又在 0～1 之间。劳伦兹系数的计算公式为

$$\boldsymbol{V}=S_{\mathrm{ADCA}}/S_{\mathrm{ABCA}} \tag{5-27}$$

式中，S_{ADCA}为曲面三角形 ADCA 的面积，m^2；S_{ABCA}为曲面三角形 ABCA 的面积，m^2。

b. 油层非均质状态的参数决策

采用劳伦兹系数法分别计算各注水井的渗透率劳伦兹系数 $\boldsymbol{V}$（k）和吸水剖面劳伦兹系数 $\boldsymbol{Q}$（k），采用综合评判技术可得油层非均质性的评判结果：

纵向非均质程度指标矩阵：

$$\boldsymbol{C}_{ij}=\begin{bmatrix} V(k)_1, & V(k)_2, & \cdots, & V(k)_m \\ Q(k)_1, & Q(k)_2, & \cdots, & Q(k)_m \end{bmatrix}$$

关系矩阵：

$$\boldsymbol{R}_2=\begin{bmatrix} v_{11}, & v_{12}, & \cdots, & v_{1m} \\ v_{21}, & v_{22}, & \cdots, & v_{2m} \end{bmatrix}$$

对 V（k）和 Q（k）的权重打分为

$$\boldsymbol{A}_2=\{a_{21},\ a_{22}\}$$

评判结果：

$$\boldsymbol{B}_2=\boldsymbol{A}_2\mathrm{o}\boldsymbol{R}_2=\left(\sum_{i=1}^{2}a_{2i}r_{i1},\sum_{i=1}^{2}a_{2i}r_{i2},\cdots,\sum_{i=1}^{2}a_{2i}r_{im}\right) \tag{5-28}$$

3）反映周围油井动态的参数决策

由连通油井总产液量（偏大型）、平均含水率（偏大型）、剩余储量（偏大型）和采出程度（偏小型）进行综合决策得周围油井动态的评判结果：

$$\boldsymbol{B}_3=\boldsymbol{A}_3\mathrm{o}\boldsymbol{R}_3=\left(\sum_{i=1}^{2}a_{3i}P_{i1},\sum_{i=1}^{2}a_{3i}P_{i2},\cdots,\sum_{i=1}^{2}a_{3i}P_{im}\right) \tag{5-29}$$

式中，P_{i1}、P_{i2}、P_{im}为各井口压降曲线平均值。

4）综合评判

在上一级评判的基础上，对影响注水井吸水能力参数、反映油层非均质状况参数及周围连通油井动态参数的权重分配为

$$\boldsymbol{A}=\{a_1,a_2,a_3\} \tag{5-30}$$

故评判结果为

$$\boldsymbol{B}=\boldsymbol{A}\mathrm{o}\boldsymbol{R}=(a_1,a_2,a_3)\begin{bmatrix}\boldsymbol{B}_1\\ \boldsymbol{B}_2\\ \boldsymbol{B}_3\end{bmatrix} \tag{5-31}$$

4. 选井过程

根据综合评判结果，则取决策因子排在前面的注水井为调驱候选井（图 5-8）。

对于笼统注水井，根据吸水剖面测试结果，选择每米相对吸水指数较大的层位作为调驱目的层。对于分层注水井，在除去水嘴损失的条件下，选择每米吸水指数较大的层位作为调驱候选层位。

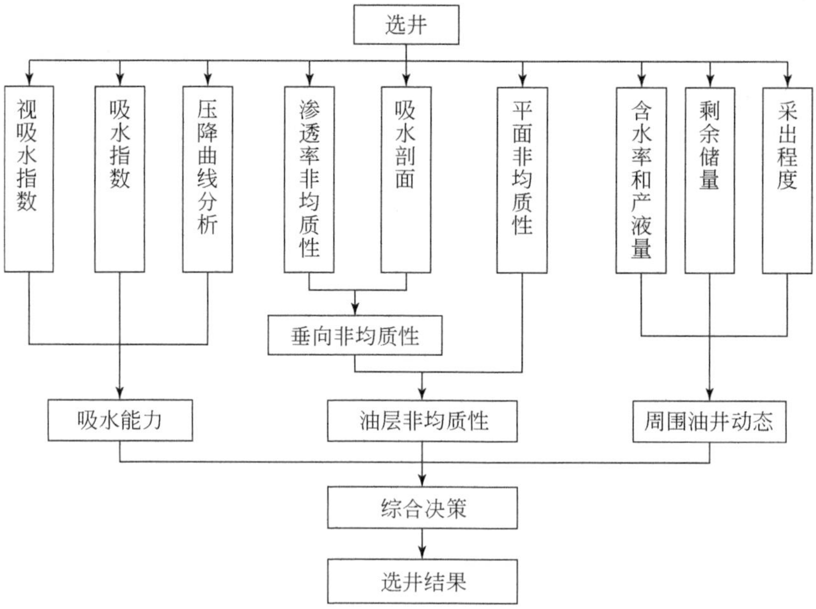

图 5-8　选井过程流程图

调驱剂的选择主要考虑调驱剂与地层和地层水的配伍性（地层水矿化度、地层温度）、注水井的吸水能力和调驱类型（深调还是浅调）等。

第三节　调剖/调驱工艺选择

水井调剖是严重非均质油藏控水稳油、提高水驱效率的重要技术手段。我国油田多数进入高含水或特高含水开采期后，常规的调剖技术已不能满足油田生产需求，深部调驱技术的研究及应用等取得了许多新的进展，在改善高含水油藏注水开发效果方面获得了显著效果。

调剖是指采用机械或化学的方法，限制或降低注水井高渗透层或高渗透层段的吸水能力，以达到改善注水井吸水剖面，进而改善水驱波及体积的作用，其工作对象是注水井。

一、调剖与调驱的差异

1. 处理量及储层深度的差异

广义的调剖是指从注水井进行的封堵高渗透层的措施，是对可以调整注水层段的吸水剖面工艺技术的统称。狭义的调剖是指近井地带的调剖，一般调剖剂进入高渗透层段半径小于 30m。深部调剖一般指调剖剂进入高渗透层段半径大于 30m 的调剖作业。

调驱是指调剖与驱油相结合的一种提高采收率的方法，在改变吸水剖面的同时，调整驱动方式。一般调驱注入量应至少达到 10^{-3}PV 数量级。

2. 处理药剂自身性质的差异

一般调剖所用体系是对大孔道产生封堵，调剖体系自身不具有转向能力，如有机铬凝胶、酚醛树脂胶、改性淀粉胶、体膨颗粒等；而调驱体系具有一定调剖的能力（相比纯的调剖体系封堵能力弱）且兼具驱油作用，也就是说调驱体系自身具有转向能力，如聚合物微球、弱凝胶及聚合物溶液等。

化学调剖可分为浅部调剖、深部调剖及调驱技术。浅部调剖主要适用于具有一定隔夹层条件的注水井，一般采用强度较高的调剖剂对高渗层进行完全或部分封堵。深部调剖主要适用于存在大孔道的厚油层层内矛盾和存在裂缝情况，一般要求调剖剂强度较高，对大孔道或裂缝具有较强的封堵能力，其有效期的长短取决于调剖剂的热稳定性、地层窜流能力及调剖剂与大孔道的匹配性，其目的主要是实现流体在油层深部的转向，近井地带的转向作用已经不是十分重要。

二、调剖/调驱主要工艺技术特点

随着我国油田相继进入特高含水采油期，调剖技术被广泛重视并应用，形成了水溶性聚合物凝胶调剖剂、交联聚合物调驱剂、颗粒类调剖剂、沉淀型调剖剂、泡沫类堵剂、树脂型调剖剂、微生物类堵水调剖剂、水泥类调剖剂、聚合物二次交联调剖体系等。

上述调剖剂均在不同程度起到一定效果，但应用过程集中体现如下缺点：

（1）深部运移封堵效果较差，后续水驱容易突破，作用效果较短。

（2）使用量较大，施工周期长，药剂和施工成本较高。

（3）油藏适应性较差，容易伤害中、低渗透层。

经过多年研究与实践，渤海油田形成的稠油调剖/调驱主要类型、技术体系、主要作用机理和解决主要问题见表5-1。

表5-1　渤海油田稠油调剖/调驱主要类型、技术体系、主要作用机理和解决主要问题

主要类型	技术体系	主要作用机理	解决主要问题
近井调剖	常规聚合物凝胶调剖技术	孔隙填充	层内/层间非均质
深部调剖	在线调剖技术	孔隙填充	层内非均质
	多级组合深部调剖技术	孔喉封堵/孔隙填充	层内非均质
	深部液流转向技术	孔喉封堵/孔隙填充	层内/层间非均质
调驱技术	非均相在线调驱技术	孔隙填充	平台空间多井组实施难
	聚合物微球调驱技术	孔喉封堵	层内非均质
	氮气泡沫调驱技术	孔喉封堵	层间非均质
	层内生成 CO_2 调驱技术	深层解堵/驱替	层间非均质/深层堵塞
	弱凝胶调驱技术	孔隙填充-驱替	层内非均质
	微生物调驱技术	稠油降解/驱替	稠油流动性差

三、调剖剂及其分类

用于注水井调剖的化学调剖剂按其封堵作用的差异可分为冻胶型调剖剂、沉淀型调剖剂和颗粒膨胀型调剖剂等三类。

1. 冻胶型调剖剂

冻胶型调剖剂通常是用高分子材料在井下条件下进行交联或聚合，形成凝胶而堵塞高渗透层，实现调整吸入水剖面的目的。常用的冻胶型调剖剂有木质素磺酸盐-聚丙烯酰胺、TP-910、黄胞胶、BD-861、PIO-601 等多种。

以木质素磺酸盐-聚丙烯酰胺为例。

（1）调剖原理：木质素磺酸盐（包括木质素磺酸钙和木质素磺酸钠）的分子链上含有多种官能团，如甲氧基、羟基、醚基、羰基、芳香基和磺酸基等。交联剂重铬酸钠中的 Cr^{6+}经木质素磺酸盐中的羟基和羰基还原为 Cr^{3+}，Cr^{3+}再与木质素磺酸盐和聚丙烯酰胺发生络合作用形成三维网状结构的凝胶堵塞高渗透通道。

（2）主要性能特点：堵剂交联前室温下黏度 50～100mPa · s，可泵性好。成胶时间随温度升高而缩短，通过调整配方其成胶时间可控制在 1～48h，成胶后，冻胶具有较好的黏弹性、抗挤和抗剪切性，冻胶黏度 $(5\sim20)\times10^4$mPa · s；堵剂对岩心具有较好的进入和封堵能力，岩心封堵率达 95% 以上。堵剂误堵非目的层后，可用 NaOH 和 HCl 破胶解堵；堵剂现场配制，施工工艺简单方便。

其基本配方见表 5-2。

表 5-2　木质素磺酸盐-聚丙烯酰胺调剖剂基本配方

配方一	配方二（适用 90℃以下井温）	配方三（适用 90～120℃以下井温）
木质素磺酸钙 3%～6%	木质素磺酸钠 4%～5%	木质素磺酸钙 4%～6%
聚丙烯酰胺 0.7%～1.1%	聚丙烯酰胺 1.0%	聚丙烯酰胺 0.8%～1.0%
氯化钙 0.7%～1.1%	氯化钙 1.0%～1.6%	氯化钙 0.4%～0.6%
重铬酸钠 1.0%～1.1%	重铬酸钠 1.0%～1.4%	重铬酸钠 0.9%～1.1%

2. 沉淀型调剖剂

沉淀型调剖剂是通过调剖剂在进入地层孔道后生成沉淀来封堵高渗透性地层实现调剖。例如，水玻璃-氯化钙、聚丙烯腈-氯化钙、铁系单液法、硅系双液法等调剖剂。

1）水玻璃-氯化钙调剖剂

（1）调剖原理：将分隔开的水玻璃溶液和氯化钙溶液同时注入地层，两种溶液在地层中相遇后发生反应生成沉淀，这些沉淀物可以封堵地层孔道，降低高渗透层的渗透率。注入时，两种溶液用油或水隔开，进入地层后随着注入液向外推移，隔离液越来越薄，最后两种溶液相遇产生沉淀。

（2）主要性能特点：水玻璃与氯化钙的反应条件及反应产物均不受温度的影响，因此使用该调剖剂不受温度条件的限制，可用于各种井温的井，适用范围广。

（3）基本配方：甲液为20%水玻璃+0.3%聚丙烯酰胺水溶液；乙液为10%～50%氯化钙水溶液；甲液∶乙液=1∶1。

2）聚丙烯腈-氯化钙调剖剂

（1）调剖原理：将聚丙烯腈溶液和氯化钙溶液注入地层后，两种溶液在地层中相遇，氯化钙与聚丙烯腈发生反应生成一种性能稳定的棉絮团状沉淀物，这种沉淀物有很好的韧性，能封堵地层孔道，阻止水的流动。高渗透层孔隙度大，进入孔道的调剖剂多，所形成的堵塞物也多，因此对高渗透层具有选择性调剖作用。

（2）主要性能特点：调剖剂沉淀物不淡化，经水长期浸泡不变软溶解；调剖剂沉淀物产生率高；沉淀反应不受施工条件影响，抗盐、抗温、抗剪切能力强；沉淀物能够酸溶，现场处理有误时可用盐酸解除。

（3）基本配方：甲液为6.5%～8.5%聚丙烯腈水溶液；乙液为20%～30%氯化钙水溶液；甲液∶乙液=1∶1；隔离液为原油。

3. 颗粒膨胀型调剖剂

颗粒膨胀型调剖剂是一种通过注入地层后吸水膨胀来堵塞孔道，实现调剖作用的调剖剂。

1）聚丙烯酰胺颗粒调剖剂

（1）调剖原理：聚丙烯酰胺颗粒调剖剂是一种部分交联的聚丙烯酰胺，其交联度控制适当使其失去了水溶性而具有遇水膨胀的性质，选择适当粒径的水膨性聚丙烯酰胺颗粒，使其进入高渗透层孔隙或裂缝，吸水后溶胀变大，对地层孔道产生堵塞而起到调剖作用。

（2）主要性能特点：水中溶解性低；膨胀性受温度和水的矿化度影响大，水温越高膨胀越快、越大，矿化度越大，膨胀越慢、越小；调剖剂密度与水接近，不会发生下沉；封堵效果较好，裂缝型封堵效率在90%以上，孔隙型封堵效率在70%～95%。

（3）基本配方：用清水、盐水或轻质油作为挟带液，根据地层吸水能力确定调剖剂加量配制成调剖工作液。

2）聚乙烯醇颗粒调剖剂

（1）调剖原理：聚乙烯醇颗粒具有吸水溶胀而不溶解的性能，将聚乙烯醇颗粒注入地层后遇水膨胀，溶胀后的颗粒堵塞地层孔道，降低高吸水层的吸水量，提高低渗透层的吸水量，实现调剖。

（2）主要性能特点：水中溶解性低；水中膨胀度适当且温度和矿化度影响小；密度比水高，易下沉，注入速度必须大于沉降速度；封堵效果好，封堵效率大于98%。

（3）基本配方：用清水作挟带液，根据地层渗透率、孔隙度和吸水能力，选择合适粒径的调剖剂固体颗粒及固液挟带比，配制调剖工作液。

3）聚丙烯酰胺–膨润土调剖剂

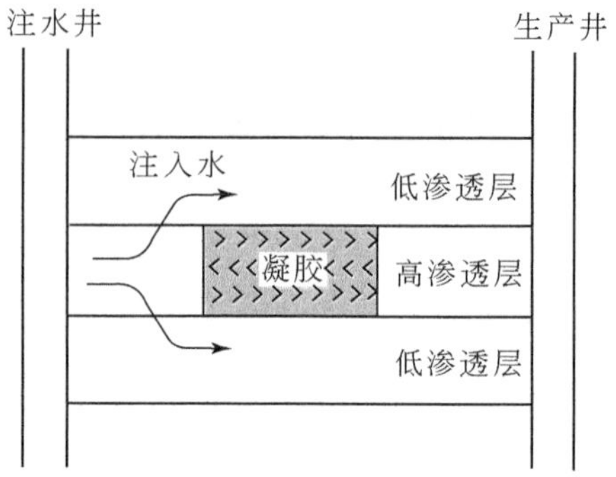

图 5-9　聚合物延缓交联深部调剖机理示意图

（1）调剖原理（图 5-9）：将聚丙烯酰胺溶液和膨润土泥浆同时注入井中，对于非均质多油层注水井，水基膨润土浆在注入时容易进入高渗透层，膨润土颗粒在地层中遇水膨胀，遇到聚丙烯酰胺聚合物形成絮状物及凝胶体，堵塞吸水层段水流通道，改变吸水剖面，实现调剖。

（2）主要性能特点：经济性好，有一定的效果。

（3）基本配方：膨润土泥浆：聚丙烯酰胺溶液=2：1；聚丙烯酰胺分子量 350 万左右，水解度 30%，浓度 200～800mg/L。

四、深部化学调剖

深部化学调剖技术就是通过使用不同的方法使注入的化学调剖剂进入油层深部后再封堵水流通道，使油藏中的液流改向，提高注入水的波及系数，从而提高原油采收率。

目前比较常用的深部化学调剖剂主要有两大类，即冻胶类和颗粒类。

1. 聚合物延迟交联深部调剖

普通聚合物调剖技术注入的剂量比较小，调剖后存在绕流问题，使调剖有效期很短。利用聚合物延迟交联进行注水井大剂量深部处理，是目前油田进行高含水期开发的一项重要技术。

聚合物延迟交联深部调剖属于冻胶类调剖技术，它采用控制成胶时间的方法，使调剖剂有足够的时间达到足够远的地方再形成凝胶。成胶时间的控制通常采用加延缓交联的添加剂来延长聚合物的成胶时间。

聚合物延迟交联深部调剖技术采用的调剖剂体系虽然有所不同，但调剖原理上大致相似，下面以两种调剖剂体系为例。

聚丙烯酰胺–重铬酸盐调剖体系可用于高渗透层的调剖，其原理是交联剂在与部分水解聚丙烯酰胺聚合物发生羧基反应之前，先与体系中的还原剂发生氧化还原反应，使 Cr^{6+} 还原成 Cr^{3+}，交联体系中加入了延缓剂，还原反应时间增长，致使 Cr^{3+} 与聚合物的羧基反应时间延长，即聚合物的变构时间延长。这一过程应用于聚合物交联调剖技术，使得在聚合物成胶前有充裕的时间注入地层深部，然后发生交联反应形成凝胶体，堵塞高渗透层，如图 5-10 所示。

对低渗透裂缝性油藏进行聚合物延迟交联深部调剖，某油田采用了一种以复合离子聚合物和交联剂及助剂组成的延迟交联调剖剂体系，它以低黏度形式注入井内，调剖剂沿裂缝前进，在适宜的 pH 和温度条件下交联剂缓慢释放出甲醛，达到预定交联时间后，在远

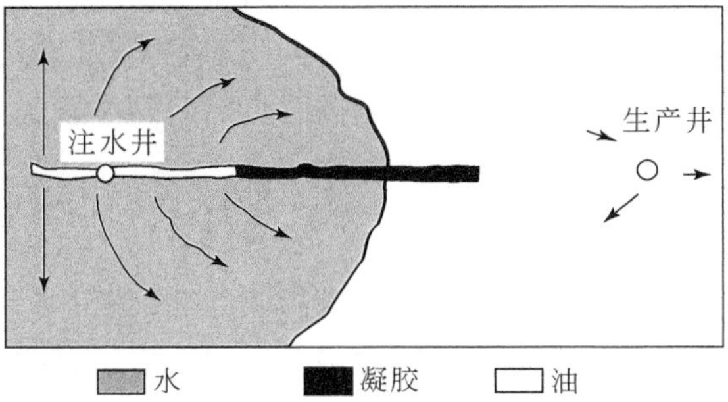

图 5-10 有裂缝油水井冻胶合理充填位置示意图

离井筒的油层裂缝中交联，并在油层深部形成三维网状结构，从而达到较深的调剖半径，封堵裂缝性水窜，且保持注水井较高的注水能力，如图 5-11 所示。

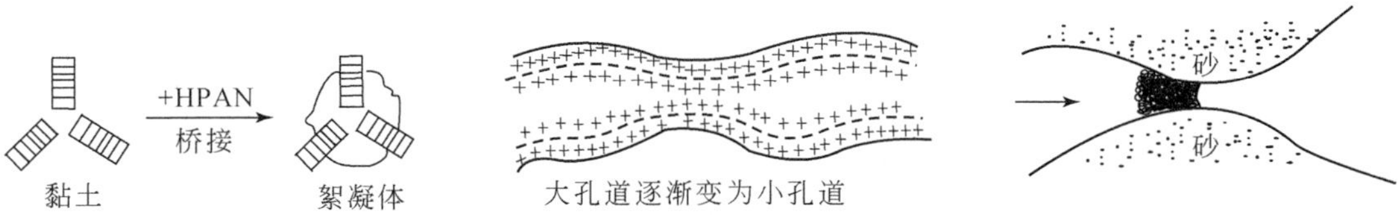

图 5-11 黏土双液法堵剂封堵原理示意图

HPAN 为水解聚丙烯腈盐类

2. 颗粒类调剖剂深部调剖

颗粒类调剖剂通常采用大剂量注入的方式，使颗粒类调剖剂进入油层深部，通过颗粒的絮凝、膨胀、积累等作用使油层通道变窄直至完全堵塞来改变注入水的流向，提高水驱效率。

颗粒类调剖剂深部调剖技术常采用的是双液法聚丙烯酰胺–黏土颗粒调剖剂体系。近年来陆地油田采用黏土颗粒类调剖剂进行大剂量调剖，有效地解决了小剂量调剖有效期短，对应油井增油降水效果幅度不大的弊端。

五、防止调剖剂伤害非目的层的方法

调剖针对的目标是地层中的高渗透层段。因此，确保注入的调剖剂进入高渗透地层而不进入或少进入非目的层是调剖成功的关键所在。调剖施工时必须采取适当的措施，防止调剖剂伤害非目的层，其方法可采取以下三种。

1. 控制注入压力

要使地层中的原油发生运动需要一个初始压降，即需要一个启动压力来克服黏滞力、初始剪切应力，并获得一定的动能来弥补在毛细管里损失的能量。在油田开发过程中，如果一些个别油层、个别区块上的压力梯度低于初始压力梯度，那么原油将不会流动。实验结果还表明，储层渗透率越高，原油运动所需的初始压力梯度越低。根据原油在地下储层中流动的特性，调剖过程中，如果将调剖剂的注入压力控制在低渗透层原油发生运动的初始压力之下，那么调剖剂便会有选择性地进入需要封堵的高渗透层而不进入低渗透的非目的层，从而起到保护非目的层免遭伤害的作用。

2. 形成表面堵塞

采用聚合物型调剖剂调剖时，通过选择适当的调剖剂，使其只在低渗透层形成表面堵塞，从而顺利地进入高渗透层，将有效地减少调剖剂对低渗透层的污染，调剖后采取适当措施解除非目的层的污染，有利于提高调剖效果。

解除表面堵塞的方法有：

（1）利用返排方法解除聚合物型调剖剂的表面堵塞；

（2）利用化学解堵方法解除聚合物型调剖剂的表面堵塞。

3. 注入暂堵剂

原理与形成表面堵塞法相似。具体做法是通常先以大大高于低渗透层启动压力的注入压力（但不能高于地层破裂压力）注入暂堵剂，然后注调剖剂进行调剖，最后采用解堵方法解除暂堵剂在非目的层的表面堵塞，从而提高调剖效果。

选择暂堵剂时应保证暂堵剂只能在非目的层形成表面堵塞，而不能在封堵层位形成表面堵塞。解除暂堵剂的方法，可在调剖后注入少量的解堵剂浸泡井底，也可采用油溶性的暂堵剂，但在调剖后也须注入少量的油浸泡井底；对于油井堵水，最好采用油溶性的暂堵剂，封堵后，随着油井的生产，进入油层的暂堵剂随着油流的产出而解除堵塞。

六、注水井调剖选井原则

注水井调剖选井一般遵循以下原则：

（1）位于综合含水率高、采出程度较低、剩余饱和度较高的开发区块的注水井；

（2）累计注采比尽量接近于1，这时最需要启动新层；

（3）与井组内油井连通情况好的注水井；

（4）吸水和注水良好的注水井；

（5）吸水剖面纵向差异大的注水井；

（6）注水井固井质量好，无窜槽和层间窜漏现象。

七、海上油田调剖堵水的实施步骤

海上油田在生产过程中，如果出现油井异常出水或注水井注水失调，都需要采取必要的措施，对油井或注水井进行调剖堵水作业。调剖堵水一般经过如图5-12所示流程。

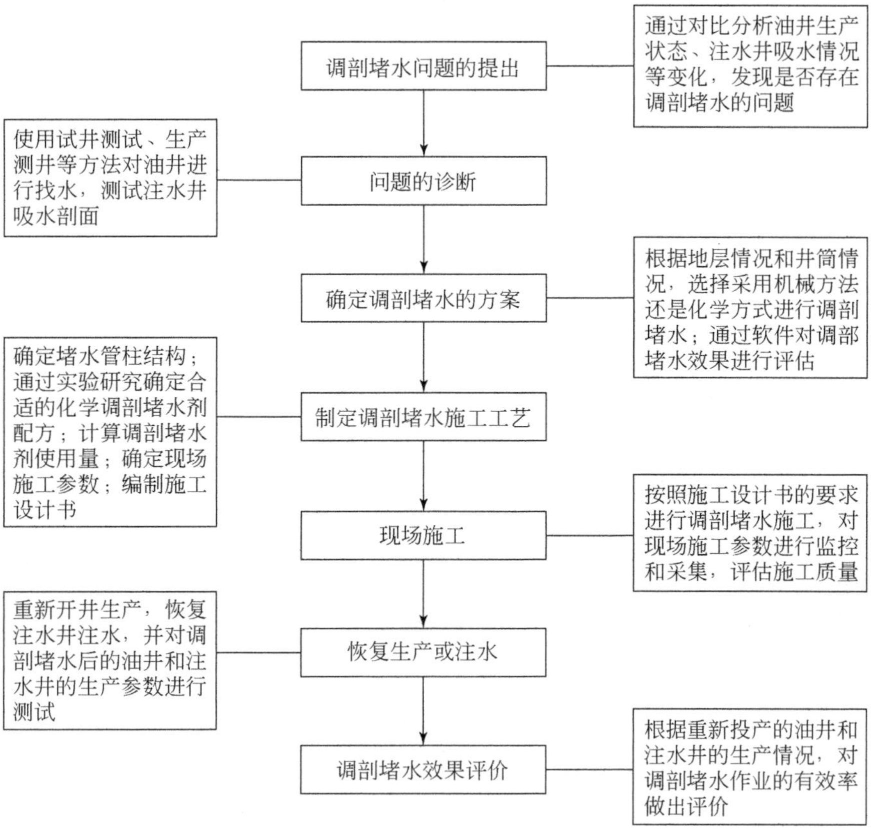

图 5-12　海上油田调剖堵水实施流程图

第四节　调剖/调驱体系设计

调剖/调驱体系设计基本原则：“2+3”组合实施，2 种充分扩大波及体积方法+3 种有限度高效驱油方法。

基本设计思路：依据储层非均质性和流体非均质性的实际矛盾，进行组合结构和调驱体系结构调整。

工艺方案设计方法：基于启动压力控制的调剖用量设计以及基于波及范围的水驱油流度控制（油水密度比 $M=1$）经济用量设计。

一、调剖/调驱设计指标

从油藏基础研究、体系评价、工艺方案参数设计及效果预测、体系性能检测要求等方面建立调剖/调驱设计指标，见表 5-3。

表 5-3　调剖/调驱设计指标

类别	具体指标	
体系评价	调剖体系评价	配方初选、成胶性能、封堵性能和调剖性能
	调驱体系评价	水化规律、粒径筛选、封堵性能和调驱性能
工艺方案参数设计及效果预测	调剖工艺方案	处理半径、段塞组合方式、调剖剂用量、顶替液量、注入排量、注入压力上限、累积增油效果预测
	调驱工艺方案	调驱剂用量、段塞组合方式、调驱剂浓度、注入速度、注入压力上限、累积增油效果预测
体系性能检测要求	调剖/调驱体系性能检测与要求	

二、调剖/调驱关键指标设计要求

1. 调剖体系评价

以聚合物冻胶类调剖剂为例，评价内容包括配方初选、成胶性能、封堵性能和调剖性能等 4 项内容，见表 5-4。

表 5-4　聚合物冻胶类调剖体系性能评价指标

指标类型	基础指标
配方初选	组分配伍性、主剂浓度、交联剂浓度、助剂浓度
成胶性能	反应时间与黏度关系、过滤系数、黏弹模量、热稳定性、抗剪切性
封堵性能	阻力系数、突破压力、封堵率
调剖性能	分流率、耐冲刷性、控水增油效果

1）配方初选

调剖工艺技术选择：根据目标油田地层水、注入水、脱气原油、岩石胶结矿物和油藏温度等条件，结合化学驱生产现状，考察调剖体系组分配伍性、主剂浓度、交联剂浓度和助剂浓度对成胶效果的影响，初选出适合目标油田的调剖体系配方。推荐体系静态成胶时间可控，控制范围为 2～12h，推荐体系成胶后冻胶强度大于 20000mPa · s。在此基础上应增加现有化学驱药剂体系对调剖体系性能影响实验，保证化学驱药剂对调剖体系的封堵效果无负面影响。为了更好地发挥调剖体系的作用，并达到深部调剖的效果，可以采用多轮次调剖技术等。

2）成胶性能

运用反应时间与黏度关系、过滤系数、黏弹模量、热稳定性和抗剪切性考察调剖体系基本成胶性能，各项指标具体测试方法参考标准《调剖剂性能评价方法》（SY/T 5590—2004）。

3）封堵性能

运用阻力系数、突破压力和封堵率考察调剖体系在多孔介质条件下的封堵性能，各项指标具体测试方法参考标准《调剖剂性能评价方法》（SY/T 5590—2004）。

4）调剖性能

运用分流率、耐冲刷性和控水增油效果考察调剖体系在多孔介质条件下的分流效果。

2. 调驱体系评价

以聚合物微球类调驱剂为例，评价内容包括水化规律、粒径筛选、封堵性能和调驱性能等4项内容，见表5-5。

表5-5　聚合物微球类调驱体系性能评价指标

指标类型	基础指标
水化规律	分散性、膨胀倍数、稳定性
粒径筛选	初始粒径中值及分布、多孔介质内注入性、运移性
封堵性能	阻力系数、残余阻力系数、封堵率
调驱性能	分流率、耐冲刷性、控水增油效果

1）水化规律

针对聚合物微球类调驱剂，考察其在溶剂水作用下的水化性质，主要包括分散性、膨胀倍数和稳定性。

2）粒径筛选

聚合物微球调驱剂粒径筛选主要通过初始粒径中值及分布、多孔介质内注入性、运移性考察聚合物微球粒径与实际储层的匹配性。

3）封堵性能

运用阻力系数、残余阻力系数和封堵率考察调驱体系在多孔介质条件下的封堵性能。残余阻力系数测试方法为在阻力系数测定的基础上保持与调驱前水驱相同注入速度进行后续水驱，待压力稳定后计算岩心水测渗透率记为K_2，调驱前水测渗透率记为K_1，其K_1与K_2的比值即残余阻力系数值。

4）调驱性能

运用分流率、耐冲刷性和控水增油效果考察调驱体系在多孔介质条件下的分流效果。

三、工艺方案参数设计

1. 调剖设计

调剖工艺方案参数设计内容主要包括处理半径、段塞组合方式、调剖剂用量、顶替液量、施工排量、施工压力上限等。

（1）调剖处理半径计算方法参考标准《注水井调剖工艺及效果评价》（SY/T 5588—2012），当存在其他资料或者其他方法时，可以论证后替换。

（2）段塞组合方式。依据注采井间窜逸级别、压差分布和调剖剂吸附与强度性能及经济效益，确定调剖段塞组合方式。

（3）调剖剂用量。目前常规调剖方案用量设计主要参照“注采井间窜逸层段1/3～1/2井距”的处理量进行设计，物理模拟和数值模拟结果显示，这个处理量后续水驱波及体积最大，效果最佳。但实际只有很少井的设计达到这个要求。

定性设计方法：渤海常规凝胶调剖主要采用表5-6中的体积法进行设计，人为因素大，与油藏认识结合度差；陆地油田主要采用经验公式法（采用历史纯水量的1%～3%进行设计）。

半定量设计方法：PI值法（常用）、吸水指数法、突破压力法、深部定位设计法、裂缝用量设计法等，存在一定人为性，并没有与油藏认识完全结合。

表5-6　调剖用量设计方法

体积法	$Q = \pi\sum_{i=1}^{n} h_i\phi_i r_i^2$
PI值法	$w = \beta h \Delta \text{PI}$
经验公式法	$V = \sum_{i=1}^{n} V_i R_i \alpha_i$
吸水指数法	$w_j = \dfrac{K_j\beta}{\dfrac{1}{n}\sum_{i=1}^{n} K_i}$
突破压力法	$Q = \phi D_{\text{f}} \dfrac{p_i}{p_{\text{b}}} h + V_1$
深部定位设计法	$M = \alpha\beta S L \varphi$
裂缝用量设计法	$Q = \varphi_{\text{a}} D_{\text{f}} S_{\text{f}} r h (1 - S_{\text{wi}})$
	$Q = 2.64 \times L \times f$

定量设计方法：在示踪剂识别和多信息综合反演技术发展的基础上，基本能够对注采井间窜逸参数进行量化，依据量化数据，目前基本可以实现调剖/调驱工艺方案定量化设计。

推荐采用体积法和经验公式法进行设计，然后取两者平均值。

体积法为

$$Q_1 = \pi\sum_{i=1}^{n} h_i\phi_i r_i^2 \tag{5-32}$$

式中，Q_1为调剖液设计量，m^3；π为圆周率，取3.14；h_i为i层段的有效厚度，m；ϕ_i为i层段的有效孔隙度；r_i为i层段的处理半径，m。

经验公式法为

$$V_2 = \sum_{i=1}^{n} V_i R_i \alpha_i \tag{5-33}$$

式中，V_2为挤注量，m^3；V_i为i层段的地质储量，m^3；R_i为i层段的采出程度,%；α_i为i

层段的处理系数，一般取1%～3%；n为调剖目的层的数量。

（4）前置液量：根据处理半径大小确定前置液量。

（5）试注液量：试注液一般为注入水，试注量在50～100m^3范围。

（6）顶替液量按下列公式计算：

$$Q_2=Q_3+Q_4+Q_5+Q_6 \tag{5-34}$$

式中，Q_2为顶替液量，m^3；Q_3为地面管汇容积，m^3；Q_4为管柱容积，m^3；Q_5为封隔器卡距内环容积，m^3；Q_6为附加顶替液量（根据调剖剂与地层性质确定），m^3。

（7）施工排量按下列公式计算：

$$q=\frac{0.07675\Delta PKH}{\mu\left[\ln\left(\frac{r_e}{r_w}\right)+S\right]} \tag{5-35}$$

式中，q为注入速度，m^3/h；K为处理层段平均渗透率，$10^{-3}\mu m^2$；H为处理层有效厚度，m；ΔP为注入压差，MPa；μ为调剖剂黏度，mPa·s；r_e为泄油半径，m；r_w为井筒半径，m；S为表皮系数。

施工排量一般控制在日常的注聚排量范围内，同时保证非调剖层段不吸液。

（8）施工压力控制在地层破裂压力的90%以内，并应满足下式：

$$P_{bh}<P_0<P_{bi} \tag{5-36}$$

式中，P_{bh}为调剖层段中的启动压力，MPa；P_0为施工压力，MPa；P_{bi}为非调剖层段的启动压力，MPa。

在现场实施过程中，施工压力根据试注阶段的压力确定。

（9）其他参数：①调剖前后测取吸水剖面和吸水指数；②管汇试压值为设计施工最高压力的1.2～1.5倍；③关井候凝时间按施工设计要求确定。

2. 调驱设计

调驱工艺方案参数设计内容主要包括调驱剂用量、段塞组合方式、调驱剂浓度、调驱剂注入速度等。

（1）调驱剂用量：运用数值模拟方法模拟不同孔隙体积倍数调驱剂用量对控水增油效果的影响，并结合吨剂增油量给出最佳调驱剂用量。

（2）段塞组合方式：依据注采井间窜逸级别、压差分布和调驱剂吸附与强度性能及经济效益，确定调剖/调驱段塞组合方式。

（3）调驱剂浓度：参照室内实验结果，运用数值模拟方法模拟不同调驱剂浓度对控水增油效果的影响，并结合吨剂增油量，给出最佳调驱剂浓度范围。

（4）调驱剂注入速度：参考数值模拟结果，并考虑油藏配注要求确定合理的调驱剂注入速度。

参 考 文 献

陈磊 . 2009. 吴起油田吴 93 井区开发技术政策研究 . 西安：西安石油大学 .

陈元千 . 1985. 水驱曲线关系式的推导 . 石油学报，6（2）：69-78.

陈元千，郭二鹏 . 2014. 广义童氏图版的建立与应用 . 新疆石油地质，35（2）：187-191.

陈元千，吕恒宇，傅礼兵，等 . 2017. 注水开发油田加密调整效果的评价方法 . 油气地质与采收率，24（6）：60-64.

程世铭，张福仁 . 1997. 东辛复杂断块油藏 . 北京：石油工业出版社 .

崔传智，吴忠维 . 2018. 高含水期五点法井网压裂开发经济界限研究方法 . 科学技术与工程，20：102-108.

戴家才，郭海敏，彭燕明，等 . 2006. 注水剖面测井确定分层吸水指数方法研究 . 测井技术，30（4）：354-356.

党龙梅，牛富玲，王丰文，等 . 2004. 水驱油田开发效果影响因素分析及措施 . 特种油气藏，11（3）：59-61.

董晓芳 . 2018. 基于数值试井的聚驱前缘与大通道识别应用案例分析利用产气剖面精细描述多层气藏动态特征 . 油气井测试，(3)：66-71.

谷庆杰 . 2011. 萨北开发区阶段存水率和水驱指数变化特征研究 . 石油地质与工程，(1)：60-62.

郭文海 . 2018. 油田开发后期的强化注水研究 . 云南化工，(5)：201.

郝英芝，蒋凯军，郭权 . 2017. 利用生产资料分析水平井流动阶段 . 油气井测试，(4)：30-32.

侯建锋，胡亚斐，刘畅，等 . 2018. 水驱油藏经济极限和合理井网密度确定方法 . 新疆石油天然气，(3)：53-57.

侯连华，王京红，信荃麟，等 . 1997. 吸水剖面测井资料在油田开发中的应用 . 石油大学学报（自然科学版），(2)：18-20.

胡衡，朱园园 . 2013. 涧峪岔 138 井区合理井网优化 . 中国石油和化工标准与质量，(2)：192.

黄金山 . 2013. 油田经济极限井网密度计算新方法 . 油气地质与采收率，(3)：53-55.

金拴联，蒋远征，杨秋莲，等 . 2008. 安塞油田注水开发技术研究 . 西北地质，(1)：115-120.

靳彦欣，史树彬，付玮，等 . 2015. 特高含水油藏深部调剖技术界限研究 . 特种油气藏，(3)：77-80.

克雷格 F F. 1977. 油田注水开发工程方法 . 北京：石油工业出版社 .

兰丽凤，黄金莉，王树立 . 2002. 油井经济极限产量与含水的一种确定方法 . 大庆石油地质与开发，(5)：40-41.

雷茹，龚鉴明，李民勇 . 2007. 安塞油田坪北区补充井网高效开发潜力的认识 . 江汉石油职工大学学报，(6)：11-16.

李传亮 . 2005. 油藏工程原理 . 北京：石油工业出版社 .

李道品 . 1997. 低渗透砂岩油田开发 . 北京：石油工业出版社 .

李桂军，刘慧，闪俊梅，等 . 2006. 五参数吸水剖面测井资料解释方法分析与研究 . 石油仪器，20（4）：57-59.

李俊健，姜汉桥，李杰，等 . 2008. 水平井水淹规律影响因素的不确定性及关联分析 . 油气田地面工程，27（12）：1-3.

李宁，郑小敏，刘东明，等 . 2017. 井震结合综合评价低渗透裂缝油藏水驱效果 . 测井技术，41（6）：718-712.

李彦彬 . 2008. 特高含水期改善水驱开发效果的方法 . 油气田地面工程，27（8）：84-85.

李忠平，段永明，王娟茹，等 . 2001. 低孔低渗油藏合理井网密度确定方法 . 河南石油，15（4）：19-21.

刘斌，郭福军 . 1999. 油田经济可采储量确定方法研究 . 西南石油学院学报，21（1）：83-87.

刘德华，刘志森 . 2004. 油藏工程基础 . 北京：石油工业出版社 .

刘玉娟 . 2005. 注水方式对油田开发的影响 . 内江科技，（1）：24.

缪立南，邸士莹 . 2017. 利用测试资料评价压裂措施效果 . 油气井测试，26（4）：33-35.

饶良玉，吴向红，李贤兵，等 . 2012. 苏丹 H 底水油藏高含水期井网加密调整潜力 . 新疆石油地质，（3）：387-389.

苏鹏，陈东坡，徐刚 . 2014. 塔河油田碳酸盐岩油藏高产井水锥探讨 . 长江大学学报（自然科学版），（5）：61-64.

孙玉环，周玉莲 . 2002. 注水剖面多参数测井资料的应用分析 . 测井技术，26（5）：414-416.

汤宏平，段银鹿，李高仁，等 . 2011. 注水调节在低渗透储层吸水剖面测井中的适应性研究 . 国外测井技术，（4）：53-56.

童宪章 . 1981. 油井产状和油藏动态分析 . 北京：石油工业出版社 .

王端平 . 2014. 对胜利油区提高原油采收率潜力及转变开发方式的思考 . 油气地质与采收率，21（4）：1-4.

王惠 . 2014. 注入剖面测井资料在油田生产中的应用 . 长江大学学报（自然科学版），（5）：33-36.

王� . 2007. 吉林省石油工业可持续发展与循环经济运行模式研究 . 长春：吉林大学 .

王俊魁，朱丽侠，俞静 . 2004. 裂缝性低渗透油藏注水方式的选择 . 大庆石油地质与开发，23（4）：84-86.

王香增，党海龙，高涛 . 2018. 延长油田特低渗油藏适度温和注水方法与应用 . 石油勘探与开发，45（6）：1026-1034.

吴宏俊 . 2019. 油田开发后期强化注水工艺技术 . 化工管理，（6）：100-101.

吴琼，张振波，孙艳聪，等 . 2009. 低–特低渗透油藏注水井吸水能力变化规律研究 . 特种油气藏，16（5）：54-57.

席红利，王延廷，张小江，等 . 2018. 油田开发后期的强化注水模式探讨 . 化工设计通讯，44（4）：45.

夏竹君，赵军霞，张丽萍，等 . 2005. 注水井吸水剖面测井技术在长庆油田的应用 . 国外测井技术，20（1）：28-31.

徐海霞，陈小凯，吕孝明，等 . 2017. 动态监测技术在超深油藏调剖调驱中的应用 . 油气井测试，26（6）：37-40.

杨勇，胡罡，田选华 . 2015. 水驱油藏剩余油再富集成藏机理 . 油气地质与采收率，22（4）：79-86.

于洪文 . 1994. 注采剖面测井资料在油田开发中的应用 . 测井技术，（4）：265-269.

张芳，王新海 . 2012. 低渗透油藏水驱开发效果综合评价方法 . 重庆科技学院学报（自然科学版），14（5）：34-36.

张戈 . 2014. 复杂断块油藏人工边水驱提高采收率机理分析 . 断块油气田，21（4）：476-479.

张戈，王端平，孙国，等 . 2015. 复杂断块油藏人工边水驱影响因素敏感性 . 油气地质与采收率，22（2）：103-106.

张家烨，于兴河 . 2018. 西非某深水浊积砂岩油藏动态储量评估方法探讨与应用 . 科学技术与工程，（29）：40-46.

张金亮 . 1998. 应用存水率和水驱指数标准曲线预测油田的配注量 . 西安石油学院学报，（4）：55-57.

张利军，郑伟，王帅，等 . 2018. 厚层强非均质油藏部分射开试井曲线特征及影响因素 . 油气井测试，(4)：1-6.
张小龙，杨志兴 . 2018. 启动压力梯度对低渗气藏不稳定渗流特征的影响 . 油气井测试，27（3）：7-13.
张旋 . 2017. 天津市水环境承载力的研究 . 天津：南开大学 .
赵燕，陈向军 . 2018. 底水油藏水锥回落高度预测模型 . 断块油气田，(3)：367-370.
郑小敏，刘东明，李震，等 . 2017. 基于测井资料的 Y 油田 B9 断块剩余油分布规律分析 . 测井技术，41（1）：92-97.
周杨，李莉，吴忠宝，等 . 2018. 低渗透油藏直井体积压裂产能评价新模型 . 科学技术与工程，18（8）：49-54.
邹存友，韩大匡，盛海波，等 . 2010. 建立采收率与井网密度关系的方法探讨 . 油气地质与采收率，17（4）：43-47.
Kaiser M J. 2010. Economic limit of field production in Louisiana. Energy，35（8）：3399-3416.